브레인 리스타트

THE MENOPAUSE BRAIN: New Science Empowers Women to Navigate the Pivotal Transition with Knowledge and Confidence
Copyright © 2024 by Lisa Mosconi
Korean translation copyright © 2025 by Sejong Books, Inc.
Originally published in English by Avery, an imprint of Penguin Random House LLC in 2024. This Korean edition published by arrangement with Brockman, Inc.

이 책의 한국어판 저작권은 브록만 에이전시를 통한
펭귄 랜덤하우스 LLC의 임프린트 Avery와의 독점 계약으로 세종서적에 있습니다.
저작권법에 의하여 한국 내에서 보호를 받는 저작물이므로
무단전재와 무단복제를 금합니다.

일러두기

1. 책 제목과 잡지명은 겹낫표(『』)로, 논문, 단편 작품 등은 홑낫표(「」)로 표기했다.
2. 인명과 지명 등 외래어의 한글 표기는 가급적 국립국어원의 외래어 표기법을 따랐고, 확인되지 않는 인명은 관례에 의거해 표기했다.
3. 일련 번호가 붙은 주는 모두 원서의 주이다. ●는 옮긴이 주이며, *는 원서의 각주이다.
4. 이 책에서 사용되는 'menopause'라는 단어는 단순히 생리가 완전히 멈춘 '폐경' 시점을 지칭하는 의학적 용어로 한정하지 않는다. 저자는 'menopause'를 폐경 전후로 이어지는 신체적·인지적·감정적 변화의 전체 흐름, 다시 말해 삶의 한 전환기로서의 '갱년기'로 확장하여 사용하고 있다. 이에 따라 이 책에서는 'menopause'를 '갱년기'로 일관되게 번역했다. 이는 한국어 화자에게 더 익숙하고 직관적인 이해를 돕기 위함이다. 다만, 'menopause'를 생리가 완전히 중단된 시점으로 정확히 지칭하는 의학적 문맥에서는 '폐경'으로 구분하여 번역했다. 저자가 말하는 'menopause brain' 또한 단순히 폐경 이후의 뇌 상태를 넘어서, 여성의 뇌가 경험하는 변화와 회복, 재조정의 여정을 포괄하는 개념으로 읽어주시길 바란다.

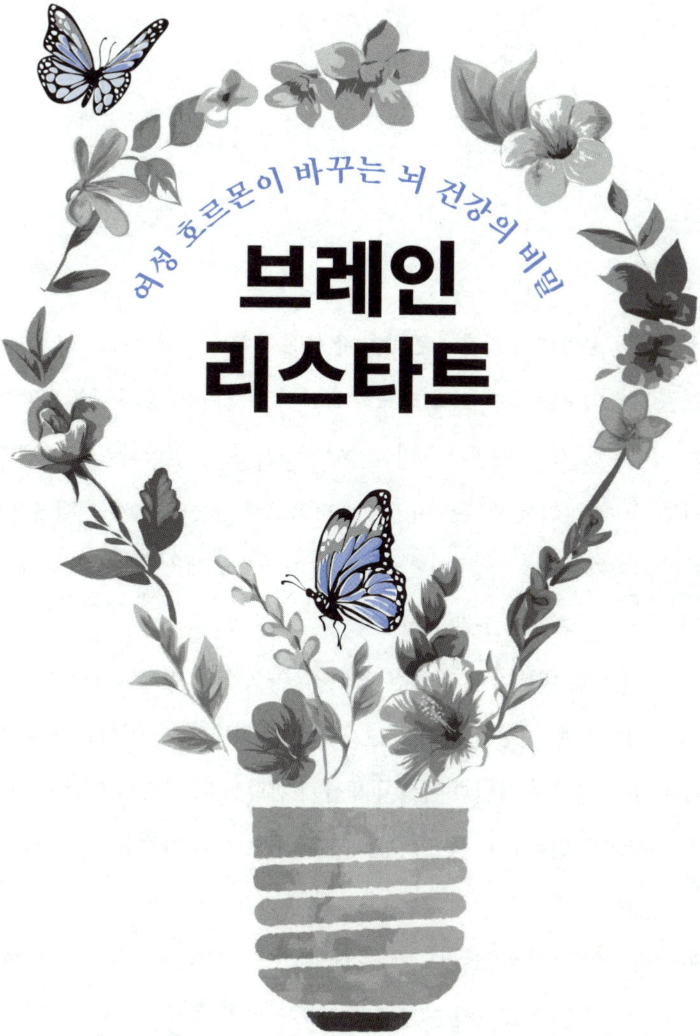

여성 호르몬이 바꾸는 뇌 건강의 비밀

브레인 리스타트

리사 모스코니 지음

김경철 김예성 옮김

세종

추천의 글

우리 몸에 대해 공부하면서 깨닫게 된 중요한 사실이 하나 있다. 바로 몸 안에 존재하는 모든 요소와 시스템이 정말 정교하게 짜여 있으며, 그중에 불필요한 것은 없다는 점이다. 그동안 싸우거나 억눌러야 할 것으로만 인식되었던 '갱년기'라는 시기를, 이 책은 전혀 새로운 시선으로 바라보게 만든다. 저자는 갱년기가 결코 쇠퇴의 시기가 아니라 삶의 전환점이자 뇌의 리모델링을 통해 도달하게 되는 두 번째 성숙의 기회라는 통찰을 전한다.

이 책은 신경과학, 내분비학, 정신건강, 인지 기능, 삶의 질이라는 여러 주제를 정교하게 엮어내며, 여성의 뇌가 갱년기 전후에 어떻게 재구성되는지를 명쾌하게 풀어낸다. 저자는 갱년기 여성이 새롭게 변화한 뇌 상태와 조화를 이루며 살아가는 방법을 단순한 이론이 아닌, 구체적이고 실천 가능한 전략으로 제시한다.

여성이 운동을 중요하게 인식하고 실천해야 한다는 것은 이 책의 핵심 메시지 중 하나다. 저자는 중강도 운동이 폐경기 이후 여성의 체지방 감소, 수면의 질 개선, 인지 기능 보호, 기분 안정, 심혈관 건강 증진에 어떤 방식으로 기여하는지를 풍부한 연구 결과와 함께 설명한다. 그 덕분에 독자는 자신의 몸에 맞는 운동 강도와 방식을 스스로 탐색할 수 있게 된다.

영양 가이드 관련 장에서는 단순히 "이건 먹지 마세요"라고 지시하는 것이 아니라, 왜 그것이 문제인지를 호르몬, 뇌 기능, 염증, 수면, 감정 조절이라는 관점에서 깊이 있게 설명한다. 예를 들어 아침의 커피 한잔도 갱년기 여성에게는 홍조나 수면장애를 악화시키는 원인이 될 수 있으며, 카페인의 대사 속도가 호르몬 변화에 따라 달라질 수 있다는 점을 생리학적으로 풀어낸다. 또한 많은 여성이 무심코 섭취하는 빵, 단맛 나는 음료, 정제 탄수화물 등 고당분 식품들이 인슐린 저항성, 염증, 기분 변화, 뇌 기능 저하에 미치는 영향을 과학적으로 분석한다. 실제로 어떤 음식을 먹을지에 대한 구체적인 식단 가이드에는 다소 한계가 보이지만, 그 외의 조언과 통찰만으로도 이 책은 충분히 훌륭한 안내서 역할을 한다.

『브레인 리스타트』는 갱년기를 겪고 있는 여성은 물론, 그 곁에서 이를 이해하고 지지하는 모든 사람이 반드시 읽어야 할 책이다. 여성의 뇌와 몸을 제대로 이해하고, 변화의 시기를 건강하게 통과할 수 있도록 돕는 이 책이 더 많은 독자에게 닿기를 진심으로 바란다.

최겸, 『다이어트 사이언스』 저자이자 건강 유튜버

35년간 진료실에서 여성만의 독특한 건강 문제들을 마주하고, 특별히 자연 출산을 돕는 여정에서 산과학 너머에 어떤 '생명의 본질과 지혜'가 있음을 배웠다. 같은 맥락에서 상당수 여성이 의학에서 규정하는 '육체적 질병'이 아닌 사회적·정서적 건강 문제에 처해 있다는 것도 알게 되었다. 아내를 포함한 갱년기 여성의 불편과 고민을 상담하며 단순한 약물 치료만으로는 충분치 않다는 한계를 실감하던 중 『브레인 리스타트』를 만났다. 우리는 현대 의학이 모든 것을 해결해주리라 기대하지만, 저자의 지적처럼 여성 건강에 대한 '반쪽짜리 이해', 즉 생식 기관 중심의 시각에 머물러 있다고 볼 수 있다.

이 책은 갱년기의 불편한 증상에만 몰두하던 우리의 시선에서 눈을 돌려 여성의 삶 전체를 다시 바라보게 해준다. 특히 뇌를 중심으로 정서, 관계, 신체 기능이 얼마나 긴밀하게 연결되어 있는지를 깊게 조명하며, 갱년기를 새로운 눈으로 볼 수 있도록 돕는다. 임상 경험이 풍부한 전문가가 의학적 통찰을 충분히 살려 번역하고, 독자들이 자신의 삶에 적용하도록 배려한 점이 인상 깊다. 갱년기에 대한 막연한 두려움을 가진 여성은 물론 이 시기를 함께 살아가는 이들, 그리고 여성 환자를 돌보는 전문의들에게 일독을 권한다. 여성의 삶을 더 깊이 이해하고자 하는 분들에게 이 책이 분명 밝고 따뜻한 빛이 되어줄 것이라 믿는다.

정환욱, 호움 산부인과 원장

이 책은 갱년기 여성에 대한 새로운 접근 방식을 제시한다. 오랫동안 무시되어 온 갱년기에 대한 질문들에 통찰력 있는 해답을 제공한다. 심도 깊은 연구를 인용하여 여성의 뇌에서 에스트로겐이 하는 역할을 알기 쉽게 설명한다.

오한진 박사

최근 임신과 출산을 겪고, 그 여정을 밀도 있게 공부하면서 깨달았다. 여성의 몸은 놀라울 만큼 정교하고, 변화에 맞춰 끊임없이 적응하는 존재라는 것을. 사춘기와 임신이라는 커다란 변곡점을 지나 마침내 '갱년기'라는 새로운 여정 앞에 서면, 여성의 몸과 뇌는 또 한 번의 깊은 전환을 준비한다. 이 책은 갱년기를 두려움이 아닌 이해와 회복의 시간으로 바라보게 한다. 완경이라는 여정에 이르는 길을 더욱 따뜻하고 단단하게 걸어가기 위해서는 이 책이 전하는 내 몸에 대한 이해와 생활 습관을 조절하는 통합적인 관리가 필수적이다. 호르몬과 함께 인생의 희로애락을 살아내는 모든 여성에게 이 책이 더 깊고 충만한 완경기를 위한 따뜻한 동반자가 되어주길 기대한다.

최지영(닥터 라이블리), 『해독 혁명』 저자

62세인 나는 그동안 갱년기를 겪으며 몸의 변화는 물론, 감정과 생각까지 수많은 변화를 경험해왔다. 『브레인 리스타트』는 내가 지나온 시간을 따뜻하게 들여다보며, 마치 내 이야기를 해주는 듯한 책이었다. 이 책은 단지 의학적인 정보만을 담은 것이 아니라, 갱년기를 지나며 흔들리는 여성들에게 건네는 진심 어린 안내서이고, 친구이며, 등불이 된다. 이 책을 읽고 나니 나는 더 이상 혼자가 아니었다. 이 귀한 책을 이해하기 쉽게 읽을 수 있도록 정성껏 번역해주신 김경철, 김예성 선생님께 깊이 감사드린다.

장애리, 『애리의 인생 레시피』 저자

나는 호르몬에 대한 많은 내용을 접한 사람이라고 자부해왔다. 하지만 이 책을 읽기 전까지는 호르몬 변화가 뇌에 어떤 영향을 미치는지 깊이 이해하지 못했다. 나는 모스코니 박사가 폐경을 여성의 본질적인 가치를 느껴볼 수 있는 기회로 너무나 아름답고 명확하게 표현하는 방식에 큰 감명을 받았다.

귀네스 팰트로, 영화배우

갱년기가 단순히 기분 변화나 안면 홍조 정도의 증상만 유발하는 것이 아니라 뇌 건강과 기능에 심각한 영향을 미칠 수 있다는 사실을 알아야 한다. 갱년기 뇌 분야의 최고 전문가가 쓴 이 책을 꼭 읽어보기를 진심으로 권한다.

나오미 와츠, 영화배우

만약 당신이 나처럼 뇌와 신체에 무슨 일이 일어나고 있는지 전혀 이해하지 못한 채 갱년기를 맞이하게 되었다면, 이 책은 곧 당신의 가장 친한 친구가 될 것이다. 모스코니 박사는 당신이 미친 게 아니며, 가장 중요한 것은 혼자가 아니라는 사실을 확인시켜준다! 이 책을 읽는 것은 스스로에게 지식이라는 선물을 주는 것이며, 지식은 바로 힘이다. 여성들이여, 이 책을 읽어보라.

할리 베리, 영화배우

우리 사회는 여성의 삶에서 갱년기의 의미와 영향력을 너무 가볍게 여겨왔다. 하지만 모스코니 박사의 『브레인 리스타트』는 인생의 특별한 전환기를, 지식을 기반으로 이해하고 긍정적인 마음의 힘으로 받아들이자고 우리를 독려한다. 나 역시 여성들 간의 따뜻한 연대와 지지가 얼마나 소중한지 늘 강조해왔는데, 이 책에서도 그 가치를 다시 한번 확인할 수 있었다.

매리 클레어 헤이버, 베스트셀러 『갤베스턴 다이어트 The Galveston Diet』 저자

갱년기에 대한 정보는 너무 없거나, 잘못된 정보가 많거나, 아니면 너무 복잡하고 서로 상반된 얘기들이 많아서 혼란스러웠다. 그런데 드디어 모스코니 박사가 나타났다! 정말 감사한 일이다. 과학자의 통찰력과 여성의 따뜻한 마음이 담긴 이 책은 갱년기에 관한 모든 것을 과학적 근거와 함께 명쾌하게 설명한다. 갱년기를 겪고 있는 모든 여성에게 이 책은 꼭 필요한 선물이 될 것이다.

리사 제노바, 베스트셀러 『스틸 앨리스 Still Alice』 저자

이 책은 당신의 아름다운 마음을 생기 있게 유지하고 건강한 뇌를 만드는 데 필요한 모든 것을 제공한다. 게다가 이것을 갱년기 신경과학 분야에서 가장 뛰어난 지성과 따뜻한 마음을 가진 리사 모스코니 박사가 전해주니 더할 나위 없다.

아비바 롬 박사, 『뉴욕타임스』 베스트셀러 『호르몬 인텔리전스 Hormone Intelligence』 저자

오랫동안 오해받던 갱년기가 『브레인 리스타트』를 통해 새로운 이야기로 다시 태어났다. 선도적인 신경과학자의 혁신적인 연구와 실천 가능한 조언으로 가득한 이 책은 인생의 전환기를 지나는 모든 분에게 꼭 필요하다.

엘런 보라 박사, 『불안의 해부학 The Anatomy of Anxiety』 저자

이 책은 과학적 근거에 기반하여 우리에게 꼭 필요한 포괄적인 정보를 알려준다. 그리고 여성들이 갱년기를 더욱 건강하고 활기차게 보낼 수 있도록 용기와 힘을 불어넣어준다.

졸린 브라이튼 박사, 베스트셀러 『피임약 너머 Beyond the Pill』 저자

모스코니 박사가 드디어 오랫동안 무시되어왔던 질문들에 답을 주었다. 이 책은 깊이 있는 연구를 바탕으로 하면서도 쉽게 읽을 수 있고, 여성의 뇌에서 에스트로겐이 하는 역할을 이해하는 데 가장 신뢰할 만한 기준을 제시한다.

섀런 멀론 박사, 『성숙한 여성의 이야기 Grown Woman Talk』 저자

꼼꼼한 연구를 바탕으로 쉽고 재미있게 설명하는 이 책은 갱년기 전후 시기를 지나며 자신의 뇌 건강을 적극적으로 챙기고 싶어 하는 이들에게 꼭 필요하다.

에이브럼 블루밍, 『에스트로겐의 진실 Estrogen Matters』 공저자

모스코니 박사는 이 책을 통해 우리가 결코 혼자가 아니라는 사실을 일깨워준다. 오랜 연구와 임상 경험, 심지어 본인의 체험까지 모두 담아 우리에게 실질적인 도움과 희망을 전해준다.

탬슨 파달, 『새로운 나를 만나다 The New Single』 저자

모든 여성을 위한 뇌과학서

세계적인 신경과학자이자 베스트셀러 작가인 리사 모스코니 박사의 책 *Menopause Brain*. 처음에는 이 책의 감수 또는 추천사를 부탁받아 읽기 시작했는데, 읽으면 읽을수록 흠뻑 빠져들고 너무나도 흥미로워 직접 번역하기로 했다. 더욱이 이 책의 핵심 주제인 '갱년기'와 '뇌'는 지난 25년간 나의 임상 경험에서 가장 중요한 두 축이기도 했다.

나의 첫 임상은 여성 전문 병원 미즈메디 병원에서 가정의학과 전문의로 수많은 갱년기 환자를 치료하는 것이었다. 당시 WHI(Womens Health Initiative, 여성 건강 이니셔티브) 스터디 결과가 발표된 이후 여성 호르몬의 사용이 위축되긴 했지만, 여전히 많은 여성이 갱년기 증상을 호소했기에 이들을 위한 더욱 안전한 처방을 모색하며 다양한 임상 경험을 하곤 했다. 많은 여성이 이 시기에 안면 홍조나 불면은 말할 것도 없고 심각한 우울, 변덕스러운 감정 변화, 짜증을 경험하면서 '내 뇌가 어떻게 된 것은 아닐까'라고 걱정하며 인지 기능 저하를 호소하곤 했다. 여성이 경험하는 갱년기는 남성과 달리 어느 날 갑자기 추락하는 비행기의 경착륙처럼 거칠고 고통스러운데, 다양한 여성 호르몬 대체 처방을 통해 이들이 더욱 편안하게 연착륙할 수 있도록 정성껏

도왔다.

시간이 흘러 기능의학을 접하게 되었고, 특히 뇌 질환 환자들을 많이 진료하며 장과 뇌, 호르몬과 뇌의 연결에 관한 풍부한 임상 경험을 쌓을 수 있었다. 모든 장기는 서로 연결되었으므로 모든 증상과 질병도 연결된다는 사실을 간과한 채 각자 전문 분야에서 배운 장기와 질병을 쪼개어 진료하는 것, 이것이 바로 현대 의학의 가장 큰 약점이다.

이런 점에서 모스코니 박사는 신경과 전문의이면서도 이 책의 상당 부분을 여성 호르몬에 대해 산부인과 의사보다 더 상세하고 친절하게 설명하고 있다. 나아가 호르몬의 역동적 변화에 따라 뇌 기능의 스위치가 꺼지고 켜지면서 재구성되는 현상을 과학적 근거를 들어 구체적으로 알려준다.

이 책의 원서 제목인 *Menopause Brain*을 번역하면 '갱년기의 뇌'이지만, 이 책은 사실 갱년기만 다루지 않는다. 사춘기부터 시작되는 생리 주기(배란 전과 후)에 따라 달라지는 여성들의 마음과 뇌의 양상을 섬세하게 설명한다. 임신 역시 여성 호르몬이 요동치는 시기이고, 수유 기간을 포함하여 아이를 양육할 때 호르몬의 변화도 다루기에 모든 여성에게 적용 가능한 뇌과학서로 확장된다. 특히 이 책의 하이라이트는 호르몬의 지배를 강하게 받던 여성의 일생이 갱년기를 기점으로 호르몬에서 완전히 독립적이고 안정적인 시기를 맞이한다고 보는 시각이다. 즉 폐경을 생리가 끝났다는 부정적인 신호로 보는 게 아니라 완경이 되었으니 이제야말로 신나는 '화양연화'가 시작되었다고 본다. 이 책은 이 점을 강조한다.

나는 갱년기를 겪는 어머니를 둔 자녀들뿐만 아니라 생리 주기에 따라 감정 변화를 겪는 아내를 둔 남편들도 모두 이 책을 읽어야 한다고 생각한다. 행복한 가정을 이루려면 여성에 대한 깊은 이해가 선행되어야 하며, 이를 위해 여성의 호르몬과 뇌의 상호작용을 아는 것이 중요하다. 무엇보다 이 당황스럽고 힘든 시기를 겪는 40대 이후의 여성에게 본문의 소제목처럼 "당신은 미치지 않았다"라고 말하고 싶다.

지금 겪고 있는 인생의 힘든 시기는 잠시 지나가는 과정일 뿐이다. 이제부터 꽃길만 걷기를 진심으로 응원한다.

김경철, 웰케어 클리닉 대표 원장, 연세대학교 보건대학원 겸임교수

모든 여성에게

우리의 어머니들과 딸들,
그리고 지금 이 순간 나와 함께
길을 열어가는 당신에게

서문

『브레인 리스타트』를 읽기로 결심하셨다니 정말 반갑고 기쁘다. 당신의 몸과 마음을 위해 최고의 선물을 고른 것이다! 정말 잘하셨다. 이 책과 함께라면 갱년기 전후 기간에 혼자 헤맬 필요가 없다. 지금 이 순간 당신의 뇌와 몸에 어떤 일이 일어나고 있는지, 또 그 이유가 무엇인지 알 수 있는 최신 정보가 당신 손 안에 들어왔다. 얼마나 반가운가!

이 책이 특히 중요한 이유는 모든 여성이 반드시 갱년기를 겪기 때문이다. 월경이 멈추면 더 이상 임신이 어려워진다. 갑자기 심장이 두근거리는가 하면 불안감, 우울증, 집중력 저하, 열감, 식은땀, 감정 기복, 수면 장애에 이르기까지…… 증상의 목록이 정말 길고 다양하다. 갱년기는 뇌의 변화가 몸과 삶을 뒤흔드는 시기이다. 실제로 이런 감정과 증상들이 모두 자연스러운 것이라고 안심하지 못하면, 여성들은 자신의 몸에 이상이 있는 것은 아닌지 걱정한다. 이 책은 바로 그런 불안을 해소해줄 것이다.

내가 갱년기를 겪을 때 이런 책이 있었다면 얼마나 좋았을까? 갱년기(내가 종종 '인생의 두 번째 봄'이라고 부르는)가 찾아왔을 때, 나를 포함한 수많은 여성은 앞으로 어떻게 대처해야 할지 제대로 안내받지 못했다. 우리 세대 여성들은 이 분야에 대한 교육도 연구도 부족했던 의료진들에게 제대로 이해도 공감도 받지 못했다. 혼란스럽고 때로는 극심한 증상들을 겪으면서도 도움을 받지 못했다. 오히려 '중년 여성들이 미쳐간다'고 쑥덕대던 그 시대를 견뎌내야 했다. 이 책은 바로 그런 시대가 변화하고 있다는 증거이다.

몇 년 전에 모스코니의 책 『여성의 뇌 *The XX Brain*』 서문을 쓰는 영광을 누렸는데, 이번에도 서문을 쓰게 되어 정말 기쁘다. 『브레인 리스타트』에는 최신의 과학적 발견과 실용적인 조언들이 가득하다. 더구나 이 모든 내용이 혁신적·선구적 사고를 지닌 연구자이자, 내가 평생의 친구로 부를 사람에게서 나온 것이라 더욱 특별하다.

2017년, 나는 왜 여성이 남성보다 알츠하이머병에 걸릴 확률이 두 배나 높은지, 또 유색 인종 여성은 왜 더 큰 위험에 노출되어 있는지 알아보려고 연구 자료를 찾다가 저자를 만났다. 당시 나는 이에 대한 연구가 거의 없다는 사실에 충격을 받아 '여성 알츠하이머병 운동

WAM'이라는 비영리 단체를 설립해, 여성의 뇌 연구를 평생의 과제로 삼고 탐구하고 있었다. 그렇기에 저자와의 만남은 그야말로 내 인생의 전환점이었다. 그는 갱년기가 중년 여성의 뇌에 미치는 영향을 밝혀낸 최초의 과학자 중 한 사람으로, 갱년기에 뇌가 보이는 전반적인 반응을 본격적으로 연구하기 시작했다. 이후 저자는 갱년기 여성의 뇌가 알츠하이머병에 더 취약하다는 연구 결과를 처음으로 발표했다. 또한 갱년기 동안 여성의 뇌가 물리적으로 어떻게 변하고 줄어드는지를 밝혀냈을 뿐 아니라, 이 과정을 직접 보여줄 수 있는 기술까지 개발했다. 여성의 뇌 건강에 관한 연구 부족을 안타깝게 여긴 저자와 여러 과학자 덕분에, 에스트로겐 같은 성호르몬이 여성 건강에 미치는 고유한 영향을 연구하는 움직임이 시작되었다. 나는 성별이 알츠하이머병의 위험 요인이 되는 이유를 연구하는 과학자들을 WAM 연구 기금으로 후원할 수 있어 얼마나 기뻤는지 모른다.

갱년기 증상은 얼마나 흔한가. 그리고 이것이 장기적인 건강에 미치는 영향은 얼마나 심각한가. 그럼에도 불구하고 갱년기 연구는 전반적인 여성 건강 연구와 마찬가지로 늘 자금 부족에 시달리며 소외되어왔다는 것이 정말 안타까운 현실이다. 특히 흑인 여성들의 경우 이런 무관심이 가져온 건강상의 결과는 더욱 심각하고, 갱년기를 지나는 여정도 더 길고 힘들다. 이제는 더 이상 모른 척할 수 없는 일이 되었다.

이제 나의 사명은 연구 자금의 부족으로 여성 건강에 대한 우리의 이해가 너무나 부족했던, 그동안의 놓쳐버린 시간을 되찾는 것이다. 그리하여 2022년, 우리는 세계 최고 의료 시스템 중 하나인 클리블랜드 클리닉과 손잡고 WAM을 새롭게 시작했다. 자랑스럽게도 WAM은 여전히 여성과 알츠하이머병 분야를 대표하는 기관으로 남아 있으며, 의학 연구를 선도하고 최상의 임상 치료를 제공하는 파트너들과 함께하면서 더욱 성장했다. 2020년에는 라스베이거스의 루 루보Lou Ruvo 뇌 건강 센터에 여성만을 위한 최초의 알츠하이머병 예방 센터를 열면서 역사의 한 획을 그었다. 지금은 클리블랜드 클리닉을 모든 여성 환자가 진정한 이해와 경청을 경험할 수 있는 최고의 통합 의료

센터로 만들기 위해 함께 노력하고 있다.

나는 앞으로도 저자와 함께 중년 여성의 뇌를 연구하는 전 세계 연구자들을 지원하면서, 동시에 모든 여성이 이 중요한 시기에 자신의 건강을 지키는 데 필요한 귀중한 정보를 얻을 수 있도록 도울 것이다. 이런 정보는 여성들뿐만 아니라 의사, 친구, 가족 모두에게 필요하다. 이 책은 우리 모두를 위한 안내서다. 의학을 가르치고 진료하는 모든 사람이 이 책을 들여다봐주면 좋겠다. 특히 여성 여러분은 기억하기 바란다. 자신의 건강은 여러분 스스로 달라지게 할 수 있다는 것을 말이다. 이 책과 여기에 담긴 연구 내용을 가지고 의료진을 찾아가 상담하면서, 평생 건강을 위한 최선의 의료 케어 계획을 함께 세워보기를 권한다. 여러분은 그만한 자격이 충분히 있다.

그러니 이 책을 읽고 당신을 더욱 단단하게 만들어보자. 그리고 삶의 여정에서 만나는 다른 여성들과도 공유하기 바란다. 내가 말하는 '변화의 설계자'가 되는 것이다. 이는 곧 세상에서 보고 싶은 변화를 만들어가는 사람이다. 우리의 가장 큰 자산은 바로 우리의 뇌이다. 평생 함께할 수 있도록 잘 돌봐주자. 분명 당신의 미래 건강을 위한 최고의 투자가 될 것이라고 약속한다.

마리아 슈라이버

추천의 글 • 4
모든 여성을 위한 뇌과학서 | 김경철 • 10
서문 | 마리아 슈라이버 • 14

1부 • 인생의 두 번째 봄

1장 당신은 미치지 않았다 • 24
2장 여성과 갱년기를 둘러싼 고정관념 허물기 • 39
3장 아무도 알려주지 않는 갱년기 • 56
4장 갱년기 뇌, 기분 탓이 아니다 • 76

2부 • 뇌와 호르몬의 대화

5장 뇌와 난소, 운명의 파트너 • 98
6장 갱년기 제대로 이해하기: 3P의 법칙 • 116
7장 우리가 몰랐던 갱년기의 반전 • 136
8장 갱년기는 왜 존재하는가 • 151

3부 · 갱년기 증상 완화를 돕는 약물 치료

9장 에스트로겐 치료, 부작용은 없을까? • 160
18장 갱년기를 관리하는 호르몬·비호르몬 요법 • 189
11장 암 치료와 '케모 브레인' • 203
12장 젠더 정체성 지지 요법과 크로스섹스 치료 • 221

4부 · 활력 있는 삶을 위한 라이프 스타일과 건강 관리

13장 좋은 컨디션을 유지하는 운동 습관 • 236
14장 갱년기 뇌에 좋은 식단과 영양 • 256
15장 호르몬 요법을 대체하는 영양제와 천연 생약 성분 • 298
16장 스트레스 완화와 건강한 수면 습관 • 316
17장 피해야 할 환경 독소와 에스트로겐 교란 물질 • 337
18장 긍정의 마법, 삶을 바꾸는 힘 • 351

감사의 글 • 370
옮기고 나서 | 김예성 • 373
주 • 376

1부

인생의 두 번째 봄

1장

당신은 미치지 않았다

"내가 미쳐가고 있는 걸까?"

　30~60세의 많은 여성이 어느 날 아침, 영문도 모른 채 혼란스러운 하루를 맞이한다. 주체할 수 없을 만큼 식은땀을 흘리거나 머릿속에 안개가 낀 듯 멍하고 불안감이 몰려오는 등 누구도 예상하지 못한 이상한 변화들이 거센 파도처럼 몰아친다. 이 변화는 말 그대로 머리가 핑 돌 정도로 갑작스럽게 닥쳐온다.
　마치 머릿속 나사가 몇 개 풀린 듯한 기분이 들 때도 있다. 점점 정신이 산만해져, 방에 들어가서는 정작 왜 들어왔는지 잊어버리는 일이 늘어난다. 우유팩을 서랍장에 넣고 시리얼 상자를 냉장고에 넣는 등

물건을 엉뚱한 곳에 둔 채 잊어버리기도 한다. 대화를 나누는 것도 점점 어려워진다. 말하려던 단어가 혀끝에서 맴돌기만 하거나, 방금 전에 한 말조차 생각이 나지 않아 생각의 흐름이 끊길 때마다 가슴이 철렁 내려앉는 공포감을 느끼기도 한다. 게다가 감정도 종잡을 수 없게 흔들린다. 이유 없이 가슴이 먹먹해져 눈물이 쏟아졌다가, 금세 짜증과 분노가 치밀어 오르기도 한다. 한숨 푹 자고 나면 이런 문제들이 해결되어 있길 바라며 잠을 청하지만, 정작 잠드는 것조차 쉽지 않다. 밤새 몇 번씩 깼다 잤다를 반복하거나, 아예 잠을 이루지 못하고 하얗게 밤을 새우기도 한다. 이런 예상치 못한 변화들이 맹렬한 기세로 한꺼번에 밀려오니, 많은 여성이 자신의 몸이 더 이상 예전 같지 않다는 낯선 감각에 사로잡힌다. 익숙했던 몸이 갑자기 낯설게 느껴지며, 마치 나와 따로 움직이는 듯한 어긋남을 경험하게 된다. 이런 변화는 누구라도 자신의 상태를 되짚게 만들고, 건강에 대한 걱정은 물론, 내가 정말 제대로 된 정신을 유지하고 있는지조차 불안하게 만든다.

아직 이런 증상들을 직접 겪어보진 않았더라도 한 번쯤은 들어봤을 것이다. 친구들끼리 대화하다, 어머니와 이야기를 나누다, 아니면 또다시 잠 못 드는 밤에 인터넷을 검색하다 우연히 마주친 글에서 말이다.

더 이상 헤매지 말고 이 증상들을 갱년기의 뇌라고 부르자.

중년 여성들이 겪는 이런 현상들은 별것 아닌 것 같지만, 대부분 **결코 가볍게 넘길 수 없는** 갱년기에서 비롯된 것이다.

갱년기는 우리 사회에서 좀처럼 드러나지 않는 주제이다. 모든 여성이 겪는 이 전환기에 대해 교육하거나 이해하도록 도움을 주는 문화는 거의 찾아볼 수 없다. 심지어 가족끼리도 갱년기를 주제로 대화하는 경우는 드물다. 가끔 갱년기 경험과 유익한 정보를 서로 주고받더라도, 대부분 갱년기의 핵심인 **뇌에 미치는 영향**에 대해서는 말하지 않는다.

우리 사회가 갱년기를 이해하고 있다고 해도, 그것은 사실상 반쪽짜리 이해에 불과한 생식기관과 관련된 이야기일 뿐이다. 많은 사람이 폐경을 월경이 끝나는 시점, 즉 더 이상 아이를 가질 수 없는 시기로만 알고 있다. 하지만 난소의 기능이 멈췄다는 것은 단순히 생식과 관련된 문제만이 아니다. 잘 드러나지 않았을 뿐, 갱년기는 난소만큼이나 뇌에도 강력하고 직접적인 영향을 미친다. 이 부분에 대한 연구는 이제 막 시작되었다.

지금까지 밝혀진 바로는 홍조, 불안감과 우울감, 수면 장애, 브레인 포그,• 기억력 감퇴 같은 당혹스러운 증상들이 바로 갱년기의 대표적인 증상이다. 그러나 놀라운 사실은 이 모든 증상이 난소 때문이 아니라 전혀 예상하지 못했던 기관, 바로 **뇌**에서 비롯된다는 점이다. 이 증상들은 사실 갱년기에 뇌가 변화하면서 생기는 신경학적 증상들이다. 갱년기에 난소가 중요한 역할을 하긴 하지만, 실제로 운전대를 잡고 있는 건 뇌다.

과연 당신이 가장 우려했던 일이 현실이 되어버린 걸까? 혹시 나만 이 증상들에 지나치게 예민하게 반응하고 있는 건 아닐까?

절대 그렇지 않다. 이 책을 통해 나는 당신이 결코 유난스럽지 않으

• brain fog, 머리가 안개 낀 것처럼 흐릿하고 집중이 잘 안 되는 상태

며, 그런 걱정을 할 필요도 없다는 것을 분명히 전하고자 한다.

반드시 기억해야 할 것은 당신은 혼자가 아니며, 이 모든 것을 잘 극복해낼 것이라는 점이다. 갱년기가 뇌에 영향을 미치는 것은 사실이지만, 그렇다고 해서 이 모든 문제를 단순히 '그냥 기분 탓'이라고 치부할 수는 없다. 오히려 그와는 정반대다.

침묵 속에 가려진 갱년기의 진실

젊음이 곧 경쟁력으로 여겨지는 사회에서 갱년기는 대놓고 무시되지는 않더라도, 두려움의 대상이 되거나 조롱의 표적이 되기 쉽다. 갱년기는 여성의 삶에서 중요한 전환점임에도 불구하고, 이를 인정하거나 주목하는 문화는 거의 없다. 오히려 갱년기는 노화의 상징, 활력이 사라지는 시기, 나아가 여성다움을 잃는 순간으로 여겨지며 부정적인 인식과 낙인이 함께 따라온다. 이보다 더 심각한 점은 대부분 갱년기는 조용히 덮어두는 것, 혹은 감추어야 할 비밀처럼 여겨진다는 것이다. 수많은 세대의 여성들이 갱년기에 대한 오해와 수치심, 그리고 어찌할 수 없는 무력감을 견디며 힘겨운 시간을 보냈다. 많은 여성은 다른 사람의 시선을 의식해 증상을 숨기거나 말하기를 주저하며, 대부분은 자신이 겪는 증상이 갱년기와 관련 있다는 사실조차 깨닫지 못한 채 그 시기를 지나기도 한다.

이 모든 혼란은 여성만이 겪는 부당함으로 끝낼 일이 아니다. 이는 단순한 개인의 문제가 아니라, 심각한 공중보건 문제로 그 여파가 매우 광범위하다. 구체적인 수치를 살펴보자.

- 여성은 인구의 절반을 차지한다.
- 모든 여성은 갱년기를 겪는다.
- 갱년기 연령대의 여성은 가장 빠르게 증가하고 있는 인구 집단으로 2023년 기준 전 세계적으로 10억 명[1]의 여성이 갱년기에 접어들거나 폐경을 앞두고 있을 것으로 예상된다.
- 대부분의 여성은 자신의 삶 중 약 40퍼센트를 갱년기 상태로 보낸다.
- 갱년기를 겪든 겪지 않든, 모든 여성의 몸에서 대체로 간과되어온 기관이 있는데, 그것은 뇌이다.
- 전체 여성 중 4분의 3 이상이 갱년기 동안 뇌 관련 증상을 겪는다.

갱년기는 그 규모만 보아도 여성의 삶에서 중요한 전환점으로 인정받아야 하며, 이를 위한 체계적인 연구와 깊이 있는 논의가 이루어져야 한다. 그러나 현실에서 갱년기는 여전히 불쾌한 증상들만 주목되거나, 여성으로서의 능력을 잃고 위축되는 시기라는 인식에 휘둘리고 있다. 이러한 왜곡된 인식으로 갱년기의 본질보다 삶의 전환점에서 마주할 수 있는 함정인 양 지나치게 부정적인 면에만 초점을 맞추고 있다. 게다가 과학과 의학의 관점에서도 갱년기는 여전히 제대로 된 연구 분야로 자리 잡지 못한 채 이름조차 제대로 붙여지지 않은 학문 분야로 남아 있다.

서구 의료 체계의 한계

갱년기에 대해 우리가 얼마나 무지한지조차 모를 정도로 제대로 알지 못한 탓에 너무 많은 여성이 아무런 준비 없이 갑작스럽게 이 시기를 맞이한다. 그 결과, 우리는 의사는 물론이고 우리의 몸과 마음에게까지 배신당한 듯한 감정을 느끼게 된다. 갱년기의 대표 증상으로 여겨지는 홍조는 비교적 잘 알려져 있지만 불안감, 불면증, 우울증, 혹은 브레인 포그 같은 증상들은 갱년기와 관련 있다는 사실을 대부분의 의사들이 간과한다. 50세 이하 여성들에게는 이 문제가 더 심각하다. 의사들은 이들에게 항우울제만 처방하고, 갱년기 증상을 걱정하는 것을 단순히 여성의 심리적 문제나 여성으로서의 정체성이 흔들리는 시기 정도로 무시해버리는 경우가 많다. 도대체 왜 이런 일이 벌어지는 걸까?

서구 의학은 몸을 전체적으로 보기보다는 부분적으로 나누어 바라보는 경향이 강하다. 예를 들어 심장 문제 때문에 눈에 이상이 생겼더라도, 환자는 각각 심장내과와 안과를 따로 방문해야 한다. 이런 지나친 분화 때문에 갱년기는 단순히 '난소의 문제'로 치부되어 산부인과 영역에 국한되어버렸다. 하지만 갱년기를 겪어본 이라면 산부인과 의사들이 뇌와 관련된 문제를 전혀 다루지 않음을 알 것이다. 다른 의사들과 마찬가지로 산부인과 의사들은 생식기관이라는 특정 부위에 초점을 맞춰 교육받았기 때문에, 뇌와 관련된 증상을 진단하거나 다루는 데 전문성이 부족하다. 더구나 산부인과 의사들 중 상당수는 갱년기를 전문적으로 다루는 훈련조차 받지 않는다. 오늘날 산부인과 전공의들 중에서도 갱년기 전문 진료 교육을 제대로 받는 사람은 다섯 명 중 한 명도 안 된다.² 그마저도 고작 몇 시간 정도가 전부다. 그러니 갱년기 증상으로 병원을 찾은 여성 중 75퍼센트가 적절한 치료를 받지 못하고 있다는 사실이 그리 놀랍지도 않다.

반대로, 뇌를 전문으로 다루는 신경과나 정신과 의사들 역시 갱년기 문제를 전혀 다루지 않는다. 이런 분리된 의료 체계 때문에 갱년기가 뇌 건강에 미치는 영향이 거의 관심받지 못하는 것도 이상한 일이 아니다. 그 결과, 이 문제들은 철저히 분리된 의학의 경계선 틈새로 떨어져 누구의 손길도 닿지 못한 채 방치되고 말았다.

바로 이 지점에서 뇌과학자들의 역할이 빛을 발한다. 나 역시 이 분야의 연구자 중 한 명으로, 신경과학(뇌가 어떻게 작동하는지를 연구)과 핵의학(뇌를 영상기법으로 분석하는 방사선학의 한 분야)이라는 다소 독특한 박사 학위를 가지고 있다. 하지만 내 연구의 진정한 차별점은 여성의 뇌를 연구하고 이를 지원하는 데 평생을 바쳤다는 점이다. 현재 나는 뉴욕에 있는 와일 코넬 의과대학에서 신경학 및 방사선학 내 신경과학 부교수로 재직 중이며, 이러한 배경을 바탕으로 여성 건강과 이들 학문의 교차점을 연구하고 있다. 이를 위해 2017년에 나는 여성과 남성의 뇌 건강이 어떻게 다르게 나타나는지를 연구하는 임상 연구 프로그램인 '여성 뇌 연구 프로젝트'를 출범시켰다. 내 연구팀은 여성의 뇌가 어떻게 작동하는지, 어떤 점에서 특별히 강하며, 또 어떤 점에서 취약한지 매일 분석하고 있다. 동시에 와일 코넬 의과대학 뉴욕-프레스비테리언 병원의 알츠하이머병 예방 프로그램 책임자로서, 여성의 뇌 연구를 장기적으로 인지와 정신 건강을 평가하고 지원하는 임상 실무와 통합할 수 있게 되었다.

오랜 연구 결과, 여성의 뇌 건강을 제대로 이해하려면 호르몬 변화, 특히 갱년기와 같은 중요한 시기에 뇌가 어떻게 변화하고 반응하는지 세심히 살펴보는 것이 필수적이라는 사실을 깨달았다. 이 프로그램들을 시작하자마자 나는 가장 먼저 산부인과에 연락했다. 그날 이후 우리는 저명한 갱년기 전문의들과 함께 협력하며 최고의 산부인과 외과 의사 및 종양학자들과도 프로젝트를 진행했다. 그렇게 우리는 많은 전문가가 충분히 탐구하지 않았던 질문에 답하기 위해 함께 힘을 합치기로 했다. 그것은 바로 "갱년기가 뇌에 어떤 영향을 미칠까?"라는 질문이었다.

갱년기는 뇌에 어떤 영향을 미칠까?

　내가 갱년기를 연구하기 시작했을 때, 두 가지 중요한 사실을 깨달았다. 첫째, 뇌를 연구하는 분야에서 갱년기를 다룬 연구가 거의 없었다는 점, 둘째, 그나마 있는 몇 안 되는 연구들도 대부분 이미 갱년기를 한참 지난 60대나 70대 여성들을 대상으로 했다는 점이다. 다시 말해, 갱년기가 뇌에 미치는 영향은 마치 결과물처럼 사후에만 연구되어왔을 뿐, 하나의 과정으로 연구되지는 않았던 것이다.
　그래서 우리 연구팀은 시각을 달리하여, 이런 결과들이 갱년기를 맞이하기 전부터 갱년기의 전 과정을 거치면서 어떻게 나타나는지 살펴보기로 했다. 연구를 시작했을 때 상황이 얼마나 절박했는지 말해보자면, 그때까지 여성의 뇌를 폐경 전후로 비교한 연구는 단 한 건도 없었다. 그래서 우리는 팔을 걷어붙이며 뇌 스캐너를 켜고 이 새로운 영역을 탐구하기 시작했다. 그 결과 여성의 뇌가 남성의 뇌와는 다르게 나이 들어간다는 것, 그리고 이 과정에서 폐경이 핵심적인 역할을 한다는 것을 입증하는 데 상당한 성과를 거두었다. 실제로 이러한 연구에 의해 폐경은 뇌에 매우 독특한 방식으로 영향을 미치는, 신경학적으로 활발한 프로세스임이 밝혀졌다.

이해를 돕기 위해 말하자면, 아래의 뇌 스캔 이미지는 양전자 방출 단층촬영, 즉 PET라는 기능성 영상 기법으로 촬영한 것으로, 이는 뇌의 에너지 수준을 측정한다. 밝은 색상은 뇌 에너지 수준이 높음을 나타내고, 어두운 부분은 에너지 대사가 낮음을 보여준다(컬러 이미지는 웹사이트 lisamosconi.com/projects에서 확인할 수 있다).

맨 왼쪽의 이미지는 에너지가 가득한 뇌의 모습을 나타낸다. 40대의 뇌가 보여줘야 할 이상적인 모습이다. 생생하고 밝게 빛나지 않는가. 이 뇌의 주인공은 첫 촬영 당시 43세의 여성이었다. 당시 그녀는

〔그림 1〕 폐경 전후의 뇌 스캔

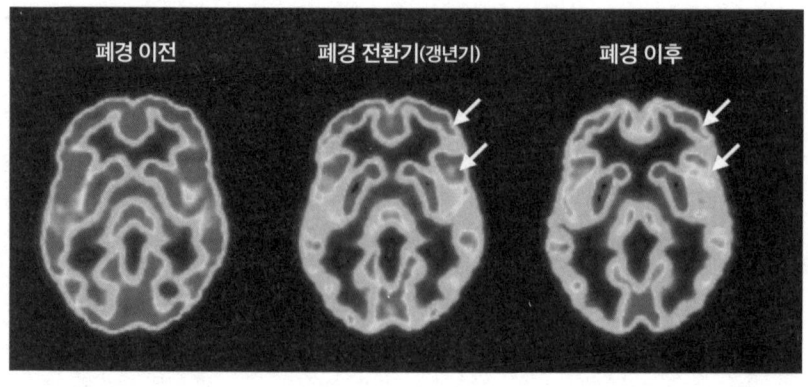

월경 주기가 규칙적이었고, 어떤 갱년기 증상도 보이지 않았다.

이제 폐경 이후라고 표시된 스캔을 보자. 바로 8년 후, 그녀가 폐경을 겪은 직후의 뇌다. 첫 번째 스캔보다 전체적으로 어둡게 보이는 것이 느껴지는가? 이런 밝기의 변화는 뇌 에너지가 30퍼센트나 감소했음을 의미한다.

이 결과는 결코 특이한 사례가 아니다. 우리 연구에 참여한 많은 여성이 비슷한 변화를 보였지만, 같은 나이대의 남성들에게서는 이런 변화가 나타나지 않았다.[3] 즉 여기서 보이는 눈에 띄는 변화는 갱년기를 겪는 여성의 뇌에서만 독특하게 나타나는 것으로 보인다. 이러한 변화들은 이유 없는 피로감과 불편감을 설명해준다(겪어본 사람은 알겠지만 갱년기의 피로는 그저 피로감으로 치부할 수 있는 것이 아니다). 하지만 이는 단순히 에너지만의 문제가 아니다. 체온, 기분, 수면, 스트레스, 인지 기능에도 영향을 미칠 수 있다. 대부분의 여성들이 이런 변화를 실제로 느낄 수 있다는 점이 놀랍지 않은가? 몸에서 뚜렷한 생물학적 변화가 일어나고, 뇌의 화학 구조까지 실제로 달라지면, 그 변화는 눈앞에 선명히 드러나 외면할 수도 피할 수도 없다.

앞서 언급한 연구는 빙산의 일각에 불과했다. 시간이 지나면서 우리의 연구는 귀중한 데이터들을 쏟아냈다. 갱년기 동안 단순히 뇌의 에너지만 변하는 것이 아니라, 뇌의 구조와 영역별 연결성, 전반적인 화학 작용까지 모두 영향을 받는다는 사실을 발견한 것이다.[4] 이 모든 변화가 정말 놀라울 정도로 강력한 몸과 마음의 경험을 만들어낸다. 뇌 스캐너가 없었다면 확인하기 어려웠을 수도 있지만, 이런 변화들은 폐경 이후에 시작하지 않는다. 폐경 이전, 바로 폐경 전환기perimenopause

부터 시작한다. 월경이 불규칙해지고 홍조 같은 증상이 처음 나타나기 시작하는 이 시기야말로, 우리 연구에 따르면 뇌가 가장 큰 변화를 겪는 때이기도 하다. 갱년기의 뇌는 마치 휘발유 차가 전기차로 바뀌면서 새로운 작동 방식을 찾아가는 것처럼 조정과 재구성의 단계를 거치는 현상으로 비유할 수 있다. 이 연구 결과들은 수많은 여성이 계속해서 말해온 것, 바로 **'갱년기가 뇌를 변화시킨다'**는 사실에 대한 과학적 증거이다. 그러니 혹시 당신이 겪는 증상들이 그저 스트레스 때문이거나 '여자라면 당연히 겪는 일'이라는 말을 들어왔다면, 이제 당신이 경험하는 모든 것은 과학적으로 입증된, 실제 현상임을 증명할 수 있다. 문제의 핵심은 뇌에 있다. 이는 결코 당신의 상상이 아니다.

과학이 밝혀주는 길

여러 해 동안 나는 갱년기의 여러 가지 증상, 특히 뇌와 관련된 증상(증상을 제대로 설명할 수 있든 없든)으로 힘들어하는 수많은 여성을 만나왔다. 그들 중 많은 사람이 내게 털어놓은 가장 큰 고민은, 신뢰할 수 있으면서 쉽게 이해할 수 있는 정보를 찾기 너무 어렵다는 것이었다. 여성들의 이런 갈망, 즉 제대로 된 지식과 지원이 필요하다는 목소리에 귀 기울이면서, 나는 모든 여성이 갱년기에 대한 정확하고 충분한 정보를 제공받을 자격이 있음을 체감했다. 물론 전문가들의 검토를 거친 과학 연구야말로 가장 믿을 만한 정보의 원천이겠지만, 학술지에 실린 이런 논문들이 삶을 살아가는 수억 명의 여성들에게 갱년기 관련 정보를 전달하는 효과적인 방법은 아니었다.

『브레인 리스타트』는 여성들이 자신감을 갖고 갱년기를 현명하게 맞이할 수 있도록, 그들에게 필요한 정보를 전하겠다는 나의 사명에서 시작되었다. 갱년기 전후에 당신의 몸과 뇌에서 일어나는 일들을 이해하는 것은 바로 그 시기를 지나는 당신 자신을 이해하는 데 매우 중요하다. 또한 이 중요한 인생의 전환기에 변화하는 몸과 마음의 상태에 따라 보험과 주치의를 포함한 의료 서비스와 생활 습관 관리의 필요성을 인식하고, 주도적으로 대처해나가는 것 역시 중요하다.

지금까지 갱년기는 마치 차례로 찾아와 길을 막아서는, 그저 피할 수 없어 두렵고 불길한 장애물처럼 그려져왔다. 학술 문헌부터 온라인 자료까지, 갱년기에 관해 쓴 대부분의 글들은 이를 '견디는 법' 아니면 '대처하는 법', 심지어는 '맞서 싸우는 법'에만 초점을 맞춰왔다. 이 주제에 대한 대다수의 연구도 갱년기에서 '무엇이 잘못될 수 있는지'와 '어떻게 고칠 수 있는지'에만 집중해왔다. "그게 뭐가 잘못됐나요?"라고 물을 수도 있다. 하지만 이런 접근 방식의 밑바탕에는 갱년기를 그저 버티는 것 말고는 더 나은 것을 기대할 수 없다는 전제가 깔려 있다. 서양 의학이 이 인생의 한 시기를 순전히 생물학적 맥락에서만 다루다 보니, 부정적인 면만 강조되고 그 진정한 의미는 축소되어버린 것이다. 하지만 통합적인 관점에서 갱년기를 바라보면, 실제로는 훨씬 더 많은 일이 일어나고 있다. 갱년기와 그 증상을 일으키는 호르몬의 변화는 동시에 새롭고 흥미로운 신경학적·정신적 능력의 발달을 촉진하고 있다. 우리 사회가 노골적으로 무시해온 바로 그 능력들 말이다. 갱년기가 우리 마음에 선사하는 이런 숨겨진 잠재력은 결코 주목받지는 못했지만, 모든 여성이 알아야 할 소중한 선물이다. 이런 인식이야말로 갱년기를, 그리고 궁극적으로는 여성으로서의 삶 자체를 새롭게 헤쳐나갈 수 있는 길을 열어줄 것이다.

이 책은 네 부분으로 구성되어 있다.

1부 '**인생의 두 번째 봄**'에서는 갱년기의 기초적인 내용을 다룬다. 임상적 관점에서 무엇이 갱년기이고 무엇이 아닌지, 갱년기는 뇌에 어떤 영향을 미치는지, 그리고 우리가 왜 이 중요한 연관성을 알아채지 못했는지를 살펴볼 예정이다.

2부 '**뇌와 호르몬의 대화**'에서는 호르몬이 뇌 건강에 미치는 역할 그리고 이 둘의 상호작용이 갱년기를 이해하는 데 얼마나 중요한지 이야기한다. 여기서는 갱년기가 우리 몸과 뇌 속에서 어떻게 작용하는지 깊이 들여다본다. 단순히 '무슨 일이 일어나는가'뿐만 아니라 '왜 일어나는가'를 더 넓은 맥락에서 이해하고자 한다. 이를 위해 내가 '세 가지 P'라고 부르는 시기들을 살펴볼 것이다. 바로 사춘기puberty, 임신pregnancy, 그리고 갱년기perimenopause다. 이 시기들은 모두 우리의 뇌와 호르몬, 그리고 이들 사이의 상호작용이 극적으로 변화하는 중요한 순간들이다. 이 '세 가지 P'의 공통점을 이해하는 것이야말로 갱년기를 여성 삶의 자연스러운 한 단계로 재해석하는 열쇠가 된다. 다른 시기들처럼 갱년기 역시 취약함을 느낄 수 있지만, 동시에 회복력과 긍정적인 변화를 가져다주는 시기이기도 하다.

하지만 당장 해결책이 필요하고 기분이 나아지는 방법을 찾고 싶다면, 실용적인 전략을 안내하는 3부로 바로 넘어가도 좋다. 2부는 언제든 마음이 내킬 때 다시 돌아와 읽을 수 있다!

3부 '**갱년기 증상 완화를 돕는 약물 치료**'에서는 호르몬 대체 요법과 함께 갱년기 관리를 위한 다양한 호르몬·비호르몬 요법을 자세히 살펴본다. 유방암과 난소암 치료를 위한 항에스트로겐 요법, 그리고 '케모 브레인'의 영향도 다룰 예정이다. 이 책에서는 '여성'이라는 단어를 이른바 여성 생식기관(유방과 난소)을 가지고 태어난 사람들을 지칭하는 데 사용하고 있지만, 갱년기를 경험하는 모든 사람이 스스로를 여성이라 인식하는 것은 아니며, 반대로 스스로를 여성이라 인식하는 사람이라고 해서 모두 갱년기를 겪는 것도 아니라는 점을 짚고 넘어가고자 한다. 갱년기와 관련한 다양한 경험과 정체성을 존중하는 의미에서, 에스트로겐 생성을 억제하는 방법을 포함해 트랜스젠더를 위한 젠더 정체성 지지 요법●에 대해서도 논의할 것이다.

4부 '**활력 있는 삶을 위한 라이프 스타일과 건강 관리**'에서는 처방약 없이도 갱년기 증상을 다스리고, 동시에 인지적·정서적 건강을 지원할 수 있는 검증된 생활 습관과 행동 수칙들을 소개한다. 비록 지금 당신의 뇌가 혼란스럽게 느껴진다 해도 당신은 여전히 자신의 생활 방식과 환경, 마음가짐을 통제할 수 있다. 이 모든 것이 결국 당신의 갱년기 경험에 영향을 미칠 것이다. 갱년기를 받아들이고 돌보는 과정에서 오히려 힘을 얻을 수 있는 방법이 있다. 이 방법들을 따를 때 새로운 가능성이 분명히 보이기 시작할 것이다.

궁극적으로 이 책은 여성성에 대한 애정을 담아 쓴 편지이며, 모든 여성이 두려움이나 수치심 없이 갱년기를 맞이하길 바라는 응원의 목소리다. 이 책은 우리만의 특별한 두뇌 능력을 자축하고, 평생에 걸쳐

● gender affirming therapy, 트랜스젠더 개인의 성별 정체성을 지지하고 이를 의료적으로 확립하기 위한 치료로, 호르몬 요법이나 성 확정 수술 등을 포함한다.

우리의 몸과 뇌가 만들어내는 지혜로운 적응 과정을 이해하며, 평생 최적의 건강 상태를 향한 여정을 즐기는 토대가 될 것이다. 이 책에 담긴 정보들이 갱년기라는 다면적 주제에 대한 논의를 일으킬 뿐 아니라, 그동안 우리가 사회의 중요 구성원들을 어떻게 무시하고 소외시켜왔는지에 대한 대화도 이끌어내길 바란다. 이는 갱년기에 대한 대화의 방향을 바꿀 뿐만 아니라 '잊힌 성性, gender'의 목소리를 개인으로서, 그리고 세계 인구의 절반으로서 다시 한번 되살리는 데 매우 중요한 일이 될 것이다.

2장

여성과 갱년기를 둘러싼 고정관념 허물기

성차별과 신경학적 성차별

이 책은 신경과학자가 바라본 갱년기의 희로애락에 관한 이야기다. 하지만 우리가 앞으로 나아갈 길을 보여주기 전에, 지금까지 갱년기에 대한 문화적·임상적 관점들을 살펴보는 것이 도움이 될 것 같다(마음이 좀 무거워진다 해도). 미리 말해두자면, 이 주제에 대한 사회역사적 발자취를 되짚어보면 처음에는 조금 우울해질지도 모른다. 결국 문화와 전통적 의학이 결합하면서 갱년기를 '난소 기능 상실', '난소 기능 장애', '에스트로겐 고갈' 등 온통 부정적인 결과들과 동일시하게 되었으니 말이다. 하지만 나를 믿고 따라와주기 바란다. 현대 과학의 관점에서 훨씬 더 다른, 균형 잡힌 이야기가 될 것이라고 약속한다.

하지만 문화적 관점에서 그 전망은 한 치의 의심 없이 어둡다. 조금만 더 들여다보면, 갱년기를 비하하는 많은 고정관념은 여성*을 '약한 성'으로 보는, 좀 더 광범위한 부정적 인식에서 비롯함을 알 수 있다. 여성이 남성보다 육체적으로 더 연약하다는 오래된 편견에서 시작해서, 이제는 그것이 우리의 뇌와 지능에까지 적용되어 **'신경학적 성차별'**이라는 형태로 나타나고 있다. 이는 여성의 뇌가 남성의 뇌보다 열등하다는 터무니없는 신화로 이어진다. 따라서 갱년기에 대한 의학적 체계의 복잡성을 다루기에 앞서, 먼저 여성 전체를 바라보는 이런 체계의 복잡성부터 짚고 넘어가야 한다. 여성의 열등론이 얼마나 터무니없는 것인지는 분명하지만, 안타깝게도 이는 현대 과학의 근간이 되어왔다. 현대 생물학의 아버지라 불리는 찰스 다윈은 이렇게 말했다. "남성은 자신이 하는 모든 일에서, 깊은 사고력이든 이성이든 상상력이든, 심지어 단순한 감각이나 손재주가 필요한 일이든 간에 여성보다 더 뛰어난 경지에 이른다."[1] 이러한 이론은 19세기 내내 아무런 반박 없이 확산되었고, 남성 과학자들은 '대단한 발견'을 했다고 여겼다. 그들이 말한 '발견'이란 여성의 머리가 해부학적으로 남성보다 작을 뿐 아니

---

* 이 책 전반에서 표현을 단순하게 하기 위해 그리고 오래된 생물학적 여성의 정의에 근거하여, 나는 '여성'이라는 용어를 두 개의 XX 염색체를 가지고 태어나 여성의 생식기관(유방과 난소 포함)을 지닌 개인을 지칭하는 의미로 사용했다. 그러나 이러한 생물학적 정의에 부합하지만 자신을 여성으로 동일시하지 않는 이들도 있고, 이러한 특성을 가지고 태어나지 않았음에도 자신을 여성(women, 사회적·문화적 성 정체성-옮긴이) 또는 여성성(female, 생물학적 해부학적 성 정체성-옮긴이)으로 정의하는 이들도 있다. 이 장에서 다루는 생물학적 반응은 성 정체성과는 무관하며 생리학에 기반을 두고 있다. 12장은 전통적인 생물학적 정의를 넘어 개인들의 다양한 경험에 초점을 맞추고 있다.

라, 뇌의 무게도 더 가볍다는 것이었다. 당시는 '더 큰 것이 더 좋은 것'이라는 생물학적 전제가 지배하던 시대였다. 그래서 여성의 작은 뇌는 편리하게도 지능이 부족하고 정신적으로 열등하다는 징표로 해석되었다. 당대의 전문가들은 이를 재빨리 여성이 다양한 일을 수행하는 능력이 부족하다는 것과 연결했다. 예를 들어 당시 저명한 진화생물학자이자 생리학자였던 조지 J. 로마네스George J. Romanes는 이렇게 말했다. "여성의 평균 뇌 무게가 남성보다 약 5온스(약 141g) 정도 가볍다는 것을 감안하면, 순전히 해부학적 근거만으로도 여성의 지적 능력이 현저히 열등할 것이라고 예상할 수 있다."[2] 이런 가정들은 결코 특별한 것이 아니었다. 당시 대부분의 지식인들은 현상 유지에 도움이 되는 이런 해석을 아무렇지도 않게 받아들였다. 그리하여 여성의 뇌에서 '부족한 5온스'는 남녀의 사회적 지위 차이를 정당화하는 데 이용되었고, 여성이 고등 교육을 받거나 독립적인 삶을 살 수 있게 해주는 그 어떤 권리도 박탈하는 근거가 되었다.

다소 위험을 무릅쓰고 말하자면, 이는 굳이 말할 필요도 없는 사실이지만, 평균적으로 남성의 몸이 여성보다 크고 무겁다는 점에서 머리 크기 역시 몸에 맞춰 더 크다고 보는 것은 너무 뻔한 얘기일지도 모른다(여기서 '머리가 크다'는 것은 말 그대로 머리가 크다는 농담이기도 하다). 몸이 더 크다면 두개골과 그 안의 뇌도 당연히 더 클 수밖에 없을 것이다. 실제로 머리 크기를 고려하면, 그 유명한 뇌 무게 차이는 허상에 불과했다.

그럼에도 수 세기 동안 여성의 뇌는 계속해서 '부족하다'고 평가받았고, 이로 인해 여성들은 대학 진학과 명망 있는 직장에서 배제되었다. 결국 여성 과학자들과 인권 운동가들이 힘을 합쳐 이러한 편향된 해석이 여성의 평등과 공정성을 위한 노력을 저해하는 정치적 무기에 불과하다고 규탄했다. 그들의 노력 덕분에 뇌 무게와 지능의 상관관계 이론은 20세기 초에 완전히 허구임이 밝혀졌다. 이후 뇌 영상 기술의 발전은 신경과학적 성차별 뒤에 숨은 많은 기본 가정들을 완전히 무너뜨리는 데 더욱 진전을 보였다.

하지만 정말 그랬을까?

오늘날 노골적인 성차별적 발언이 과학계에서 설 자리를 잃었음에도, 많은 이는 신경과학적 성차별이 여전히 건재하다고 주장한다. 실제로 여러 면에서 여성의 뇌는 남성의 뇌와 다르다.[3] 이에 대해서는 곧 더 자세히 이야기하겠지만, 지금은 성별 간의 차이가 의료 서비스를 현대화하는 데는 거의 활용되지 않고, 오히려 비하하는 성별 고정관념을 강화하는 데 지나치게 자주 사용된다는 점을 지적하고 싶다. 우리는 의식적이든 무의식적이든 태어날 때부터 성 역할을 강요받고 있으며, 이는 우리의 뇌가 '금성/화성'● 같은 행동을 유발한다는 대중과학의 주장으로 더욱 강화된다. 이는 아기들을 분홍색과 파란색으로 꾸미는 오래된 전통에서 시작된 것일 수도 있지만, 결국에는 여성을 열등한 성으로 끊임없이 규정하는 경직된 경멸적인 편견의 확산으로 이어진다.

현재 우리는 세 가지 도전에 직면해 있다. 그것은 성차별, 나이 차별, 그리고 **갱년기 차별**이다. 태어나는 순간부터 우리 사회는 여성이 열

● 『화성에서 온 남자, 금성에서 온 여자』에서 여성과 남성을 각각 금성인, 화성인으로 표현한 것을 빗댄 것이다.

등하다는 메시지를 보낸다. 그저 남성이 더 크고 강하다는 이유만으로 말이다. 하지만 이런 기본적인 믿음들은 놀이터, 교실, 직장을 거쳐 중년에 이르기까지 미묘하거나 때로는 노골적인 방식으로 확산된다. 이런 시간의 흐름 속에서 갱년기는 마지막 일격이 된다. 여성들이 수십 년간 자신을 깎아내리는 메시지를 견뎌온 후에도 또다시 여성의 자연스러운 생리적 과정이 나약함과 질병의 증거로 축소되는 것이다. 가부장적인 어두운 시각으로 보면, 나이가 들수록 여성의 매력이 감소한다는 널리 퍼진 믿음에 더해, 출산 능력의 상실은 또 하나의 달갑지 않은 사회적 부담이 된다. 이는 신체적·정신적·개인적, 심지어 직업적으로 열등감을 부채질하는 또 다른 요인이 된다.

갱년기에 대한 신뢰할 만한 과학적 연구는 부족하지만, 이 주제를 둘러싼 오해와 여성 혐오는 넘쳐난다. 대중문화에서 갱년기 여성들은 종종 불안정한 감정과 폭발적인 분노를 지닌 우울한 존재로 그려져왔다. 안면 홍조와 감정 기복으로 고통받는 여성, 지치고 불행한 남편을 괴롭히는 '호전적인 갱년기 여성'이라는 고정관념은 너무나 잘 알려져 있다. 이런 시각은 결코 새롭지 않다. 이는 수 세기, 아니 수천 년에 걸쳐 여성의 몸에 대한 뿌리 깊은 가부장적 불신에 기반을 두고 있다. 이제 그 민낯을 마주할 마음의 준비를 단단히 하기 바란다.

갱년기와 반反갱년기 운동

갱년기에 대한 최초의 과학적 기록은 기원전 350년경으로 거슬러 올라간다. 당시 아리스토텔레스는 여성들이 40~50세 사이에 월경이 멈추는 현상[4]을 처음으로 관찰했다. 그러나 그 시대에는 수명이 짧았기에 많은 여성이 갱년기 전 과정을 겪고 그 이야기를 들려줄 기회가 없었다. 게다가 고대 그리스를 비롯한 많은 고대 문명에서 여성의 가치는 아이를 낳을 수 있는 능력과 직결되어 있었다. 더 이상 출산이 불가능한 여성들은 당연히 큰 관심이나 연구 가치가 없는 존재로 여겨졌다.

의학계에서 갱년기는 19세기가 될 때까지 몇 가지 모호한 언급 외에는 사실상 존재하지 않는 것이나 다름없었다. 남성 의사들이 여성의 뇌를 '발견'했던 바로 그 무렵, 그들은 또 다른 불편한 현상과 마주쳤다. 바로 폐경이다. 이는 과학적 탐구의 전반적인 발전 덕분이었을 수도 있고, 혹은 더 많은 여성이 폐경을 경험할 만큼 오래 살게 되어 더 이상 무시할 수 없었기 때문일 수도 있다. 결국 의사들은 폐경이 단순한 우연이나 사고가 아니라는 사실을 깨닫게 되었다. 그 당시 유럽 전역에는 이미 폐경을 일컫는 여러 속어가 있었다. "여성의 지옥", "녹색 노년",● "성性의 죽음"[5] 같은 표현들이었다. 그러나 **'폐경**menopause**'**, 즉 갱년기라는 단어가 어휘에 들어온 것은 1821년, 프랑스 의사 샤를 드 가르단에 의해서이다. 그는 그리스어 '*men*'(월)과 '*pauein*'(멈추다)을 차용해 여성이 월경을 멈추는 시기를 나타내는 용어를 만들었다.

당시 시대상을 그대로 반영하듯, 의학계는 폐경이 관심을 가질 만한 현상이라는 것을 깨닫자마자 이를 하나의 '질병'으로 규정해버렸다. 괴혈병에서 간질, 조현병에 이르기까지 놀라울 정도로 많은 의학적 증상

● 노년이지만 아직 시들지 않은 상태(green old age). Green을 풍자한 표현

들을 이 당혹스러운 새로운 '질병' 탓으로 돌렸다. 자궁과 뇌 사이의 어떤 불분명한 연결이 여성을 광기나 **히스테리아**(자궁을 의미하는 그리스어 *hystera*에서 옴)에 취약하게 만든다고 여긴 것이 그 시대의 일반적인 사고방식이었으니, 이는 전혀 놀랄 일도 아니었다. 예를 들어 오늘날 일컫는 '월경 전 증후군PMS'은 당시에는 피로 가득 찬 자궁이 '질식'하거나, 심지어는 자궁이 여성의 몸 안에서 위로 이동해 자기 **자신**을 질식시키는 것이라고 여겨졌다. 그들의 주장은 분명했다. 그들은 이런 해로운 연결성이 폐경 이후에는 '갱년기성 광기'로 이어질 것이라고 단언했다.

결과적으로 '반항적이며 종잡을 수 없는 자궁'을 다루기 위한 과격하고 종종 매우 독성이 강한 치료법들이 등장했다. 최면술, 진동 기구 사용, 질에 물을 강하게 분사하기 등은 문서로 남아 있는 여러 사례 중 하나일 뿐이다. 아편, 모르핀, 납 성분을 질에 주입하기도 했다. 그러다 의사들은 더욱 과격한 해결책을 내놓았다. 그것은 바로 수술이었다. 그들은 자궁이 병들었다면 제거해야 한다고 주장했다. 지금 돌이켜보면, 우리는 **자궁 절제술**(자궁과 난소를 수술로 제거하는 것)이 여성을 하룻밤 사이에 갱년기로 몰아넣어 그 증상을 전반적으로 악화시킬 수 있다는 것을 알고 있다. 수술이 문제를 더욱 악화시키자, 정신병원이 대안으로 떠올랐다. 갱년기 증상을 겪는 여성들이 '돌았다'거나[6] '치매에 걸렸다'는 잘못된 진단을 받고 정신병원에 감금되었다는 기록이 넘쳐난다. 사실 이 여성들은 의사가 내린 잘못된 처방으로 인해 그토록 비극적인 결말을 맞이했을 가능성이 크다.

20세기로 시간을 건너뛰어보자. 여성의 수명이 늘어나고, 참정권을 얻고, 문화적 영향력이 커지면서 갱년기는 마침내 정신병원 감금보다는 의학적 관심을 받을 가치가 있는 것으로 이해되기 시작했다. 이런 관점의 변화에 가장 크게 기여한 것은 1934년 과학자들의 에스트로겐 호르몬 발견이었다. 흥미롭게도 '에스트로겐'이라는 용어 자체가 그리스어 '*oistros*'(광란 또는 미친 욕망을 의미함)에서 유래했는데, 이는 여성의 월경을 정신적 불안정성의 관점으로 바라보던 역사적 경향을 더욱 강화했다. 그럼에도 과학이 발전하면서 에스트로겐 감소와 갱년기의 연관성이 밝혀졌지만, 이는 갱년기를 '에스트로겐 결핍증'이라는 질병으로 정의[7]하는 것으로 이어졌을 뿐이었다. 자연스레 에스트로겐은 사람들의 상상 속에서 마법 같은 젊음의 묘약이자 수익성 높은 약품이 되었다. 제약 회사들은 이 기회를 놓치지 않았고, 에스트로겐 대체 요법은 순식간에 대중적인 갱년기 치료가 되었다. 비교적 최근인 1966년, 베스트셀러『영원한 여성 *Feminine Forever*』의 저자 로버트 A. 윌슨 박사는 이 상태를 "자연의 역병 a natural plague"이라 선언하며, 갱년기 여성을 "불구가 된 거세된 자들"[8]이라고 불렀다. 하지만 윌슨은 에스트로겐 대체 치료로 "여성의 가슴과 생식기관이 탄력을 잃지 않고, 함께 살기에 더 편안한 존재가 되며, 무기력하거나 매력을 잃지 않을 것"이라고 썼다. 나중에 밝혀진 바로는, 어쩌면 놀랍지도 않게, 이 영향력 있는 책이 제약 회사들의 후원을 받았다는 증거가 드러났다. 모든 공작 활동이 명시적으로 후원을 받은 것은 아니었지만, 이는 마치 들불처럼 문화 전반으로 퍼져나갔다. 데이비드 루번 David Reuben은 『섹스에 대해 알고 싶었지만 물어보기 두려웠던 모든 것 *Everything You Always Wanted to Know About Sex but Were Afraid to Ask*』(1969)에서 "난소가 멈추면, 여성다움의 본질도 멈춘다"라고 말했다. 그는 "폐경 이후의 여성은 남성에 가까워진다"라고 덧붙였고, 이후 "진정한 남성도 아니고, 더 이상 여성으로 기능하지도 않는다"라고 정정했다. 이처럼 조금씩 갱년기는 에스트로겐 결핍 증후군이라는 생각이 자리 잡았고, 이는 오늘날의 의학 교과서와 진료실에서도 여전히 흔하게 볼 수 있다.

반면, 에스트로겐이 정신 건강에 미치는 실제 메커니즘을 발견한 것은 놀랍게도 최근에 와서이다. 1990년대 후반에야 과학자들은 중요한 돌파구를 마련했다. 이른바 성호르몬이 생식뿐만[9] 아니라 **뇌 기능**에도 핵심적이라는 사실을 발견한 것이다. 다시 말해, 에스트로겐을 필두로 한 우리의 생식력과 밀접하게 연관된 호르몬들이 정신의 전반적인 기능에도 똑같이 중요하다는 것이 밝혀졌다. 이러한 발견이 얼마나 최근의 일인지 실감하려면, 인류가 달에 착륙한 지 30년이나 지난 후라는 점을 생각해보면 된다. 그 30년 동안 지구상의 수많은 여성이, 자신의 목 윗부분이 어떤 작용을 하는지도 모른 채 호르몬을 복용하고 있었다.

비키니 의학을 넘어서서

다시 21세기로 돌아와 생각해보자. 오늘날 갱년기는 산부인과 영역으로만 철저히 인식되고 있고, 생식계와 뇌를 연결하는 것은 더 이상 악마시되지는 않지만 대부분 관심 밖으로 밀려나 있다. 동시에 아이러니하게도, 대부분의 과학자들은 이제 성호르몬이 뇌 건강에 중요하다는 사실을 인정하면서도, 생식과 관련된 일부 기능을 제외하면 남성과 여성의 뇌가 대체로 같다고 믿고 있다.

여기서 현시대의 주요 의료 과제 중 하나인 '비키니 의학'이 등장한다. 비키니 의학이란 여성의 건강을 비키니가 가리는 신체 부위로만 한정 짓는 관행을 말한다. 이는 의학적 관점에서 여성을 '여성'으로 만드는 것이 생식기관뿐이며 그 이상은 없다고 말하는 것과 같다. 마치 모든 사람이 남성인 양, 생식기관을 제외한 모든 부분에서 남성과 여성을 동일한 방식으로 연구하고, 진단하며, 치료해왔다. 하지만 이는 현실과 맞지 않을 뿐 아니라, 갱년기를 겪고 있는 여성을 포함해 모든 여성의 뇌를 보호하기 위한 의학과 과학의 방향을 잘못 이끌고 있는 것이라는 사실이 밝혀지고 있다.

간단히 말해서 '유방과 관'• 이라는 여성의 특징적인 부분이 있음에도 불구하고, 대다수의 의학 연구는 남성의 몸을 유일한 기준으로 삼아왔다. 게다가 비교적 최근인 1960년대까지도 미국 식품의약국FDA은 태아에게 미칠 수 있는 잠재적 부작용을 피한다는 명목[10]으로, '임신 가능성이 있는 여성'의 실험 약품 사용과 임상 시험 참여 제한을 표준 관행으로 삼았다. 그런데 여기서 **'임신 가능성이 있는 여성'**이라는 문구는 실제로 임신 계획이 있는 여성이 아닌, '임신이 가능한 모든 여성'을 의미했다. 이는 사춘기부터 갱년기에 이르는 **모든** 여성이, 자신들의 성생활 여부나 피임 여부, 성적 지향이나 심지어 아이를 가지고 싶은 의향과 상관없이 임상 시험에서 배제되었다는 뜻이다. 수 세기 동안 여성의 뇌가 결함이 있는 것으로 치부되던 시절을 지나, 이제는 완전히 다

• 자궁이나 난소처럼 관 모양의 구조로 이루어진 기관

른 이유로 그들은 보이지 않는 존재가 되어버린 것이다.

여성에 대한 이러한 전반적인 배제는 1990년대까지 이어졌다. 그동안 우리가 수십 년간 거의 남성만을 대상으로 한 의학 연구 결과에 의존해왔다는 의미다. 더 충격적인 것은 이런 상황이 현재까지도 이어져, 수많은 약물이 여성을 대상으로 한 실험 없이 시장에 나왔다는 사실이다.[11] 사실 이런 약물들은 암컷 동물한테도 실험하지 않은 경우가 많다. 대부분의 전임상 연구˚는 여전히 수컷 동물만을 사용하는데, 성호르몬의 변화[12]가 "실험 결과를 혼란스럽게 할 수 있다"는 것이 그 이유다. 성별을 고려하지 않은 이렇게 심각하게 편향된 단일화된 시스템은 세계 인구의 절반에게 아예 적용되지 않거나, 기껏해야 일관성 없이 적용되는 데이터를 의학계에 제공해왔다.

남성 중심 의료 체계의 역사는 폐경을 오랫동안 부정적인 현상으로 낙인찍고 여성의 뇌 연구를 등한시해왔다. 대부분의 연구는 남성을 대상으로 이루어졌다. 남성이 폐경을 겪지 않는다는 점을 생각해보면, 폐경이 뇌 건강에 미치는 영향이 미스터리로 남아 있었다는 점은 전혀 놀랍지 않다. 이 '미스터리'는 사실과 정보가 아닌 편견과 고정관념으로 '해결'되어왔다. 당연한 이야기지만, 이는 의학 연구 전반에, 특히 여성 건강 분야에 치명적인 영향을 미쳐왔다.

이러한 결과는 우리의 뇌 건강 측면에서 볼 때 특히 분명하게 드러난다. 사실은 이렇다. 여성의 뇌는 남성의 뇌와 같지 않다. 호르몬도,

● preclinical study, 신약이나 치료법을 사람에게 적용하기 전에 동물 실험이나 세포 실험 등으로 안전성과 효과를 검증하는 단계의 연구

에너지도, 화학적으로도 다르다. 이러한 차이가 지능이나 행동에 결정적인 영향을 미치지는 않으며 성별 고정관념을 강화하는 데 절대 이용되어서는 안 되지만, **특히** 갱년기 이후의 뇌 건강을 지키는 데는 매우 중요하다.[13] 대부분의 사람들이 잘 모르는 여성에 관한 몇 가지 통계[14]를 살펴보면 다음과 같다.

- 불안 장애 또는 우울증 진단을 받을 확률이 남성보다 두 배 높다.
- 알츠하이머병에 걸릴 확률이 두 배 높다.
- 다발성 경화증과 같이 뇌를 공격하는 질환을 포함한 자가면역 질환에 걸릴 확률이 세 배 높다.
- 두통과 편두통으로 고통받을 확률이 네 배 높다.
- 수막종과 같은 뇌종양이 발생할 가능성이 높다.
- 뇌졸중으로 사망할 가능성이 더 높다.

주목할 점은, 이러한 뇌 질환 발생률이 폐경 **이전**에는 남녀가 비슷한 수준이었다가, 폐경 **이후**에는 여성이 남성보다 두 배 이상 높아진다는 사실이다. 이러한 변화가 미치는 영향을 보면, 50대 여성이 평생 동안 불안증, 우울증, 심지어 치매에 걸릴 가능성은 유방암에 걸릴 가능성의 두 배나 된다. 그런데도 유방암은 (당연히 그래야 하듯이) 여성 건강 문제로 명확히 인식되는 반면, **위에서 언급한 뇌 질환들은 그렇지 않다.** 그리고 '비키니 의학'의 틀에 들어맞는 유방암 치료법 개발에는 적절한 연구와 자원이 투입된 반면, 뇌 건강을 위한 갱년기 관리에는 거의 노력을 기울이지 않았다.

확실히 짚고 넘어가자면, 갱년기는 질병이 아니며 앞서 언급한 질병들을 **일으키는 원인**도 아니다. 다만, 이 시기의 호르몬 변화는 방치되거나 관리되지 않으면 뇌를 포함한 여러 기관에 특정한 부담을 줄 수 있다. 대부분의 여성들은 안면 홍조나 불면증 같은 잘 알려진 증상들을 겪는다. 어떤 여성들은 심한 우울증, 불안증, 심지어 편두통을 겪을 수도 있다. 또 다른 여성들은 향후 치매 발병 위험이 높아질 수 있다. 그렇다. 과거의 '히스테리아'나 '자궁 질식'●은 허구였지만, 이러한 위험들은 실제로 존재한다. 따라서 갱년기가 뇌에 미치는 영향을 해결하기 위해서는 포괄적인 연구와 실효성 있는 전략이 시급히 필요하다. 초기 증상을 최소화하는 데 도움이 필요할 뿐만 아니라, 앞으로 더 심각한 문제가 생기는 것을 예방하기 위해 이해를 넓혀야 할 때가 왔다. 여성 의학은 이제 시야를 넓혀야 한다. 비키니를 넘어서는 것은 물론이고, 생식이라는 단일 목표를 넘어서야 한다. 여성의 몸과 뇌에서 일어나는 일들을 솔직하게 철저히 들여다보고, 갱년기가 미치는 전반적인 영향을 총체적으로 인지해야 할 때가 온 것이다.

우리의 몸과 뇌를 되찾는 시간

지금까지 사회 시스템과 문화적 차원에서 과학적 지식(그리고 무지)

● 과거 여성의 자궁이 신체 내에서 이동하거나 압박받으면 정신적·신체적 이상을 일으킨다고 믿었던 의학적 미신으로, '떠도는 자궁(wandering womb)'이라고도 불렸다. 현재는 완전히 폐기된 개념이다.

이 미친 영향을 살펴보았다. 역사적으로 여성들은 갱년기라는 이름 아래 육체적·정신적으로 큰 고통을 받아왔다. 우리는 갱년기가 여성을 의학적으로 미치게 한다고 믿게 되었고, 그러면서 갱년기 연령대 이상의 여성들은 사회에서 투명인간 처지가 되어버렸다. 이는 위험한 일이다. 문화는 우리가 갱년기를 이해하고 경험하는 방식에 강력한 영향을 미친다. 특히 서구 문화는 갱년기를 둘러싼 증상들만을 이 전환의 시대에 의미 있는 유일한 측면으로 보게끔 우리를 길들여왔다. 분명 시간이 흐르면서 상황은 나아졌지만, 이러한 상처는 우리의 집단 무의식 속에 깊이 자리 잡아 여성이 타인에게 어떻게 인식되는지뿐만 아니라, 때로는 우리 스스로를 어떻게 바라보고 자신의 가치를 어떻게 평가하는지에도 영향을 미치고 있다.

많은 여성이 이러한 고정관념의 영향을 갱년기뿐만 아니라 일상에서도 직접 경험하고 있다. 앞서 다룬 터무니없는 믿음들과 구시대적 관습의 이중고 때문에, 우리의 건강 문제는 일상적으로 과소평가되거나 무시되곤 한다. 예를 들어 심장 질환 치료와 통증 관리의 경우, 여성 환자가 남성 환자보다 치료를 받지 못하고 집으로 돌려보내질 가능성이 훨씬 높아 결과적으로 더 나쁜 예후를 초래[15]한다는 것은 이제는 잘 알려진 사실이다. 이게 실제로는 어떻게 나타날까? 통증을 호소할 때 여성들은 남성들보다 더 자주 '심리적인 문제'[16]라거나 '심인성', 또는 '스트레스 때문'이라는 말을 듣는다. 19세기 이야기 같지만, 지금 이 순간에도 일어나고 있으며 너무나도 자주, 필요한 치료 대신 항우울제나 심리 치료 처방으로 마무리된다.

이러한 경향을 고려하면, 갱년기와 관련된 문제들이 꾸며낸 것이거나 중요하지 않은 양 취급받는 상황을 충분히 상상할 수 있을 것이다(혹은 이전의 기억이 떠오를 수도 있다). 더 넓게 보면, 의료 전문가들은 종종 실망스러운 형태의 의료적 가스라이팅을 해왔다. 그들은 역사적으로 여성의 건강 문제 전반을 과소평가했고, 특히 정신 건강에 대한 여성들의 걱정을 무시해왔다. 이 때문에 우리는 환자로서 바보처럼 보이거나, 지나치게 예민해 보이거나, 심지어는 무시당하는 것을 피하기 위해 우리 자신의 증상을 스스로 과소평가하는 데 익숙해졌다. 안타깝게도, 여성의 증상을 대수롭지 않게 여기는 것은 진단과 치료의 지연으로 이어질 수 있다. 이는 우리의 삶의 질을 떨어뜨리거나, 운이 나쁘면 더 심각한 결과를 초래할 수 있다.

여성으로서 우리는 호르몬 변화에 겁을 먹고, 판단력까지 의심하도록 길들여져왔다. 여성의 뇌 건강은 여전히 의학에서 가장 뒷전으로 밀려나 연구가 부족하고, 진단과 치료를 소홀히 하는 분야 중 하나다. 자금 지원은 말할 것도 없고 말이다. 특히 갱년기를 겪고 있는 여성들은 의학계뿐만 아니라 문화와 미디어에서도 제대로 된 관심과 지원을 받아보지 못했다. 이제는 정말 달라져야 한다. 이는 반드시 변화해야 할 문제다. 이번에는 과학이 여성을 억압하는 도구가 아닌 진정한 조력자가 되어주길 바란다.

이 장에서는 의학계의 고질적인 성차별 문제, 특히 여성 배제와 기존의 연구에서 다양한 인구 집단을 제대로 고려하지 못한 문제를 다룬다. 과학 연구에서 갱년기 여성들이 심각하게 소외되어온 문제는 유색인종 여성들, 다양한 사회경제적 배경을 가진 사람들, 서로 다른 성 정체성을 가진 이들을 비롯한 여러 중요한 요소들이 충분히 고려되지 않으면서 더욱 악화되었다. 이러한 (연구 대상에 대한) 대표성 부족은 우리 모두에게 해롭다. 여성과 남성을 의학적으로 동일하다고 간주하는 것이 근본적으로 잘못이듯, 모든 여성이 유능한 의사, 운동 시설, 혹은 영양가 있는 식품을 똑같이 이용할 수 있다고 가정하는 것도 잘못이다. 이런 접근성과 자원의 차이는 뇌 건강에 부정적인 영향을 미칠 수 있고, 이는 결국 갱년기 경험에도 영향을 줄 수 있다. 이러한 고려 사항들의 중요성에도 불구하고, 각각의 요소들이 실제 상황에서 어떻게 작용하는지 검토한 연구는 턱없이 부족하다. 모든 조건이 완벽한 세상이라면 우리 삶 전반에 걸쳐 최적의 관리를 위해 정확한 정보, 필요한 자원을 제공해야 하고, 전문가들에게 손쉽게 접근할 수 있어야 할 것이다. 하지만 우리의 세상이 완벽과는 거리가 멀기에, 이 책은 이러한 간극을 좁히고, 특히 갱년기와 관련된 잠재적 어려움들을 다루고자 한다. 과학자로서 나는 내 연구가 이러한 문제들을 다루도록, 다른 연구자들도 비슷한 접근 방식과 관심을 가지도록 적극적으로 활동하고 있다. 이러한 불공평한 격차를 해소함으로써 모두를 위한 갱년기 신경과학이 더욱 포괄적·종합적으로 이해할 수 있게 발전하기를 희망한다.

여성의 건강과 여성의 권리는 언제나 함께 발전해왔다는 것을 모두에게 상기시키고 싶다. 우리의 어머니, 할머니 세대는 여성들이 의료 혜택을 받고, 임상 시험에 참여하고, 고등 교육을 받으며, 사회에서 인정받는 구성원이 되기 위해 치열하게 싸워왔다. 그런데도 우리는 아직도 수입, 권력, 대표성, 의료 혜택의 격차라는 무거운 짐을 짊어지고 있다. 이제는 우리의 **몸과 뇌**에 대한 마지막 금기들을 깨뜨리고, 갱년기를 이해하고 받아들이며 서로를 지지하는 문화를 만들어야 할 때다. 이런 편견들을 깨부수는 일이 꼭 여성들만의 몫은 아니지만, 우리가 한목소리를 내는 것만으로도 큰 변화를 이끌어낼 수 있다. 이것이야말로 다음 세대들이 우리보다 더 가벼운 마음으로 이 시기를 보낼 수 있도록 우리가 딸들과 손녀들에게 자랑스럽게 물려줄 수 있는 유산이 될 것이다.

3장
아무도 알려주지 않는 갱년기

갱년기란 도대체 무엇일까?

수년간 환자들, 의료진들, 언론과 갱년기에 대해 이야기를 나누다 보니, 갱년기를 둘러싼 혼란과 잘못된 정보가 너무나도 많다는 것을 깨달았다. 이런 혼란을 줄이고 불안을 덜어내는 데는 다음 두 가지가 도움이 될 것이다. 첫째는 갱년기가 무엇인지 정체를 명확히 파악하는 것이다. 둘째는 사실과 거짓을 구분하는 것이다. 우리는 언어로 생각을 주고받으므로 용어부터 확인하자. 일상적인 대화에서 쓰는 용어가 아닌 실제 임상에서 쓰는 용어들을 알아보겠다. 가장 중요한 개념들은 〔표 1〕에 정리되어 있다. 자세한 것은 이어서 자세히 설명하겠다.

[표 1] 꼭 알아야 할 폐경 관련 용어

용어	의미
폐경 이전 혹은 가임기 Premenopause, or reproductive stage	폐경 전환기가 오기 전까지의 전체 기간으로 가임기라고 한다.
폐경 전환기 Menopause transition	월경 주기가 불규칙해지기 시작하고, 갱년기의 호르몬 변화와 증상들이 나타나는 시기이다.
폐경 Menopause	월경이 완전히 끝나는 시기를 말한다. 의학적으로는 마지막 월경 이후 12개월 연속으로 월경이 없을 때 갱년기 전환이 완료된 것으로 본다. 폐경은 자연스럽게 찾아올 수도 있고, 인위적으로 유발될 수도 있는데(표 아래 설명 참조), 모든 여성은 둘 중 하나를 반드시 겪는다.
갱년기 Perimenopause	폐경 전환기 후반부터 시작해서 마지막 월경 후 1년까지 이어지는 시기. 12개월 연속으로 월경이 없으면 갱년기가 끝나고 본격적인 폐경에 접어든 것이다.
폐경 이후 Postmenopause	마지막 월경 이후 12개월이 지난 시점부터 시작하는 시기이다.
자연적 폐경 Spontaneous, or "natural" menopause	나이가 들면서 자연스럽게 난소의 난자가 소진되고 에스트로겐과 프로게스테론의 분비가 감소하면서 월경이 멈추는 것을 말한다. 전 세계 대부분의 여성들은 49~52세로 폐경을 맞이한다. 다만 지역과 인종적 배경에 따라 나이는 조금씩 다를 수 있다.
조기 폐경/ 이른 폐경 Early or premature menopause	40세 이전(이른 폐경) 또는 45세 이전(조기 폐경)에 찾아오는 폐경으로, 다음과 같은 원인으로 발생한다. • 유전적 요인 • 다낭성 난소증후군PCOS • 자가면역 질환 • 감염 • 수술 • 의학적 치료

용어	의미
인위적 폐경 Induced menopause	수술로 난소를 제거하거나(난소 절제술), 항암 치료나 방사선 치료 같은 의료 시술로 인해 난소 기능이 멈추면서 월경이 끝나는 경우를 말한다.
수술적 폐경 Surgical menopause	수술적 처치로 인해 발생하는 폐경으로, 나이와 관계없이 다음과 같은 수술로 인해 발생한다. • 양측 난소 절제술: 양쪽 난소를 모두 제거하는 수술 • 양측 난관난소 절제술BSO: 양쪽 난소와 나팔관을 모두 제거하는 수술 • 전체 자궁 절제술: 자궁, 자궁경부, 난소, 나팔관을 모두 제거하는 수술 • 참고로 부분 자궁 절제술(자궁만 제거하고 난소는 남김), 난소 낭종 제거술, 자궁내막 소작술은 갱년기를 직접 유발하지는 않지만, 난소로 가는 혈류에 영향을 미쳐 더 이른 나이에 갱년기 증상이 나타날 수 있다.
약물적 폐경 Medical menopause	난소에 일시적 또는 영구적인 손상을 주는 치료로 인해 발생하는 폐경이다. 나이와 관계없이 발생할 수 있으며, 주로 다음과 같은 치료들이 원인이다. • 방사선 치료나 항암 치료 • 에스트로겐 차단제(타목시펜): 특정 조직에서 에스트로겐의 작용을 막는 약물 • 아로마타제 억제제: 몸 전체의 에스트로겐 생성을 막는 약물 • 성선자극호르몬 작용제GnRH: 난소가 에스트로겐과 프로게스테론을 만드는 것을 막아 배란을 중단시키는 약물

의학적으로 폐경이란 마지막 월경일로부터 딱 1년이 지난 시점을 말한다. 간단히 말하자면, 월경이 1년 이상 완전히 멈춰야 비로소 확인할 수 있다는 뜻이다. 그러니까 정말로 월경이 마지막이었는지 알려면 꼬박 1년을 기다려봐야 한다는 말이다. 그래야만 비로소 공식적으로 '폐경 이후'라고 할 수 있다.

폐경의 정의는 임상적으로야 말이 되지만, 실제 삶에서는 꽤나 혼란스러울 수 있다. 그럴 만도 한 게, 이런 설명을 들으면 마치 수십 년 전 첫 월경을 시작했던 것처럼 폐경도 어느 특정한 날 딱 시작되는 것처럼 들리기 때문이다. 어느 날 갑자기 월경이 끝나고 그걸로 끝! 이런 식일 거라 생각하기 쉽다. 이미 이 시기를 겪은 여성들이라면 이 말을 듣고 쓴웃음을 지을지도 모르겠다. 실제로는 폐경이 하루아침에 찾아오는 게 아니라, 때로는 몇 년에 걸쳐 이어지는 역동적이고 긴 여정이기 때문이다. 또한 이전까지 '정상'이라고 여겼던 모든 것이 이제는 계속해서 흔들리고 변화하는 시기이기도 하다.

폐경의 진행 방식: 나이와 단계

갱년기가 얼마나 복잡한 과정인지는 의학 교과서에서 이제 막 제대로 다루기 시작했다.[1] 최근의 교과서들은 폐경이 여러 단계를 거쳐 진행된다고 설명하고 있다. 좀 더 쉽게 말하자면, 폐경 이전, 폐경 전환기(갱년기), 그리고 폐경 이후로 크게 세 단계로 나눠볼 수 있다.

폐경 이전

규칙적인 월경이 이어지는 동안은 '가임기' 또는 폐경 이전 단계에 있는 것이다. 이 시기는 사춘기와 함께 시작해 갱년기로 넘어가기 전까지 계속 이어진다.

폐경 전환기(갱년기)

월경이 불규칙해지기 시작하면 이는 갱년기로 들어서고 있다는 신

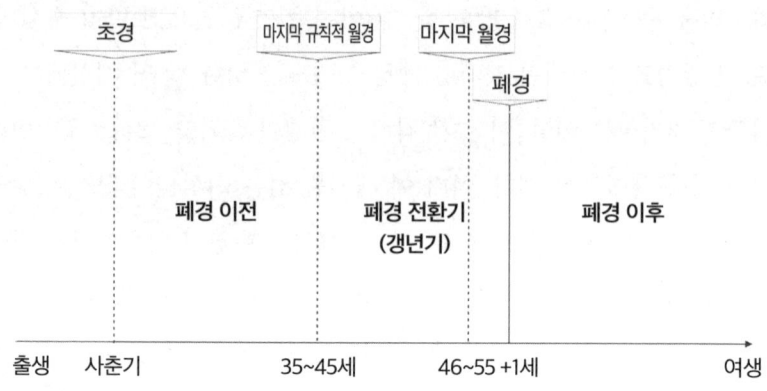

〔그림 2〕 폐경의 세 단계

호이다. 처음에는 월경이 예측할 수 없는 양상을 보이기 시작한다. 평소보다 일찍 찾아오거나 늦게 올 수 있고, 기간이 길어지거나 짧아질 수 있으며, 통증이 심해지거나 줄어들 수도 있고, 양이 많아지거나 적어질 수도 있다. 다시 말해 월경은 이제 예측 가능한 주기를 벗어나 들쭉날쭉해진다. 그러다 어느 순간에는 두 달 혹은 그 이상 전혀 보이지 않을 수도 있다. 이 시기에는 안면 홍조가 나타나고, 수면의 질이 변하거나, 감정 기복이 생기거나, 인지 기능의 변화를 느낄 수 있다. 평소에 강인한 성격의 소유자라 할지라도 이러한 변화들이 때로는 감당하기 벅차게 느껴질 수 있다. 일반적으로 갱년기는 47세 무렵[2]에 시작되지만, 이는 인종적 특성이나 유전적 요인, 생활 방식[3]에 따라 차이가 날 수 있다. 대체로 4~8년 정도 지속되지만, 길게는 14년까지 이어질 수 있다.

폐경 이후

마지막 월경으로부터 꼬박 1년이 지나면 폐경 이후 단계에 접어든 것으로 본다. 하지만 1년 동안 월경이 없다가 갑자기 예고도 없이 한 번 찾아온다면? 시계가 리셋되는 것처럼, 갱년기로 되돌아가게 된다. 다시 처음부터 폐경 이후 단계를 향해 나아가야 한다. 중요한 점은, 대개 마지막 월경 이후 몇 년이 지나면 갱년기 증상들이 점차 줄어들거나 사라지는 경향이 있다는 것이다. 물론 모든 경우가 그렇지는 않다. 대부분의 여성들은 40~58세에 갱년기 증상을 겪으며, 평균적으로는 51~52세 무렵에 폐경을 맞이한다. 다만 정확한 시기는 개인마다 차이가 크다. 이러한 일반적인 과정은 내분비계의 자연스러운 노화로 인해 중년기에 월경이 멈추는, 이른바 **자연적** 폐경을 겪는 여성들의 경우에만 해당한다. 실제로 많은 여성이 이보다 더 이른 나이에 다양한 이유로 폐경을 한다.

조기 폐경과 이른 폐경

일부 여성들은 45세 이전(조기 폐경)이나 심지어 40세 이전(이른 premature 폐경)에 폐경을 맞이하기도 한다. 이른 폐경이나 조기 폐경을 겪는 여성들 중 약 1~3퍼센트는 난소가 생식 호르몬을 충분히 만들어내지 못하는 상태, 즉 원발성 난소부전POI으로 인해 이러한 상황을 겪게 된다. 또 어떤 여성들은 자가면역 질환이나 대사 질환, 감염, 혹은 유전적인 원인으로 인해 일찍 폐경을 맞이하기도 한다. 하지만 조기 폐경이나 이른 폐경의 가장 흔한 원인은 수술이나 특정 의학적 치료에 있다. 이런 경우를 인위적 폐경induced menopause이라고 부르는데, 이는 여러 면에서 자연적 폐경과는 다른 양상을 보인다.

인위적 폐경

많은 여성이 의학적 개입으로 인한 폐경을 겪는다. 이는 수술로 난소를 제거하거나(난소 절제술), 항암 치료나 방사선 치료와 같은 의료 시술로 난소 기능이 멈추면서 발생한다. 아직 월경이 있는 상태에서 수술로 난소를 제거한 여성들은 수술 후 얼마 지나지 않아 폐경을 맞게 된다. 다른 의학적 이유로 난소 기능이 멈춘 여성들 역시 일찍 폐경이 찾아올 수 있는데, 이를 약물적 폐경이라고 한다. 수술적 폐경은 매우 급격히 찾아올 수 있는 반면, 약물적 폐경은 수 주에서 수개월에 걸쳐 천천히 진행될 수 있다. 여기서 주목할 점은, 자궁만 제거하고 난소는 남겨두는 부분 자궁 절제술이나 단순 자궁 절제술의 경우다. 이러한 수술은 월경은 멈추지만 배란은 계속되므로 조기 폐경을 직접적으로 유발하지는 않는다. 다만 호르몬 생성이 감소하고 난소로 가는 혈류가 줄어들 수 있어 예상보다 일찍 폐경 증상이 나타날 수 있다.

폐경은 어떻게 찾아오는가?

우리 몸이 갱년기 동안 겪는 변화를 제대로 이해하려면, 먼저 갱년기 이전에 호르몬들이 어떻게 작용하는지를 살펴볼 필요가 있다. 가임기 동안 우리 몸에서는 약 28일을 주기로 정교한 호르몬의 춤사위가 펼쳐진다. 이 춤에 참여하는 주요 성호르몬들은 에스트로겐(의학 용어로는 에스트라디올), 프로게스테론, 난포자극호르몬FSH, 황체형성호르몬LH이다. [그림 3]에서 볼 수 있듯이, 이 호르몬들은 월경 첫날부터 다음 월경 시작 전날까지의 주기 동안 각기 다른 시점에서 오르내린다.

월경 주기의 첫 번째 절반을 **난포기**라고 부른다. 이 시기에는 난포자극호르몬과 황체형성호르몬이 상승하면서 난소의 여러 **난포**가 자라게 하는데, 각각의 난포 안에는 난자가 들어 있다. 난포가 자라나는 동안 에스트로겐은 자궁내막을 두껍게 만들어 아기를 품을 준비를 한다. 에스트로겐 수치가 충분히 높아지면 황체형성호르몬이 급증하면서, 이른바 우성 난포가 터져 성숙한 난자가 나팔관으로 방출된다. 이를 **배란**이라고 하는데, 주기의 중간 즈음에 일어난다. 이때가 임신이 가장 잘 되는 시기다.

주기의 두 번째 절반을 **황체기**라고 부른다. 임신이 되면 에스트로겐과 프로게스테론 수치가 계속 높게 유지되어 자궁내막이 떨어져나가

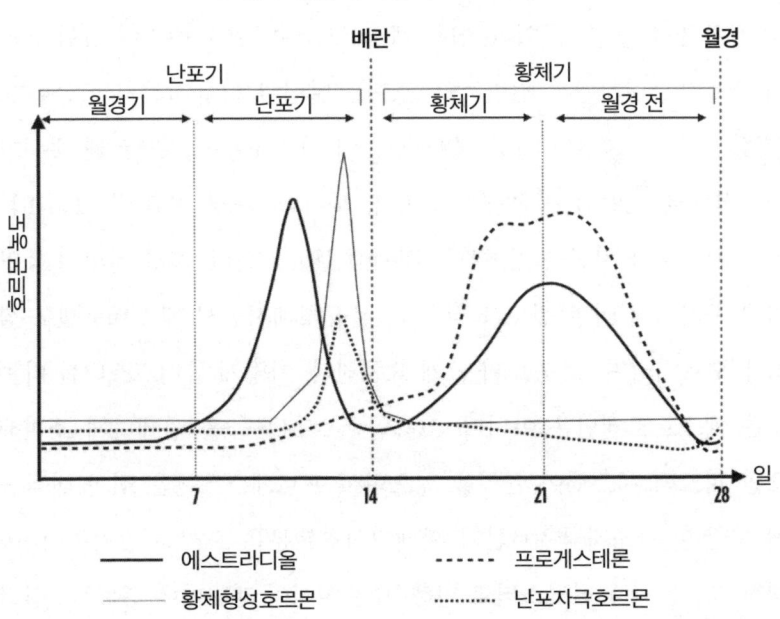

〔그림 3〕 **월경 주기 중 성호르몬의 변화**

는 것을 막고 태반이 자리 잡을 수 있게 한다. 임신이 되지 않으면 이 호르몬들의 수치가 떨어지면서 자궁내막이 벗겨져나가고, 이것이 바로 월경이 된다.

월경 주기는 꽤 복잡하지만, 이 호르몬들이 서로 조화롭게 균형을 이루며 서로를 조절하는 한 대체로 순조롭게 진행된다. 그러나 이 정교한 균형이 깨지는 큰 사건이 찾아오는데, 그것이 바로 폐경이다. 여성이 갱년기로 접어들면서 난소의 난자가 소진되기 시작하고 에스트로겐 분비량도 줄어든다. 하지만 에스트로겐이 그리 쉽게 물러나지 않아서 그 과정이 일직선으로 혹은 일정하게 진행되지는 않는다.

〔그림 4〕에서 볼 수 있듯이, 에스트로겐 농도는 한 번에 뚝 떨어지는 것이 아니라 감소하는 과정에서 심하게 오르내린다. 모든 여성이 이런 변화를 겪는 것은 아니지만, 그래프에서 '폐경 이전' 부분이 대체로 평평한 것을 볼 수 있다. 이는 에스트로겐이 월경 주기에 맞춰 규칙적으로 오르내리면서 전반적인 농도를 일정하게 유지하기 때문이다. '폐경 이후' 그래프도 거의 평평한데, 이 시기에는 에스트로겐 수치가 지속적으로 낮게 유지되기 때문이다. 하지만 '폐경 전환기' 그래프는 마치 지진계가 지진을 기록하는 것처럼 불규칙하다. 폐경 전환기 동안 월경 주기의 길이와 빈도가 점점 더 불규칙해지면서 에스트로겐도 심하게 오르내리며, 그 농도가 크게 요동친다. 이렇게 롤러코스터를 타는 것은 에스트로겐만은 아니다. 그동안 성호르몬들을 섬세하게 조절해오던 피드백 시스템이 균형을 잃으면서 프로게스테론은 점차 바닥을 치는 반면, 난포자극호르몬과 황체형성호르몬은 오히려 증가한다. 이러한 호르몬의 롤러코스터로 인해 많은 여성이 갱년기에 신체적·심리

적 증상들을 더욱 심하게 겪거나, 전혀 예측할 수 없는 방식으로 나타나기도 한다.

이제 임상적 관점에서 본 갱년기가 어째서 혼란스러울 수 있는지 두 가지 측면에서 살펴보자. 먼저, 갱년기는 하룻밤 사이에 찾아오는 변화가 아니다. 둘째, 모든 여성이 갱년기를 겪긴 하지만, 각자가 겪는 경험은 제각각 다르다. 우리 한 사람 한 사람은 저마다 지문과 같은 고유한 호르몬의 패턴을 가지고 있고, 각자의 생식계와 뇌를 가지고 있다. 아직 의학계에서는 이런 개인차를 공식적으로 인정하지 않고 있지만, 갱년기의 진행 과정과 증상이 사람마다 크게 다를 수 있다는 점은 분명하다. 이런 상황은 환자들에게 혼란을 주었을 뿐만 아니라, 갱년기 자체에 대한 잘못된 통념들을 낳기도 했다. 이제 그런 오해들을 하나씩 바로잡아보자.

〔그림 4〕 폐경 이전, 폐경 전환기, 폐경 이후 에스트로겐 농도

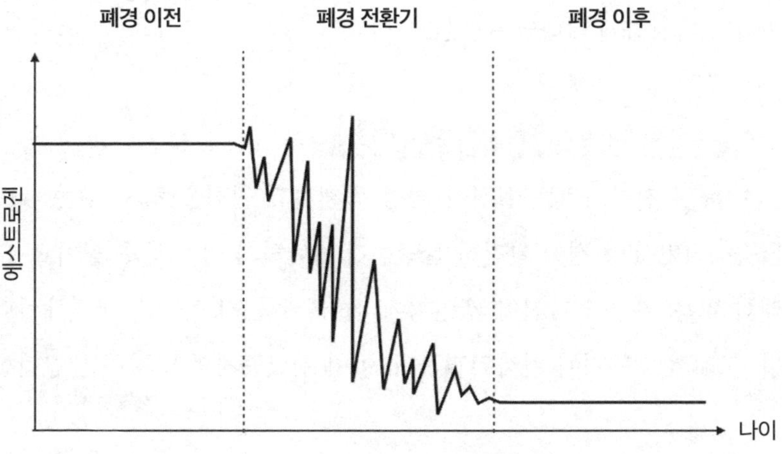

갱년기에 관해 궁금한 것들

Q. 갱년기는 질병인가요, 아니면 질환인가요?

A. 갱년기는 삶의 자연스러운 생리적 단계입니다. 겪게 되는 증상들이 불편하고 현실적인 어려움이 만만치 않게 느껴질 수는 있지만, 갱년기는 질병도, 병적 상태도 아니에요. 하나의 전환기일 뿐이죠. 치료나 교정이 필요한 것이 아니라, 적절한 관리와 대처가 필요할 뿐입니다.

Q. 갱년기는 나이가 많이 들어야 찾아오나요?

A. 대부분의 여성들은 40~50대에 갱년기를 맞이합니다. 평균적으로는 51~52세 무렵에 갱년기가 오는데, 이는 어떤 기준으로 보더라도 결코 늦은 나이가 아닙니다. 게다가 최근 연구에 따르면 전 세계적으로 실제 갱년기 평균 연령은 49세로,[4] 이보다도 더 이르죠. 앞서 언급했듯이 정확한 시기는 개인마다 크게 다르며, 30대 후반에서 60대 초반까지 다양하게 나타날 수 있습니다.

Q. 폐경을 진단하기 위해 혈액 검사가 필요한가요?

A. 폐경 전환기에는 월경이 점점 뜸해지고 월경을 하지 않는 것이 익숙해지면서, 월경이 완전히 끝났는지 판단하기 어려울 수 있어요. 그래서 많은 여성이 자신이 갱년기에 접어들었는지 아닌지 궁금해합니다. 그래서 갱년기에 가까워졌는지, 이미 지났는지를 알려주는 간단한

호르몬 검사가 있느냐는 질문을 많이 받는데, 그런 검사는 안타깝게도 없습니다. 혈액 검사가 도움이 될 수는 있지만, 갱년기 진단에 반드시 필요한 것은 아니에요. 갱년기에 접어들었다고 생각되거나 이미 갱년기가 지났는지 알고 싶다면, 전문 의료진에게 종합적인 검진을 받아보는 것이 가장 좋습니다. 진단은 나이, 병력, 증상, 월경 빈도 등을 종합적으로 고려하여 이루어집니다. 혈액 검사는 보조적인 정보로 활용될 수 있지만, 대부분의 경우 꼭 필요하지는 않아요.

일반적으로 47세 여성의 월경이 불규칙해졌을 때 이것이 갱년기 진입인지를 알아보기 위한 호르몬 검사는 필요하지 않습니다(대부분 갱년기일 가능성이 높아요). 58세 여성이 몇 년간 월경을 하지 않았다면 갱년기 이후인지 확인하기 위한 검사 역시 마찬가지입니다(이미 갱년기를 지났을 가능성이 높습니다). 호르몬 검사는 오히려 원발성 난소부전처럼 너무 이른 나이에 월경이 멈췄거나 불임 문제를 평가할 때 필요합니다. 월경 주기와 임신 능력에 영향을 미치는 호르몬 질환인 다낭성 난소증후군을 진단할 때도 검사가 필요하죠. 의학적 시술로 인해 월경이 멈춘 여성의 갱년기 상태를 파악할 때도 검사가 도움이 될 수 있습니다. 예를 들어 부분 자궁 절제술(자궁만 제거하고 난소는 남김)이나 자궁내막 소작술(자궁내막을 제거하는 시술)을 받은 경우입니다. 이런 시술들로 월경은 멈추지만 배란은 계속되므로 갱년기 증상의 출현이 갱년기의 첫 신호가 되며, 혈액 검사는 이를 뒷받침하는 근거가 됩니다. 이러한 경우 에스트로겐과 다른 호르몬들, 특히 난포자극호르몬과 난포자극호르몬 억제 단백질 B라는 호르몬의 수치를 측정합니다. 난포자극호르몬 억제 단백질 B는 난포자극호르몬 생성을 조절하며, 난소 기능과 난포 상태를 보여주는 지표가 됩니다. 정상 수치는 〔표 2〕를 참고하시기 바랍니다. 에스트로젠과 난포자극호르몬 억제 단백질 B가 낮고 난포자극호르몬이 높은 동시에 1년간 월경이 없었다면 일반적으로 갱년기에 도달한 것으로 간주합니다. 하지만 단일 검사 결과는 신뢰하기 어렵습니다. 이러한 호르몬들은 오늘은 낮다가도 내일은 높아질 수 있고 정상 범위도 꽤 넓습니다. 더구나 안면 홍조가 있고 월경이 없는 여성의 난포자극호르몬 수치가 높다고 해서 그녀가 아직 폐경 전환기에 있을 가능성이 완전히 배제되는 것은 아닙니다. 특히 폐경 전환기에 있는 여성들의 경우 혈액 검사 결과를 해석하기가 더욱 까다롭습니다. 호르몬 수치가 주기에 따라 변하는데, 이 주기마저 불규칙해지면서 변동 폭이 더 커지기 때문이죠. 게다가 일반적인 생각과 달리, 폐경 전환기의 에스트로젠 수치는 심하게 오르내리면서 때로는 예상보다 낮아지지 않고 오히려 높아지기도 합니다. 또한 피임약이나 일부 자궁 내 장치와 같은 호르몬 피임법은 월경을 멈추게 하고 난포자극호르몬 검사의 정확도에도 영향을 미쳐, 갱년기가 지났는지 여부를 판단하기 어렵게 만들 수 있다는 점도 염두에 두어야 합니다.

Q. 혈액 검사로 폐경 시기를 예측할 수 있나요?

A. 혈액 검사로는 갱년기가 언제 올지 예측할 수 없습니다. 갱년기와 관련해 단 한 가지 확실한 것이 있다면, 언젠가는 난소의 난포가 소진되어 폐경을 맞이하게 된다는 것뿐입니다. 이외 다른 것은 마치 수리기사가 불쑥 나타나는 것처럼 예측하기 쉽지 않습니다. 그러니 갱년기가 언제 찾아올지 정확히 예측할 수 있는 방법은 없으며, 혈액 검사

로는 더더욱 불가능합니다.

　오히려 가장 좋은 참고가 되는 것은 바로 자신의 어머니입니다. 어머니가 일찍 갱년기를 맞이했는지, 늦게 맞이했는지, 혹은 그 중간쯤이었는지를 보면 자신의 시기도 어느 정도 가늠해볼 수 있습니다. 갱년기의 경험과 증상도 어머니와 딸 사이에 비슷한 경향이 있어서, 이런 대화를 미리 나누어보는 것이 도움이 됩니다.

　하지만 갱년기가 어떨지 알려주는 또 다른 중요한 지표는 바로 자신의 과거 경험입니다. 사춘기 때의 경험이나, 임신을 했다면 그때의 경험이 갱년기 여정에 대한 중요한 힌트를 제공할 수 있습니다. 이는 2부에서 자세히 살펴볼 내용이지만, 우선 이런 점을 생각해보시기 바랍니다. 사춘기 때 이유 없이 짜증이 나거나 감정 기복이나 감정의 변화를 심하게 겪었거나, 임신 중이나 출산 후에 이런 증상이 더 심했다

〔표 2〕 갱년기 진단 혈액 검사: 정상 수치 범위

	폐경 이전			폐경 이후
	난포기	배란	황체기	
에스트라디올(pg/ml)	12.4-233	41-398	22.3-341	<138
프로게스테론(ng/ml)	0.06-0.89	0.12-12	1.83-23.9	<0.05-0.13
LH(mIU/ml)	2.4-12.6	14-95.6	1-11.4	7.7-58.5
FSH(mIU/ml)	3.5-12.5	4.7-21.5	1.7-7.7	25.8-134.8
난포자극호르몬 억제 단백질 B(pg/ml)	10-200			<5

3장 아무도 알려주지 않는 갱년기

면, 갱년기에도 비슷한 감정 변화를 경험할 가능성이 높습니다. 마찬가지로 이러한 시기에 안면 홍조나 수면 장애 또는 머리가 멍한 증상을 겪었다면, 갱년기에도 비슷한 증상을 다시 마주할 수 있습니다.

다만 한 가지 기억할 것은, 갱년기 경험[5]은 생활 방식, 주변 환경, 의료 이력, 문화적 신념 등 다양한 요소들의 영향을 받으며, 이러한 요소들에 따라 달라질 수 있다는 점입니다.

Q. 호르몬 대체 요법 HRT이 필요한지 여부를 결정하기 위해 혈액 검사가 필요한가요?

A. 증상 완화를 위해 호르몬 치료를 받고자 하는 사람들에게는 혈액 검사가 필요하지 않습니다. 왜냐하면 우리는 호르몬 수치 자체를 치료하는 것이 아니라, 갱년기 증상을 치료하기 때문입니다. 이러한 증상들은 실제 호르몬 수치와 반드시 일치하지는 않습니다. 호르몬 수치가 정상 범위에 있어도 증상이 있을 수 있고, 반대로 에스트로겐이 매우 낮아도 아무런 증상이 없을 수도 있습니다.

Q. 타액 및 소변 검사는 혈액 검사만큼 정확한가요?

A. 호르몬 수치를 정확하게 측정할 수 있는 것은 혈액 검사뿐입니다. 타액이나 소변 검사도 생식 호르몬을 평가하는 데 자주 사용되지만, 혈액 검사보다는 정확도가 떨어져 임상에서는 권장되지 않습니다. 잘 알려진 DUTCH 검사(Dried Urine Test for Comprehensive Hormones, 종합 호르몬 건조 소변 검사)도 혈액 검사보다는 신뢰도가 낮습니다.

Q. 폐경 전에 호르몬 대체 요법을 사용할 수 있나요?

A. 호르몬 대체 요법은 폐경 전이나 후에 모두 사용할 수 있습니다. 폐경 전의 호르몬 대체 요법은 주로 원발성 난소부전이나 다른 의학적 징후가 있을 때 처방됩니다. 하지만 안타깝게도, 이러한 징후가 없는 여성들의 경우 의료진들은 갱년기가 아닌 폐경 이후에야 호르몬 대체 요법을 처방하는 경향이 있습니다. 과학적 관점에서 보면 호르몬 대체 요법은 실제로 증상이 있을 때 사용하도록 개발되었는데, 이러한 증상들은 폐경 이후보다 갱년기에 더 빈번하고 일상생활에 지장을 줄 수 있습니다. 호르몬 대체 요법의 시작 시기, 사용 기간, 사용 여부는 각 환자의 개별적인 상황과 필요에 따라 결정되어야 합니다.

Q. 폐경에는 여러 유형이 있나요?

A. 폐경에는 여러 종류가 있습니다. 주로 자연적 폐경과 인위적 폐경으로 나뉘는데, 수술이나 방사선 치료, 항암 치료 등 다양한 원인으로 발생할 수 있습니다. 자세한 내용은 [표 1]에 정리되어 있습니다.

Q. 난소를 제거해도 안전한가요?

A. 난소 절제술은 미국에서 제왕절개 다음으로 많이 시행되는[6] 여성 대상 주요 수술인 자궁 절제술의 일부로 자주 시행됩니다. 난소 절제술은 난소암의 1차 치료법입니다만, 미국에서만 매년 14,700명의 여성이 난소암으로 목숨을 잃고 있습니다. 양측 난관난소 절제술BSO이라고 불리는, 난소와 나팔관을 함께 제거하는 수술은 난소암이 발견되었거나 의심될 때 임상적으로 확실한 효과가 있습니다.[7] 또한 난소암

가족력이 있거나, BRCA 유전자* 변이와 같은 유전적 소인이 확인된 사람들, 린치 증후군**이나 포이츠-제거스 증후군*** 같은 질환이 있는 사람들의 예방적 수술로도 시행됩니다. 이에 대해서는 11장에서 더 자세히 다룰 예정입니다.

지금은 이 점을 기억해두시기 바랍니다. 난소 제거를 포함한 자궁 절제술의 약 90퍼센트[8]는 사실 암 이외의 이유로 시행됩니다. 이런 '양성良性' 질환에는 자궁내막증, 자궁근종, 양성 종양, 낭종, 난소 꼬임(난소가 비틀리는 현상), 난관난소 농양(나팔관과 난소에 생기는 고름 주머니) 등이 포함됩니다. 이러한 경우, 난소가 정상적으로 기능하고 있다면 가능한 한 자궁 절제술 시 난소를 보존하는 것이 일반적인 관행[9]입니다. 난소 절제술 자체는 위험도가 낮은 수술이지만, 필연적으로 인위적 폐경을 초래하기 때문입니다. 장기적인 건강상의 위험이 있을 수 있는 섬세한 시술이므로, 충분한 상담과 위험성 및 이점에 대한 철저한 검토가 필요합니다. 게다가 최근에는 난소암이 실제로는 나팔관에서 시작할 수 있다는 증거들이 쌓이고 있습니다. 난소는 남기고 나팔관만 제거하는 것만으로도 폐경을 유발하지 않으면서 난소암의 위험을 상당히 줄일 수 있다는 것이 밝혀졌습니다. 난소 보존에 대한 현재의 지

- ● BReast CAncer, 즉 유방암과 난소암 발생 위험과 관련된 유전자로, BRCA1과 BRCA2 변이가 있을 경우 두 암의 발병 확률이 증가할 수 있다.
- ●● Lynch syndrome, 유전적 요인으로 인해 대장암, 자궁내막암, 난소암 등의 발병 위험이 증가하는 유전성 암 증후군
- ●●● Peutz-Jeghers syndrome, 소화기관에 다발성 폴립이 발생하며, 유방암, 난소암, 췌장암 등의 위험이 증가할 수 있는 유전성 질환

침은 〔표 3〕에 정리되어 있으니 참고하시기 바랍니다.

  이 주제는 현재 의학계에서도 논의가 진행 중인데요, 흥미로운 점은 난소가 폐경 이후에도 수년간 소량의 에스트로겐을 계속 만든다는 사실입니다. 게다가 난소는 테스토스테론과 안드로스테네디온이라는 다른 두 가지 호르몬도 계속 생성하는데, 우리 몸의 근육과 지방 세포가 이 호르몬들을 에스트로겐으로 전환합니다. 일부 연구에 따르면, 특별한 금기 사항이 없는 여성의 경우 폐경 이후에도 난소를 보존하면 나이가 들어 발생할 수 있는 골다공증, 심장 질환,[10] 뇌졸중 위험을 낮출 수 있다고 합니다. 이에 따라 현재의 진료 지침에서는 유전적 위험이나 추가 위험 요인이 없는 폐경 이후 여성이 양성 질환으로 자궁 절제술을 받을 때는 난소를 보존하도록 권장하고 있습니다[11](〔표 3〕 참조).

  하지만 이렇게 지침이 개정되었음에도 불구하고, 양성 질환으로 자궁 절제술을 받는 미국 여성의 절반 이상이 여전히 자궁과 함께 난소도 제거하고 있습니다.[12] 40~44세 여성의 23퍼센트,[13] 45~49세 여성의 45퍼센트가 아직도 양성 질환으로 인한 자궁 절제술을 시행할 때 선택적 양측 난관난소 절제술을 권유받고 있는 실정입니다.

  그래서 혹시 자궁 제거가 필요한 상황이 되었을 때, 의사가 난소 제거를 제안하더라도 난소암이나 유전적 소인이 없다면, 이 시술의 장단점에 대해 꼭 충분히 상담하기 바랍니다. 본인의 병력과 가족력을 모두 고려하여 왜 난소 제거를 권장하는지 명확히 이해하시는 것이 좋아요. 물론 암에 걸리지 않았거나 걸릴 위험이 없더라도 난소 절제가 필요한 경우가 있고, 반대로 난소를 보존하는 것이 더 적절한 경우도 있다는 점을 기억해두세요.

〔표 3〕 양측 난소난관 절제술: 현재 가이드라인

BSO가 필요한 경우	부인과 암이 의심되거나 확진된 경우
	위험 감소를 위한 예방적 수술(BRCA1, BRCA2 유전자 변이, 린치 증후군, 포이츠-예거스 증후군, 난소암의 가족력이 뚜렷한 경우) 단, 출산 계획을 마무리하고 35세 이상인 경우에 한함.
BSO가 고려될 수 있는 기타 상황	만성 골반 통증
	골반 염증성 질환
	중증 자궁내막증
난소 보존을 위한 고려 사항	암에 대한 유전적 소인이 없는 폐경 이전 여성
	난소암 가족력이 없는 여성
	자궁 주변 조직(일반적으로 난소나 나팔관)에 혹이 없는 여성
	추가 위험 요인이 없는 갱년기 후 여성

한 가지 분명히 말씀드리고 싶은 것은, 필요한 치료를 거부하라는 것이 아닙니다. 다만 이러한 수술로 인한 잠재적 위험이 환자들에게 충분히 설명되지 않는 경우가 너무 많다는 거예요. "미리 알았더라면 좋았을 텐데……"라는 말을 너무 자주 듣습니다. 이러한 시술이 단기적·장기적으로 어떤 영향을 미치는지, 어떤 치료 선택지들이 있는지 잘 이해하는 것이 중요합니다. 그래야만 모든 여성이 자신의 건강을 위해 충분한 정보를 바탕으로 선택할 수 있기 때문이죠.

Q. 갱년기는 여성에게 신체적인 변화만 일으키나요?
A. 절대 그렇지 않습니다. 갱년기는 몸과 마음이 함께 겪는 여정입니다. 호르몬이 변화하면 우리 마음도 함께 변화합니다. 갱년기는 단순

히 생식 기능의 변화만 초래하지 않습니다. 우리의 생각과 감정, 자아상, 행동 방식 등 전반적인 측면에 영향을 미치는 시기입니다. 다음 장에서는 우리가 겪는 갱년기 증상들 중 많은 부분이 사실은 우리 뇌가 겪는 변화에 대한 반응이라는 점을 자세히 살펴볼 예정입니다.

4장

갱년기 뇌, 기분 탓이 아니다

각양각색의 갱년기 증상

갱년기에 접어들면 "열이 나고 짜증이 난다"는 말은 완전히 새로운 의미를 갖는다. 갱년기는 흔히 하나의 사건으로 여겨지지만, 사실은 30가지가 넘는 다양한 증상들이 각자의 방식대로 나타났다 사라졌다 하는 증후군에 더 가깝다. 더 헷갈리게 만드는 건, 이런 증상들을 몇 가지만 겪을 수도 있고 아예 겪지 않을 수도 있다는 점이다. 운 좋게도 10~15퍼센트 정도의 여성들은 불규칙해진 월경이 멈추는 것 말고는 아무런 변화도 겪지 않는다.[1] 하지만 대부분의 여성들은 수백 가지나 되는 서로 다른 증상들의 조합을 경험하게 된다.

게다가 이런 증상들 중 일부는 목 아래쪽 신체에서 나타나는 **신체적 증상**이고, 다른 것들은 뇌에서 비롯되는 **신경학적 증상**이다. 흥미로운 점은 갱년기 증상 목록에서 뇌 관련 증상이 신체 증상만큼이나 많다는 것이다. 물론 이 둘을 구분하기 쉽지 않을 때도 있다. 예를 들어 많은 여성이 홍조를 피부에 문제가 생긴 신호라고 생각하지만, 홍조는 사실 뇌에서 시작하는 엄연한 신경학적 증상이라서 피부와는 아무 상관이 없다. 이제 이런 증상들의 차이를 더 자세히 알아보자.

갱년기의 신체적 증상은 범위가 넓고 영향력도 상당하다. 월경 주기와 빈도의 변화부터 시작해서 질 건조증, 성교통, 복압성 요실금, 과민성 방광 같은 비뇨생식기 증상까지 다양하다. 근육의 변화는 관절 통증과 뻣뻣함, 근육 긴장과 통증으로 나타난다. 뼈와 관련된 증상으로는 뼈가 약해지고 골다공증 위험이 높아진다. 가슴의 변화도 찾아오는데, 가슴 통증이나 볼륨 감소, 부기 등이 생길 수 있다. 하지만 여성들의 삶과 웰빙에 큰 영향을 미치는데도 잘 논의되지 않는 신체 증상들을 간과하지 않는 것이 무엇보다 중요하다. 불규칙한 심장 박동이나 두근거리는 증상은 무척 불안하게 만들 수 있고, 체형 변화나 체중 증가, 신진대사 저하, 소화 문제, 복부 팽만감, 위산 역류, 메스꺼움도 찾아온다. 여기에 머리카락이 얇아지고, 손발톱이 잘 부서지며, 피부가 건조하고 가려워지고, 체취가 달라지며, 입맛이 변하거나 입이 마르고 화끈거리고, 이명이나 청력 저하, 소음에 민감해지는 증상, 심지어 새로운 알레르기까지 생길 수 있다. 이것들만으로도 충분히 부담을 느낄 수 있으므로 이런 증상들은 가볍게 여길 일이 아니다. 어떤 증상은 마치 내 몸이 아닌 것처럼 느끼게 하거나, 스스로 미쳐가거나 통제력을 잃어가는 듯한 착각을 불러일으키기도 한다.

하지만 대부분의 여성들이 가장 걱정하는 것은 갱년기의 뇌 관련 증상들이다. 앞서 언급한 홍조처럼 익숙한 증상도 있지만, 의외의 증상들도 있다(아니면 이것들도 뇌에서 비롯된다는 사실에 놀랄 수도 있다). 중년기의 호르몬 혼란은 체온뿐 아니라 기분, 수면 패턴, 스트레스 수준, 성욕, 인지 능력까지 변화시킬 수 있다. 중요한 건, 이런 변화들이 홍조 없이도 찾아올 수 있다는 점이다. 게다가 어떤 여성들은 어지럼증, 피로, 두통, 편두통 같은 신경학적 증상을 겪기도 한다. 또 어떤 이들은 심한 우울증, 강한 불안감, 공황 발작, 심지어 '전기 충격' 같은 감각까지 느낀다. 이 모든 증상은 난소가 아닌 뇌에서 시작한다. 갱년기의 신체적 측면에 대해서는 많이 이해하게 되었지만, 이 시기에 찾아오는 감정적·행동적·인지적 변화의 전체적인 영향을 이해하기 시작한 건 최근이다. 안타깝게도 이런 증상들이 얼마나 흔한지 아는 여성들이 많지 않고, 의사들은 더 적을 것이다. 많은 사람이 간과하는 사실은 이런 증상들이 예상보다 훨씬 극적이고 압도적으로 다가올 수 있으며, 일상에 큰 영향을 줄 수 있다는 것이다. 이런 문제를 해결하기 위해 우리가 나섰다. 이번 장에서는 갱년기의 핵심적인 '뇌 증상들'에 대해 알아볼 것이다.

갑자기 확! 열이 오르는 이유

월경이 점차 사라지는 변화는 금방 눈치채지 못할 수 있지만, 홍조는 무시하기 쉽지 않다. 홍조는 갱년기의 대표적인 특징으로,[2] 무려 85퍼센트나 되는 여성들이 겪는다. 의학 용어로는 **'혈관 운동 증상'**이라고 하는데, 이는 혈관이 수축하거나 확장하면서 생기는 증상이라는 뜻이다. 그 결과 얼굴과 목, 가슴 쪽으로 갑작스러운 열감이 몰려온다. 마치 부끄러워서 얼굴이 붉어지거나 열이 오른 것처럼 피부가 발개지고, 식은땀이 몹시 흐르기도 한다. 한번에 너무 많은 체온을 잃으면 오히려 한기가 느껴질 수도 있다.

하지만 이런 경험을 '홍조'라고 부르는 건 좀 문제가 있다. 순식간에 왔다가 사라진다고? 천만에. 이런 갱년기 증상은 최소 몇 분은 지속되고, 때로는 한 시간까지도 이어질 수 있어서 '홍조'라는 말과는 거리가 멀다. 한번 시작하면 쉽게 가라앉지도 않을뿐더러, 일상 속에서 꽤 오랫동안 지속될 수도 있다. 보통의 여성들은 3~5년 정도 홍조를 경험[3]하지만, 10년이나 그 이상 지속되는 경우도 많다. 과학자들은 홍조가 나타나는 패턴을 다음 네 가지로 분류했다.[4]

- **운이 좋은 소수:** 안면 홍조를 전혀 경험하지 않는 여성. 전체 여성의 약 15퍼센트이다.
- **늦은 안면 홍조형:** 마지막 월경이 다가오거나 지난 후에 첫 홍조를 경험하는 여성. 전체 여성의 약 3분의 1이다.
- **조기 안면 홍조형:** 마지막 월경이 오기 몇 년 전부터 이런 증상을 겪기 시작하는 여성. 월경이 끝날 무렵 함께 사라진다.
- **슈퍼 안면 홍조형:** 일찍부터 홍조를 경험하기 시작하여 갱년기가 한참 지난 뒤까지도 증상이 이어지는 여성들. 전체 여성의 4분의 1이 이 유형에 해당한다. (과거나 현재) 흡연을 하거나 적정 체중을 꽤 초과하는 여성들이 슈퍼 홍조형이 될 가능성이 높다.

인종과 생활 방식, 문화적 요인도 영향을 미칠 가능성이 크다. 아프리카계 미국인과 아프리카 디아스포라 여성들*은 백인 여성들보다 더 잦고 심한 홍조를 겪는 반면, 아시아 여성들은 덜 겪는다고 보고되는데 그 이유는 아직 연구 중이다.

홍조는 불편한 정도부터 참을 수 없는 수준까지 다양하며, 밤에 찾아오면 타격이 더 크다. 이런 경우를 흔히 '식은땀'이라고 부르는데, 대부분의 사람들은 이걸 겪어보기 전까지는 그 차이를 실감하지 못한다. 의학 교과서에 따르면, 식은땀이란 "수면 중에 반복적으로 심하게 땀이 나서 잠옷이나 이불을 흠뻑 적시는 증상"이라고 한다. 하지만 실제로 겪어보면 이야기가 다르다. 경험자들의 말을 빌리자면, 식은땀은 마치 대형 화재 경보와도 같아서 이불을 걷어차고 북극의 온도만큼의 차가운 샤워를 하고 싶은 충동이 들 정도다. 이런 일이 하룻밤에 두세 번씩 자주 일어나다 보니 무척 힘들 수밖에 없다.[5] 이런 점을 보면 갱년기 여성들이 감정 기복이 심하다고 알려진 이유를 이해할 만하다. 몇 달은 고사하고 몇 년 동안이나 제대로 된 숙면을 취하지 못하고, 홍조뿐 아니라 임상적 수준의 수면 부족까지 겪고 있는데 짜증이 나지 않는 게 오히려 이상하지 않을까.

여성들이 이토록 힘들어하는데도 대부분의 의사들은 여전히 혈관 운동 증상을 단순히 삶의 질 문제로만 여긴다. 하지만 사실은 그렇지 않다. 예를 들어 일찍부터 홍조를 겪는 여성들은[6] 심장 질환에 걸릴 위

● 아프리카 출신 조상을 둔 이주민 후손으로, 주로 카리브해, 북미, 남미, 유럽 등에 거주하는 여성들을 의미한다.

험이 더 높을 수 있다는 확실한 증거가 있다. 게다가 밤에 흘리는 식은땀은 뇌의 백질 병변[7]으로 이루어진 영역과도 연관이 있다고 보고되었다. 이 병변은 뉴런 사이를 연결하는 신경 섬유인 백질이 손상되면서 생기는 것이다. 식은땀 증상을 더 많이 겪을수록 뇌의 백질 병변도 더 많아져서, 나중에는 더 심각한 문제를 일으킬 수 있다는 연구 결과도 있다. 한마디로 말해서, 홍조는 실제 문제가 되기 전에 관리해야 하는 매우 현실적인 증상이다. 최소한 심하고 잦은 혈관 운동 증상을 호소할 때는 의사들이 그 여성의 심장과 뇌 건강을 더 자세히 살펴봐야 한다. 다행히도 혈관 운동 증상을 완화하고, 되돌리며 심지어 예방하는 방법들이 있는데, 이는 뒤의 장들에서 다루겠다.

감정의 롤러코스터

갱년기와 마지막 월경 이후 몇 년 동안 약 20퍼센트의 여성들이 감정 기복과 우울 증상을 겪는다.[8] 갱년기 자체가 우울증을 직접 유발하지는 않지만, 우울감을 쉽게 높이는 요인이 될 수 있다. 변화하는 호르몬은 평소 같으면 그냥 넘어갔을 일들도 감당하기 어렵게 만드는 감정의 롤러코스터를 타게 한다. 게다가 어떤 여성들에게는, 특히 과거에 심각한 우울증을 겪었던 이들에게는 이런 호르몬의 급격한 변화가 실제 우울 증상을 다시 불러일으켜, 갱년기를 겪으면서 예전의 증상들이 되살아날 수 있다. 심지어 평생 우울증과는 거리가 멀었던 여성들도 갱년기에 처음으로 우울증과 마주할 수 있다.

갱년기와 관련된 가장 흔한 감정 변화로 짜증이 잘 나고, 불안해지며, 일상의 소소한 스트레스도 견디기 힘들어질 수 있다. 슬픔이 밀려오고, 피곤이 쌓이며, 의욕이 떨어지고, 집중하기도 어려워진다. 여기에 감정이 무뎌지거나, 뭘 하고 싶은 마음이 들지 않거나, 모든 게 벅차게 느껴질 수도 있다. 울음이 터지는 일이 더 잦고, 더 격해지거나, 예상치 못한 순간에 찾아오는 것도 흔한 일이다. 빈도는 좀 낮지만 공황 발작이 생기는 여성도 있고, 극심한 분노를 느낀다는 여성도 있다. 이런 것들이 '**미친**', '**나쁜**', '**위험한**' 갱년기 여성이라는 고정관념의 먹잇감이 되곤 한다. 끊임없이 찾아오는 홍조와 함께 사는 삶이 어떨지 생각해보면, 이런 감정의 기복이 그리 수수께끼 같지만은 않다. 하지만 갱년기 우울증은 홍조나 다른 증상들과 상관없이 찾아오는 경우도 많다.

만약 감정 기복이 있거나 우울 증상을 겪고 있다면, 의료진과 상담해 볼 것을 권한다. 단순히 갱년기로 인한 기분 변화나 우울감, 스트레스인지, 아니면 다른 원인으로 인한 임상적 우울증인지 정확히 진단받을 수 있다. 갱년기 우울증과 주요 우울증은 증상이 비슷할 수 있으니, 정확한 원인을 찾아내고 그에 맞는 적절한 치료를 받는 것이 좋다. 다행스러운 소식은 이런 기분의 변화들을 치료할 수 있다는 것이다. 만약 갱년기의 감정 기복이 일상생활이나 인간관계에 영향을 미친다면, 의사와 상담하면서 여러 선택지에 대해 이야기를 나눠보자. 고맙게도 다양한 치료법이 있다. 갱년기 호르몬 치료나 항우울제 같은 약물 치료부터, 이 책의 3, 4부에서 다룰 맞춤형 식단과 운동 계획 같은 생활 습관 조절까지 선택의 폭이 넓다. 한 가지 더 희망적인 소식은, 갱년기가 지나고 호르몬이 안정되면 이런 기분 변화도 대개 안정된다는 점이다.

갱년기, 잠 못 이루는 밤의 시작

이 시기에 찾아오는 변화들 중에서 수면의 질 저하와 수면 장애는 잘 알려지지 않았지만 실제로는 무척 흔하다. 나이가 들수록 수면의 질이 자연스럽게 떨어지는 건 사실이지만, 갱년기는 여기에 기름을 붓는 격이어서 점진적으로 진행됐을 과정이 갑자기 수면 부족으로 치닫게 된다. 특히 한밤중에 잠을 깨우는 식은땀은 운이 좋으면 그저 잠을 설칠 뿐이지만, 운이 나쁘면 심각한 불면증으로 이어진다. 앞서 이야기했듯이, 잠을 제대로 자지 못하면 당연히 기분과 정신적 균형이 흔들리게 마련이다. 만성적인 수면 장애는 우울한 기분과 불안, 우울증을 불러올 수 있을 뿐 아니라 브레인 포그와 피로감도 유발한다. 게다가 에스트로겐 수치가 낮아지면서 뇌의 기능이 영향을 받아 애초에 스트레스를 다루는 능력 자체가 떨어진다. 더 우려되는 점은 수면이 기억 형성, 염증 완화, 노년기 인지 기능 저하 위험 감소에 필수적이라는 것이다.[9] 장기적으로 볼 때 과부하된 뇌를 충분히 쉬게 하는 것은 이토록 중요하다.

그러므로 갱년기에 생기는 수면 장애에 제대로 대처하는 것은 무척 중요하다. 어쩌면 당연한 일일 수도 있지만, 폐경 전후의 여성들은 다른 어떤 인구 집단보다도 수면 문제를 더 많이 호소한다.[10] 불안이나 스트레스, 브레인 포그, 우울 증상 같은 부차적인 문제들도 다른 사람들보다 더 자주 겪는다고 한다.[11] 미국 질병통제예방센터에 따르면 다음과 같다.[12]

- 갱년기 여성의 2분의 1 이상이 하루 7시간 미만 잠을 잔다. 참고로 갱년기 이전 여성들의 70퍼센트 이상은 7시간 넘게 잠을 잔다(갱년

기 전후 차이가 매우 큼).
- 갱년기 여성의 3분의 1은 잠들기도 어렵고 잠을 유지하기도 힘들어서 밤새 여러 번 깬다고 한다.

좋은 소식은, 많은 여성이 갱년기 내내 수면 문제로 깊이 고민하지만, 결국엔 대부분 새로운 균형을 찾아내서 갱년기 이후 몇 년 안에 수면이 꽤 빠르게 개선된다. 하지만 그만큼 많은 여성이 계속 질 낮은 수면과 불면증에 시달리기도 한다. 설상가상으로 폐경 이후의 여성들은 폐경 이전보다 수면 무호흡증 같은 새로운 수면 장애가 생길 확률이 두세 배나 높다. 이 질환은 보통 남성들의 문제로 여겨졌지만, 갱년기가 시작되면 근육 상태의 변화 때문인지 여성들의 위험도도 높아진다. 수면 무호흡증은 수면 중에 호흡이 반복적으로 멈추는 만성 호흡 장애다.[13] 대개는 혀 뿌리와 연구개 부분의 상기도가 부분적으로 또는 완전히 폐쇄(또는 허탈)[14]되어, 뇌에서 호흡을 시작하라는 신호가 제대로 전달되지 않아서 생긴다. 이런 현상이 10초 이상 지속되기도 하고, 하룻밤에 수백 번씩 일어나서 심각한 수면 방해를 일으킬 수 있다.

수면 무호흡증은 우리가 생각하는 것보다 훨씬 더 흔하다. 미국 수면 재단The National Sleep Foundation 보고에 따르면, 전체 인구의 20퍼센트 정도가 이 증상을 겪고 있을 가능성이 있으며, 수면 무호흡증이 있는 사람들 중 무려 85퍼센트가 자신에게 이런 증상이 있다는 것을 인지하지 못하고 있다고 한다. 특히 여성들이 이런 경우가 많은데, 여기에는 두 가지 이유가 있다. 첫째, 많은 여성이 수면 장애로 인한 증상과 영향(예를 들면 낮 동안의 피로감)을 수면 무호흡증 때문이 아닌 스트레스나 과로, 또는 갱년기 탓으로 돌린다. 둘째, 여성들의 수면 무호흡증 증상은 남성들보다 훨씬 은근하게 나타난다(쉽게 말해, 코골이가 덜하다). 그 결과 수면 무호흡증 검사를 받으러 가지 않게 되고, 자연스럽게 진단과 치료도 늦어진다.

수면은 신체적·정신적 건강에 매우 중요한 요소이므로, 만약 갱년기, 수면 무호흡증 또는 이 둘의 복합적인 영향을 받아 수면 문제가 발생한다고 생각되면, 반드시 정확한 수면 평가를 받아볼 것을 강력히 권한다. 수면 무호흡증은 치료될 수 있다. 일반적으로 생활 습관 개선과 함께 지속적 양압 호흡기CPAP와 같은 야간 호흡 보조 장치를 사용하는 방법이 있다. 갱년기로 인한 수면 장애도 그만큼 신경 써서 관리해야 한다. 지금까지 살펴본 다른 증상들과 마찬가지로 해결책이 존재하는데 이것은 4장에서 다룰 예정이다.

브레인 포그, 치매에 대한 두려움

땀범벅인데다 잠도 못 자는데, 여기에 예상하지 못했던 브레인 포그라는 또 다른 증상이 찾아온다. 평소처럼 날카롭고 팽팽 돌아가던 머리가 갑자기 죽반죽이 된 것 같고, 기억력이 나빠지는 것만큼 당황스러운 일도 없다. 브레인 포그라는 말은 의학 용어는 아니지만 갱년기에 자주 나타나는 증상으로, 머릿속에 안개가 낀 듯한 느낌, 정신이 몽롱한 상태, 정보 처리가 어려워지는 현상을 정확히 표현한다. 이 현상은 마치 머릿속이 솜뭉치에 돌돌 말려 있는 것처럼 뿌옇고 멍한 느낌이 든다. 정보를 받아들이고 기억하는 게 쉽지 않으며, 평소 하던 일조차 더 많은 집중력과 시간이 필요하다. 가장 흔한 고민들은 방에 들어

온 이유를 깜빡하거나, 익숙한 단어나 이름이 떠오르지 않거나, 무언가에 집중하고 있다가 갑자기 멍해지는 것 등이다. 우리 환자 중 한 명은 자신의 경험을 이렇게 표현했다. "더 이상 내가 나 같지가 않아요. 예전의 내가 텅 빈 껍데기가 된 것 같아요." 또 다른 환자는 무기력하고 기진맥진한 느낌이 든다면서 이렇게 말했다. "뭘 해도 머리가 돌아가지 않네요."

최근 통계에 따르면 폐경 전후 여성의 60퍼센트 이상[15]이 브레인 포그를 겪는다고 한다. 특히 건망증이 생기면 일의 능률이 확 떨어지는 게 느껴져서 더 힘들다. 갱년기에는 건망증이 급격히 늘어날 수 있는데,[16] 이때 미쳐가는 건 아닌지, 조기 치매가 아닌지 하는 두려움이 커질 수 있음을 아는 게 중요하다. 다시 말해, 수백만 명의 한창 나이대 여성들이 갑자기 발밑에서 땅이 꺼진 것 같은 기분을 느낀다. 자기 몸이 자기 것 같지 않고, 뇌가 제 역할을 못 하는 것 같고, 이런 게 다 갱년기 증상이라는 걸 모를 수도 있는 의사들한테도 실망하게 된다.

브레인 포그는 다음과 같은 방식으로 나타난다.

- **단기 기억 문제:** 이름, 날짜, 때때로 중요한 사건을 잊어버리거나, 평소에 잘 기억하던 것조차 떠올리기 어렵고(기억력 저하), 날짜와 약속을 혼동하는 경우도 있다.
- **집중력 저하:** 주의 집중이 어려워지고, 집중할 수 있는 시간이 짧아진다(쉽게 멍해지는 느낌).
- **정신적 피로감:** 평소보다 사고 속도가 느려지고, 일을 마치는 데 더 많은 시간이 걸리며, 정리가 잘 되지 않는다고 느낀다.

- **멀티태스킹 곤란**: 전화 통화를 하면서 동시에 타이핑하는 것과 같은 여러 가지 일을 한 번에 수행하기 어려워진다.
- **단어 찾기 어려움**: 적절한 단어나 표현이 떠오르지 않거나, 문장을 끝맺지 못하거나, 말하다가 맥락을 놓친다.
- **대화 흐름 따라가기 어려움**: 상대방이 하는 말을 이해하고 따라가는 것이 힘들어진다.
- **무기력감**: 몸이 무겁고 피곤하며 에너지가 부족하다고 느낀다.

여기까지가 부정적인 측면이다. 다행스러운 소식은 갱년기의 인지 기능 저하나 기억력 감퇴가 반드시 **치매 발병을 의미하지는 않는다는 점**이다. 이 분야의 전문가로서 분명히 말하고 싶다. 인지 능력이 저하된 것 같은 느낌과 실제 임상적 손상은 본질적으로 다르다. 위에서 열거한 증상들이 분명 당신의 인내심을 시험하고 일상을 불편하게 만들 수는 있지만, 이런 두뇌의 '불규칙한 전력 공급'이 영구적인 '정전'을 의미하지는 않는다. 물론 휴대폰을 어디에 뒀는지 자주 잊어버려서 '휴대폰 찾기' 앱이 가장 친한 친구가 될 가능성은 높지만 말이다! 의학적으로 보면, 브레인 포그는 **정신적 피로** 혹은 더 전문적 용어로 **'주관적 인지 저하'**로 분류된다. 여기서 핵심은 **'주관적'**이라는 단어다. 중년 여성의 맥락에서 이는 "객관적 손상은 없지만 이전의 인지 기능 수준에서 저하됨을 자각하는 상태"를 의미한다. 달리 말하면, 평소 기준에 미치지 못한다고 느낄 수는 있지만(이는 주관적 인식이다), 실제로는 수행 능력이 객관적으로 정상 범위 안에 있거나[17] 동년배와 비슷한 수준일 가능성이 높다.

이를 더 잘 이해하기 위해 '간이정신상태검사MMSE'를 예로 들어보자. 이 검사는 인지 기능을 측정하는 데 널리 사용되는데, 만점은 30점이다. 25점 이상은 정상 인지 기능을 나타내며, 24점 이하는 인지 장애의 가능성을 시사한다. 점수가 낮을수록 치매일 가능성이 높아진다.

가령 '폐경 이전'에 30점을 받았다고 해보자. 갱년기에 접어들면서 그 점수가 29점이나 28점으로 떨어질 수 있다. 작은 변화처럼 보이지만, 분명 체감은 된다. 약속을 깜빡하거나, 열쇠를 어디 뒀는지 못 찾거나, 예전처럼 이름이 쉽게 떠오르지 않을 수 있다. 하지만 기존 수준에서 약간 떨어졌다 하더라도 이 정도의 변화는 '장애' 범위에 속하지 않으며, 따라서 인지 결함을 의미하지도 않는다. 맥락을 이해하기 위해 1장에서 살펴본 갱년기 전후의 뇌 영상 연구를 상기해보자. 그 변화가 아무리 극적으로 보여도 이는 뇌의 결함을 나타내는 것이 아니다. 단지 뇌 에너지가 이전 상태와 달라진 것뿐이다. 그 뇌 스캔이 보여주는 것은 치매가 아닌 갱년기의 모습이다.

그렇다면 실제로는 무슨 일이 일어나고 있는 걸까? 갱년기의 인지 기능 저하 연구가 많지는 않지만, 이것이 일시적인 변화이며 폐경 이후에는 인지력이 회복된다는 확실한 증거들이 있다. 이러한 현상은 지금까지 진행된 가장 광범위한 연구 중 하나인 '전국 여성 건강 연구the Study of Women's Health Across the Nation, SWAN'에서 잘 설명한다. SWAN은 2,300명이 넘는 중년 여성들의 인지 기능을 여러 해에 걸쳐 추적했는데, 연구 시작 당시에는 많은 참여자가 폐경 이전 단계였다. 덕분에 연구진은 우리가 뇌 스캔으로 하는 것처럼, 동일한 여성들의 폐경 전후 인지 기능을 비교할 수 있었다. 결과는 어땠을까? 시간이 지나면서 연구 참여자들이 갱년기에 접어들자, 일부 인지 기능 검사에서 실제로 점수가 떨어졌다.[18] 구체적으로 참여자들은 갱년기 이전보다 정보를 기억하는 데 더 어려움을 겪었고, 검사를 완료하는 데도 더 많은 시간이 필요했다. 그러나 중요한 점은, 이 같은 여성들이 폐경 단계에 도달하고 몇 년이 지나자 수치가 반등했으며 인지 기능이 거의 이전 수준으로 돌아왔다는 것이다.

1장에서 살펴본 갱년기 전후의 뇌 영상 연구를 다시 한번 떠올려보자. 그 변화가 아무리 극적으로 보인다 해도, 이는 뇌의 '결함'을 나타내는 것이 아니다. 단지 뇌 에너지가 이전 상태에서 변화했을 뿐이다. 그 뇌 스캔 사진은 치매가 아닌 갱년기의 모습을 보여준다. 다음 장에서 살펴보겠지만, 최신 연구들은 대부분 폐경 전환기의 뇌 에너지 감소도 결국 안정화된다는 것을, 여성의 뇌는 갱년기에 적응하고 기능을 이어나갈 능력이 있음을 보여준다.

요약하자면 다음과 같다.

- 여성들이 자신의 인지 기능을 걱정하는 것은 충분히 이해할 만한 일이다. 갱년기에 접어들었거나 폐경을 지난 여성이 기억력 문제를 느낀다면, 누구도 이를 바쁜 일정 탓으로 돌리거나, 더 나쁘게는 '여자는 원래 그런 것'이라며 가볍게 넘겨서는 안 된다.
- 갱년기와 폐경 후 초기 몇 년 동안에는 인지 기능이 일시적으로 저하하는 일이 흔하다. 하지만 대부분의 경우 이러한 변화는 오래 지속되지 않으며, 시간이 지나면 자연스럽게 회복된다. 한동안 머릿속이 흐릿하고 둔한 느낌이 들 수 있지만, 이 과정을 지나고 나면 서서히 안

개가 걷히듯 맑아진다.

솔직히 말하자면, 이 시기에도 여성들은 기억력, 유창함, 특정 유형의 주의력을 측정하는 동일한 인지 검사에서 남성들보다 **더 좋은 성적을 보인다**. 이는 폐경 **전후** 모두 마찬가지다.[19] 갱년기 동안에는 인지 점수가 약간 하락해서 여성의 수행 능력이 남성의 범위와 비슷해지기는 한다. 달리 말하면, 갱년기를 겪고 있는 평균적인 여성의 능력이 같은 나이의 평균적인 남성(물론 갱년기를 겪고 있지 않은)만큼은 된다는 뜻이다. (다윈, 이건 어떻게 설명할 텐가!)

하지만 여기서 중요한 단서가 있다. 이런 연구 결과는 평균적인 효과를 보여준다. 즉 갱년기로 접어드는 평균적인 여성들은 어느 정도 인지 기능 저하를 경험할 수 있고, 이는 그대로 유지되거나 반등할 수 있다. 하지만 이 **'평균'**이라는 말이 모든 여성에게 해당되지는 않는다는 현실을 가리고 있다. 실제로 어떤 여성들은 인지 기능의 변화를 전혀 보이지 않는데, 이는 정말 좋은 일이다. 반면 더 심각한 변화를 보이는 여성들도 있는데, 이는 뭔가 심각한 일이 진행되고 있다는 경고일 수 있다. 앞서 든 예시로 돌아가보면, MMSE 점수가 30점대에서 24점 이하로 떨어졌다면, 이는 비정상적인 변화로 추가 평가가 필요하다. 여성들이 인지 장애에 면역이 있는 것은 아니다. 앞서 논의했듯이 알츠하이머병 환자의 3분의 2가 여성이다. 일부 여성의 경우 갱년기 이후 실제로 인지 기능이 저하되어 나중에 치매 진단을 받을 수 있다. 마찬가지로, 우리의 뇌 영상 연구에서도 갱년기를 겪으며 변화가 적은 여성이 있는가 하면, 뇌 에너지와 다른 중요한 기능들의 변화가 더 심각한 여성들도 있다. 이는 실제로 노년기 치매 발병 위험이 더 높다는 적신호다. 따라서 중년기에 브레인 포그를 걱정하는 모든 여성에게 이 정보가 의미하는 바는, 갱년기와 그 이후에 자신의 뇌를 매우 진지하게 받아들이고 세심하게 관리할 필요가 있다는 것이다.

사고가 흐려지고, 물건을 기억하기 어렵고, 적절한 단어가 잘 떠오르지 않으며, 생각을 정리하기 힘들어진다는 점에서 알츠하이머병도 비슷한 증상을 보인다. 그렇다면 이 둘을 어떻게 구별할 수 있을까? 일반적으로 갱년기에 나타나는 기억력 변화는 기능적 장애를 일으키지 않는다. 즉 일상생활에 심각한 지장을 주지 않는다는 뜻이다. 또한 이런 증상은 그대로 유지되거나 시간이 지나면서 해결된다. 갱년기의 브레인 포그와 달리 알츠하이머병은 시간이 지날수록 악화되는 진행성 질환으로, 스스로를 돌보고 기능하는 능력을 방해한다. 이해를 돕자면, 치매란 열쇠를 어디다 뒀는지를 잊는 것이 아니라, 열쇠의 용도를 잊어버리는 것이다.

만약 갱년기의 인지 문제가 일상생활에 부정적인 영향을 미치고, 약물 치료나 생활 습관 개선 같은 치료를 받았는데 시간이 지나도 나아지지 않는다면, 신경과 전문의나 신경심리학자를 찾아보는 것이 좋다. 예를 들어 폐경 이후 3~4년이 지났는데도 여전히 심각하다고 여겨지면, 단순히 마음의 평화를 위해서라도 검사를 받아보기 좋은 시점이다. 우리 병원 같은 알츠하이머병 예방 프로그램에 참여하는 것도 추천한다. 우리는 환자들의 위험 요소를 평가하기 위해 철저한 건강검진, 인지 검사, 주기적인 뇌 스캔 검사를 시행한다. 그런 다음 인지 건강을 보강하고 치매 위험을 줄이는 것을 목표로 한, 근거에 기반한 권장 사항들을 실행하며 치료한다. 우리 병원에서 적용하는 많은 치료법과 생활 습관 개선 방안들은 갱년기 뇌 관리에 적용되며, 이 책에서도 자세히 다루고 있다. 우리 연구팀이 발표한 학술 논문은 온라인에서 확인할 수 있으며, 내가 쓴 책 『XX 브레인』에서는 여성의 치매 예방에 대한 내용을 자세히 다루고 있으니 참고해보기 바란다.

섹스? 그럴 기분이 아니다

마지막으로 중요한 이야기, 섹스를 다뤄보자. 남녀 모두 나이가 들수록 성욕이 감소할 수 있지만, 여성이 영향을 받을 확률은 2~3배 더 높다.[20] 성욕 감소의 원인은 복잡할 수 있는데, 갱년기에는 흔히 나타나는 고민거리다. 약 30퍼센트의 여성들[21]이 이 시기에 성욕 감소를 경험하며, 이는 보통 갱년기와 폐경 이후 초기 몇 년간 절정에 이른다. 하지만 폐경이 오랫동안 성생활의 암울한 시기로 그려져왔음에도, 최근 연구들은 중년의 성性이 그렇게 단순한 문제가 아니라는 것을 보여준다. 어떤 갱년기 여성들은 섹스 대신 달콤한 초콜릿이나 숙면을 선택하겠다고 할 테지만, 반대로 성에 대한 관심과 욕구가 되살아났다고 하는 이들도 있다. 이런 현상은 주로 후기 폐경기, 대개 60~65세 이후에 나타나는 경향이 있다.[22]

이와 같은 다양한 반응들의 이유를 아직 연구 중이지만, 일관되게 나타나는 요인들은 있다. 예를 들어, 갱년기에 발생할 수 있는 질 건조증이나 위축(질벽이 얇아지고, 건조해지며, 염증이 생기는 현상)은 섹스를 고통스럽게 만들 수 있다. 홍조, 불면증, 피로감 같은 다른 갱년기 증상들도 성적 동기와 관심을 저하시킬 수 있으며, 때로는 자존감에도 부정적인 영향을 미친다. 어떤 경우에는 성욕 저하가 뇌에서 직접 시작되기도 하는데, 이는 흔히 간과되는 호르몬 혼란의 신호다. 현실적으로 생각해 보자. 지치고, 스트레스받고, 잠도 못 자고, 땀에 절어 있는 상태에서 성욕이 생기긴 쉽지 않을 것이다.

하지만 과학자들은 마음가짐도 중요하다는 사실을 확인했다. 성욕의 변화는 적어도 부분적으로는 갱년기 **이전** 여성의 성에 대한 태도와 연관되어 있다. SWAN 프로젝트로 다시 돌아가보면, 또 다른 연구에서 연구진들은 1,390명의 중년 여성들을 15년 동안 추적하며 갱년기를 거치면서 섹스가 삶에서 얼마나 중요한지 평가하도록 했다.[23] 설문조사에 참여한 여성 중 약 45퍼센트는 폐경을 거치면서 섹스가 실제로 덜 중요해졌다고 답했다. 하지만 나머지 55퍼센트는 섹스를 지속적으로 매우 중요하게 여기거나, 아니면 처음부터 섹스를 그다지 중요하게 생각하지 않았던 관점이 갱년기 내내 유지되었다. 흥미로운 점은, 감정적으로나 신체적으로나 더 만족스러운 섹스를 했다고 보고한 여성들은 나이와 관계없이 섹스를 '매우 중요하다'고 평가할 가능성이 더 높았다는 것이다. 갱년기 이후 섹스를 '그다지 중요하지 않다'고 평가할 가능성이 더 높은 여성들은 우울 증상도 함께 나타나는 경향이 있었는데, 이는 정신 건강이 성생활에 미치는 영향을 보여주는 한 예다. 또한 수술로 인해 갱년기를 겪은 여성들은 성욕이 훨씬 더 감소했는데, 이는 호르몬 변화가 더 급격했기 때문일 수 있다. 이 문제와 관련해 고려해야 할 요소들이 많은데, 해결책과 제안은 다음 장들에서 다룰 예정이다. 살짝 예고하자면, 일부 호르몬 및 비호르몬 치료가 실제로 효과 있는 것으로 보이며, 인지 치료도 도움이 된다. 성 건강을 갱년기의 한 부분으로 보고 당장은 물론 앞으로도 신경 써야 할 문제라고 여긴다면, 방해 요소들을 해결하는 것이 합리적이다. 원한다면, 건강한 성생활을 유지하는 것도 갱년기 동안, 그리고 그 이후의 삶을 더욱 활기차게 하는 또 하나의 요소가 될 수 있다.

갱년기 뇌는 실제로 있다

지금까지의 모든 근거를 바탕으로 **'갱년기 뇌'**라는 개념을 소개하고 정립하고자 한다. 이를 위해서는 사회적 통념이나 낡은 임상적 접근이 아닌, 실제로 이 변화를 겪고 있는 여성들의 관점에서 재정의하고 이해하는 것이 중요하다.

갱년기 뇌는 이 전환기 동안 경험하는 체온 조절, 인지 기능, 기분, 수면, 에너지, 성욕 등 다양한 변화를 아우르는 개념이다. 이러한 변화의 강도와 지속 기간은 개인마다 다르며, 모든 여성이 이런 변화를 겪는 것은 아니다. 갱년기 뇌를 유발하는 대표적인 증상들은 다음과 같다.

- **안면 홍조:** 갑작스럽게 극도의 열감을 느끼며 땀이 나고, 심장박동이 빨라지며 얼굴과 상체가 달아오른다.
- **수면 장애:** 불규칙한 수면 패턴, 불면증이 생기고 쪽잠을 잔다.
- **기분 변화:** 감정 기복이 심해지고 예민함, 불안감, 우울감 또는 슬픔을 느낀다.
- **기억력 저하:** 건망증이 잦아지고, 이름이나 날짜, 세부 정보를 기억하는 것이 어려워진다.
- **집중력 저하:** 집중력이 떨어지고, 주의가 쉽게 산만해진다.

- **인지 처리 속도 저하:** 머리가 멍한 느낌이 들고, 사고가 느려지며, 정보를 처리하거나 결정을 내리는 것이 어려워진다.
- **단어 찾기 어려움:** 적절한 단어가 떠오르지 않거나, 생각을 말로 표현하는 데 어려움을 느낀다.
- **멀티태스킹 능력 감소:** 여러 가지 일을 동시에 처리하거나 전환하는 것이 어려워지고, 버겁다고 느끼기 쉽다.
- **전반적인 에너지 저하:** 피로감이 지속되고, 의욕이 감소하며, 전반적인 활력이 떨어진다.
- **성욕 저하:** 성적 욕구나 관심이 감소한다.

우리는 갱년기 뇌가 결코 쉽게 지나갈 수 있는 것이 아님을 확인했다. 이 인생의 단계에서 나타날 수 있는 증상들은 매우 실제적이며 관리가 필요하다. 하지만 우리에게는 문제만 있는 게 아니라 해결책도 있다! 어떤 여성도 갱년기 때문에 불필요한 고통을 겪을 필요가 없다. 우선, 이 전환기 동안 나타나는 여러 증상들이 폐경 이후에는 자연스럽게 사라지는 경우가 많다는 사실은 반가운 위안이다. 우리의 다양한 경험과 고민들이 당연하다는 것을 확인받는 것만으로도 힘이 되고 위로가 된다. 폐경 이후의 삶은 사회가 잘못 인식해온 것처럼 '끝' 또는 '퇴장'이 아니다. 오히려 해방감과 새로운 에너지가 찾아올 수 있으며, 인생을 바라보는 시야도 더 넓어질 수 있다.

이러한 확신을 가지고, 이제 우리는 갱년기가 어떻게, 왜 뇌에 영향을 미치는지, 그리고 이것이 여성 건강에 어떤 의미가 있는지 명확히 살펴볼 것이다. 이러한 정보는 갱년기를 이해하고 이 중요한 전환기를 관리하는 최선의 방법을 선택하는 데 핵심이다. 실제로 이 책의 후반부에서 소개하는 프로그램을 따르면 갱년기 증상을 완화할 수 있을 뿐만 아니라 완전히 없앨 수도 있다. 그러면 처방 치료와 함께 적절한 자연 요법과 생활 습관 개선에서도 더 큰 위안을 찾을 수 있다. 갱년기 이후의 여성들도 이러한 가이드라인의 혜택을 크게 받을 수 있는데, 이는 나이에 관계없이 정신을 보호하고 활기차게 만드는 것으로 입증되었다.

2부

뇌와 호르몬의 대화

5장

뇌와 난소, 운명의 파트너

뇌-난소 연결 고리

인간의 뇌는 지구상에서 가장 복잡한 생물학적 구조일 것이다. 약 1천억 개의 뉴런과 100조 개의 연결 고리를 가진 뇌는 인류를 완성하는 화룡점정이자 인간다움을 만드는 모든 특성의 원천이다. 지성이 깃든 곳이자, 감각을 해석하고, 행동을 감독하며, 신체 움직임을 시작하는 사령탑이기도 하다.

뇌는 이러한 일들을 하기 위해 몸의 다른 모든 부분과 긴밀하게 연결·통합되어 있으며, 서로 긴밀한 상호작용에 의해 형성된다. 여성의 몸에서 가장 놀랍고 중대한 연결 중 하나는 바로 뇌와 난소의 관계로,

진화의 관점에서 들여다보면 그 깊이가 분명히 드러난다. 한 종의 생존 여부는 결국 번식을 통해 유전자를 다음 세대로 전달하는 것에 달려 있다. 우리 몸은 이러한 능력을 지원하도록 최적화되어 있고, 뇌가 그 운전대를 잡고 있다. 인간의 생식 과정은 번식 파트너를 선택하고, 자녀를 더 원활히 양육하기 위해 다양한 생리적·감정적·행동적 상호작용이 필수적으로 이루어지는 복잡한 과정이므로 매우 중요하다. 결과적으로, 여성의 뇌는 단순히 번식을 위해 정교하게 설계되어 있는 것[1]이 아니라, 이 모든 메커니즘이 제자리를 찾을 수 있도록 난소와 깊이 통합되어 진화해왔다.

신경내분비 시스템의 연결망

뇌와 난소, 그리고 우리 몸의 호르몬 시스템을 하나로 이어주는 것이 바로 **신경내분비계**이다. 이 복잡한 네트워크는 각 기관들이 얼마나 긴밀하게 협력하는지를 보여주는데, 아직도 많은 이가 이 놀라운 팀워크의 진가를 제대로 알지 못하고 있다. 바로 그래서 뇌과학자가 나서는 것이다. 신경내분비 시스템 덕분에 뇌는 에스트로겐 수치를 세심하게 관찰하면서, 생식 기능은 물론이고 그 이상의 신체적·정신적 기능들을 조화롭게 조절할 수 있다. 이제 신경내분비계의 기본 구조를 살펴보자.

경로 1. HPG(시상하부-뇌하수체-생식선 축)

이 시스템을 지하철 노선도처럼 그려보자. 한쪽 끝에는 뇌가, 다른 쪽 끝에는 난소가 위치하며, 이제 가장 중요한 경로와 정류장들을 자세히 살펴볼 것이다. 뇌와 난소(생식선이라고도 한다)는 매우 긴밀하게 연결되어 있으며, 특히 뇌하수체와 시상하부라고 불리는 두 구조와 단단하게 연결된다. 이 축은 매우 중요하여 의학 교과서에서도 이를 하나의 단위로 취급하며, **시상하부-뇌하수체-생식선 축**(HPG축)이라고 부른다. HPG축은 신경내분비계의 중심 기둥으로, 생애 전 주기에 걸쳐 생식 행동을 조절하는 데 헌신적인 역할을 한다. (그림 5)에서 볼 수 있듯이, HPG에는 8개의 주요 분비선이 포함되어 있다. 각각의 분비선을 1번 노선의 정류장이라고 생각하면 이해하기 쉬울 것이다.

뇌하수체

HPG축의 첫 번째 정류장은 **뇌하수체**이다. 완두콩만 한 크기이지만 이 작고 비범한 분비선은 막중한 임무를 수행한다. 난소를 포함한 모든 다른 분비선의 활동을 조절하는 호르몬을 만든다. 실제로 뇌하수체가 만드는 가장 중요한 호르몬은 여포자극호르몬FSH과 황체형성호르몬LH이다. 이 호르몬들은 가임기 동안 배란을 촉진한다. 뇌하수체는 이외에도 **옥시토신**(분만 시 자궁 수축과 이후의 수유를 담당), **바소프레신**(혈액과 수분량 조절), **성장 호르몬**(뇌를 포함한 전신의 발달을 촉진)을 만드는 데 관여한다.

시상하부

이 분비선은 뇌하수체를 대신하여 전체 신경계를 모니터링하며, 특별히 주의가 필요한 모든 것에 신호를 보낸다. 이 분비선은 뇌하수체의

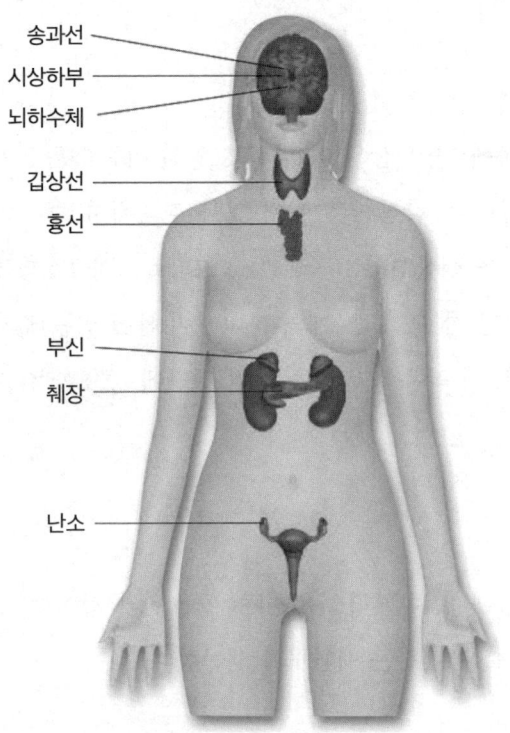

〔그림 5〕 신경 내분비 시스템

LH와 FSH 생성을 자극하여 결과적으로 난소에서 에스트로겐과 프로게스테론이 생성되도록 하기 때문에 매우 중요하다. 또한 체온, 수면 패턴, 식욕, 혈압을 조절하여 신체의 전반적인 균형을 유지하는 항상성의 수장이라고 할 수 있다.

송과선

뇌의 정중앙에 위치한 이 분비선은 우리 주변의 실시간 명암 주기에 대한 정보를 받아들이고 전달하며, 그에 따라 **멜라토닌** 호르몬을 분비한다. 마치 잠의 요정처럼, 우리에게 수면 신호를 보내준다.

갑상선

목 아래쪽에 자리 잡은 이 나비 모양의 아름다운 분비선은 대사와 체온을 조절한다. 갑상선은 혈액 검사 결과에서 흔히 볼 수 있는 두 가지 호르몬을 생산한다. T3(트리요오드티로닌)와 T4(티록신)이다. 갑상선에는 쌀알만 한 크기의 4개의 분비선이 붙어 있는데, 이를 부갑상선이라 부른다. 이 작은 분비선들은 뼈 건강에 중요한 칼슘 조절을 담당한다.

흉선

상부 가슴에 위치한 흉선은 마치 경호원과 같아서, 감염과 싸우고 비정상 세포를 제거하는 백혈구를 생산한다.

췌장

이 장기-분비선 복합체는 호르몬계와 소화계 사이의 연락책 역할을 한다. 췌장은 소화를 돕는 효소를 생산하는 한편, 그 유명한 **인슐린**처럼 혈당량을 조절하는 두 가지 필수 호르몬도 만든다.

부신

신장 위에 자리 잡고 긴밀하게 작용하는 두 분비선은 대사, 면역 체계, 혈압, 스트레스 반응을 조절하는 호르몬을 생산한다. 이들의 대표작은 아드레날린으로, 위기 상황에서 신체가 무너지지 않도록 막아주는 호르몬이지만, 과도할 경우 오히려 몸이 탈진할 수도 있다.

난소

마지막 정류장인 난소에 도착했다. 난소는 생식에 필요한 난자를 보유하고 있을 뿐만 아니라, 시상하부의 감독 아래 에스트로겐과 프로게스테론, 그리고 테스토스테론을 생산한다.

HPG 경로와 그 핵심 요소들을 살펴보면, 이 정교한 시스템이 단순히 임신을 준비하는 것에 그치지 않고, 그 순간에 이르기까지 다양한 행동을 조율하는 역할을 한다는 것을 알 수 있다. 설렘으로 인한 두근거림에서부터 연애 과정과 활력이 넘치는 기분까지, 모두 이 시스템의 영향 아래 이루어진다. 더불어 이 시스템을 통해 작용하는 에스트로겐은 특히 대사를 촉진[2]하여 체중 증가, 인슐린 저항성, 제2형 당뇨병으로부터 우리를 보호한다는 것이 입증되었다. 또한 에스트로겐은 뼈 건강 유지에 필수적이며,[3] 염증과 콜레스테롤 수치를 관리함[4]으로써 혈관을 건강하게 유지하여 심장을 보호하는 데도 중요한 역할을 한다. 반면, 이러한 연결은 갱년기가 찾아올 때 경험하게 되는 수많은 신체적 증상의 원인이기도 하다. 예를 들어 갱년기 이후에는 당뇨병, 골다공증, 심장 질환의 위험이 모두 증가한다. 그러나 에스트로겐이 여성의 신체에 미치는 긍정적인 영향도 대단하지만, 이는 뇌에 미치는 영향에 비하면 새발의 피다. 이제 덜 알려졌지만 매우 중요한 다음 뇌-호르몬 경로를 살펴보자. 바로 뇌 내부이다.

경로 2. 뇌-에스트로겐 네트워크

신경내분비계는 HPG축에서 끝나지 않는다. [그림 6]에서 볼 수 있듯이, 이 시스템은 뇌의 여러 핵심 영역과 소통하는데, 이 영역들은 에스트로겐 수치에 반응하기 때문에 뇌-에스트로겐 네트워크라고 불린다. 2번 노선의 가장 주목할 만한 정류장들은 다음과 같다.

변연계와 뇌간

뇌의 깊숙한 곳에 자리 잡은 변연계는 우리의 뇌와 척수를 이어주는 뇌간의 바로 위에 포근히 안겨 있다. 진화의 뿌리를 거슬러 올라가보면, 뇌의 이 오래된 부분은 본능적 행동과 감정 반응을 담당하도록 훈련되어 있다. 이러한 충동에는 스트레스, 식욕, 수면/각성, 감정, 양육 본능이 포함된다.

[그림 6] 뇌-에스트로겐 네트워크

전전두엽 피질
기저전뇌
시상
시상하부
뇌하수체
뇌간
쐐기전소엽
후대상 피질
송과선
편도체
해마
소뇌

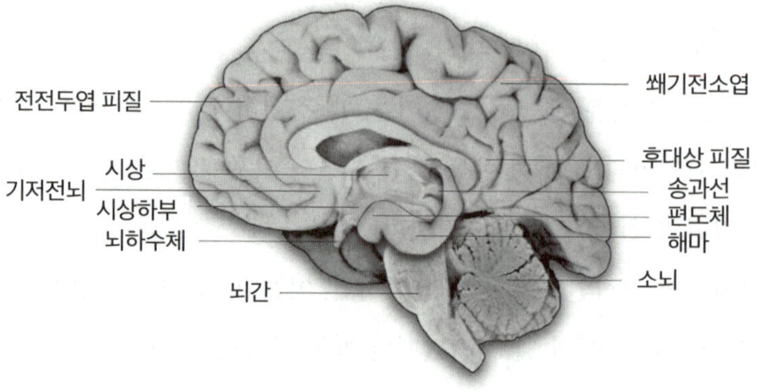

해마

해마 모양의 구조는 뇌의 기억 중추로 여겨진다. 변연계에 위치한 해마는 일화적 기억episodic memorey, 즉 어린 시절의 경험이나 첫 출근 날과 같은 과거의 일들에 대한 기억을 형성하는 책임을 맡고 있다. 또한 해마는 우리의 기억과 감각을 연결하여 여름과 장미 향기를 이어주는 한편, 새로운 것을 배우고 방향 감각을 돕는 데도 관여한다.

편도체

해마의 절친인 편도체는 즐거움, 두려움, 불안, 분노와 같은 감정 반응에서 중심 역할을 수행한다. 또한 편도체는 우리의 기억에 감정적 부분을 더하여 강화한다.

대상 피질과 쐐기전소엽

뇌 피질 외피와 이웃한 이 영역들은 감정 처리, 학습, 사회적 인지, 자서전적 기억에 중요한 역할을 한다. 자서전적 기억이란 특정 날짜의 특정 시간에 무엇을 했는지와 같은 개인적 역사와 사건들을 기억해내는 능력을 의미한다.

전전두엽 피질

목표를 설정하고 달성하는 데 도움을 주는 고도로 진화한 뇌 영역이다. 전전두엽 피질은 여러 뇌 영역에서 오는 정보를 평가하고 그에 따라 행동을 조절한다. 이를 통해 주의 집중, 충동 조절, 감정 반응 조율, 미래 계획과 같은 다양한 실행 기능에 기여한다. 전전두엽은 두뇌의 핵심 선수로, 기억과 언어에도 한몫한다.

한마디로, 고도로 전문화된 HPG축과 뇌-에스트로젠 네트워크는 우리의 뇌와 난소가 시시각각 긴밀하게 연결되도록 보장하며, 이러한 연결은 신체뿐만 아니라 우리의 감정, 감각, 사고력과 기억력에도 광범위한 영향을 미친다. 결과적으로 **난소의 건강은 뇌의 건강과 연결되어 있으며, 뇌의 건강 또한 난소의 건강과 맞닿아 있다.** 서양 의학은 여성의 뇌와 난소를 서로 다른 분과와 진료 영역으로 분리했지만, 이 세상 어떤 여성도 자신의 몸에서 이들을 분리할 수는 없다. 서로를 오가며 흐르는 호르몬들은 이 기관들이 짝을 이루어 성장하도록 돕는다. 함께 성숙하고, 중요한 변화를 겪으며, 결국에는 함께 나이를 먹어간다. 이처럼 깊이 얽혀 있는 상호 연결성 덕분에, 호르몬의 양과 질이 변하면 여성의 생식 건강뿐만 아니라 신체적·정신적 건강에도 큰 영향을 미칠 수 있다.

에스트로겐으로 작동하는 여성의 두뇌

이 책에서 계속 강조하려는 것은 에스트로겐이 단순히 가임력 이상의 의미를 지닌다는 점이다. 이 다재다능한 호르몬은 생식의 역할을 넘어 수많은 뇌 활동 프로세스에 관여한다. 최근 수십 년간 과학자들은 난소를 가지고 태어난 사람들의 뇌가 유전적으로 난소에서 만들어진 에스트로겐에 우선 반응하도록 설계되어 있다는 사실을 발견했다.

에스트로겐 분자들은 매일매일 뇌 속으로 미끄러져 들어가 이 호르몬을 위해 정교하게 만들어진 맞춤 수용체들을 찾아다닌다. 이 수용체들은 마치 작은 자물쇠처럼 딱 맞는 분자 열쇠(에스트로젠)가 와서 작동시키기를 기다린다. 이는 여성의 뇌가 에스트로젠을 받아들이도록 태생적으로 설계되어 있다는 중요한 개념을 생생하게 보여준다. 일단 도착하면, 에스트로젠은 이 수용체들에 달라붙어 세포 활동의 풍성한 연쇄 반응을 활성화한다. 이러한 수용체들로 가득 찬 우리의 뇌는 에스트로젠을 연료로 삼도록 준비되어 있는 것이다.

이러한 지식과 신경내분비계의 작동 방식을 이해하면 갱년기가 어떻게 그토록 광범위한 뇌의 변화를 일으킬 수 있는지 이해하기 쉬워진다. 40대 또는 50대를 지나고 있는 평범한 여성이라면, 평생 보유했던 난자 수가 점점 줄어들고 있을 것이다. 그와 함께 여러 호르몬이 복잡하게 얽힌 생식 신호 체계도 혼란을 겪으며, 변화하는 생물학적 과정에 따라 그 작동 방식이 달라진다. 한편, 뇌와 난소가 서로의 신호를 제대로 해석하지 못하기 시작하면, 뇌는 에스트로젠 생산을 필사적으로 늘리거나, 반대로 실수로 그 흐름을 놓쳐버리기도 한다. 그 결과, 뇌와 난소 간의 정교한 균형이 흔들린다. 결국 난소는 에스트로젠 생산을 멈추고, 오랫동안 이어져온 관계도 끝을 맞이한다. 갱년기 증상들은 바로 수많은 수용체를 지닌 뇌가 점점 줄어드는 연료(에스트로젠) 공급 속에서 겪는 힘겨운 결과물인 셈이다.

여기서 잠깐 주목할 만한 점이 있다. 여성의 뇌가 에스트로젠의 활성화에 반응하도록 맞춰져 있듯이, 남성의 뇌도 테스토스테론에 맞게 조율되어 있다. 각 성별의 활성화 호르몬은 그 양과 지속 기간에서 차이를 보이므로 매우 중요하다. 테스토스테론은 보통 인생의 아주 늦은 시기까지 유지되는데, 이런 점진적인 감소 과정이 바로 남성 갱년기 andropause로 이어진다. 대중 매체에서도 자주 언급하듯, 대부분의 남성은 70대까지 가임력을 유지한다. 쉽게 말해, 남성의 뇌 속 테스토스테론 수용체들은 변화에 적응할 시간적 여유를 충분히 가진다는 뜻이다. 반면 여성의 뇌는 그런 '넉넉한 시간' 같은 호사를 누리지 못한다.

과학이 밝혀온 바에 따르면, 에스트로겐과 여성의 뇌 사이의 상호작용은 실제로 복잡하고 섬세한 균형을 이루고 있어서 쉽게 흐트러질 수 있다. 우선, 에스트로겐은 겉보기와 달리 그리 단순하지 않다. '에스트로겐'이라는 말은 사실 하나의 호르몬이 아닌, 비슷한 기능을 가진 호르몬들의 무리를 가리킨다. 3장에서 언급한 것처럼, 우리가 혈액 검사에서 측정하는 에스트로겐의 종류는 '에스트라디올'이라고 부른다. 에스트라디올은 주요 에스트로겐 세 종류 중 하나이며, 나머지 둘은 **에스트론**과 **에스트리올**이라고 한다.

- **에스트라디올:** 여성의 가임기 동안 분비되는 가장 강력하고 풍부한 에스트로겐으로, 생식 발달에 필수적인 주요 성장 호르몬이다. 주로 난소에서 만들어지며, 폐경 이후에는 수치가 눈에 띄게 감소한다.
- **에스트론:** 지방이 풍부한 지방 조직에서 만들어지며, 에스트라디올보다는 효과가 약하다. 에스트론은 폐경 이후 몸에서 계속 만들어내는 주된 에스트로겐이다.
- **에스트리올:** 임신 중에 분비되는 에스트로겐으로, 임신하지 않은 상태에서는 거의 검출되지 않을 만큼 적다.

의사들이 에스트로겐을 이야기할 때는, 보통 이 세 가지 유형이 함께 만들어내는 효과를 의미한다. 하지만 우리가 에스트로겐과 뇌의 상호작용을 이야기할 때는 주로 에스트라디올을 말한다.

에스트라디올: 여성의 두뇌를 지휘하는 마에스트로[5]

에스트라디올은 뇌의 수많은 과정에서 핵심적인 역할을 해내고 있어서 '여성 뇌의 마에스트로'라는 이름을 얻게 되었다. 마치 '여성의 뇌 주식회사' CEO 같다고나 할까? 회사 구석구석을 훤히 꿰뚫고 있는 뛰어난 리더, 바로 그런 존재라고 할 수 있다. 에스트라디올의 중요한 역할은 다음과 같다.

- **신경 보호**[6]: 면역 체계를 강화하고 뇌 세포에 손상과 노화를 이겨낼 수 있는 힘을 불어넣어 든든한 수호자 역할을 한다.
- **세포 성장:** 이미 가지고 있는 뇌 세포를 보호할 뿐만 아니라, 새로운 세포를 자라게 하는 동시에 뇌 전반에 걸쳐 세포 복구와 새로운 연결을 촉진한다.
- **뇌 가소성:** 학습과 기억을 위한 신경망 업데이트부터 손상에 맞서 뇌 기능을 지켜내는 것까지, 온갖 변화에 대응하고 적응하는 뇌의 능력을 높여준다.
- **커뮤니케이션:** 신호 전달과 소통, 정보 처리를 담당하는 뇌의 화학적 메신저인 다양한 **신경전달물질**에 영향을 미친다.[7]
- **정서:** 행복과 즐거움, 그리고 수면을 촉진하는 기분 조절 물질인 **세로토닌**에 긍정적인 영향을 미친다. '자연의 프로작'이라고도 불리는데,

전신에 항우울 효과를 전달하기 때문이다.
- **보호:** 면역 체계를 지원하고, 염증성 질환과 암, 치매 같은 질병을 일으킬 수 있는 해로운 자유 라디칼로 인한 **산화 스트레스**로부터 뇌를 보호한다.[8]
- **심혈관 건강:** 혈압과 혈액 순환에 긍정적인 영향을 미쳐 뇌와 심장을 혈관 손상으로부터 보호한다.
- **에너지:** 뇌의 주식인 포도당이 효율적으로 에너지로 전환되도록 돕는다. 그래서 에스트라디올이 높을 때는 뇌 에너지도 따라서 높아진다. 에스트라디올은 뇌 기능을 활성화함으로써 움직임부터 인지 능력에 이르기까지 모든 것에 영향을 미친다.

여기까지는 좋았다. 하지만 폐경이 찾아오면, 에스트라디올은 우리와 작별을 고한다. 은퇴를 선언하고, 서서히 물러날 계획을 세우고, 편안한 휴식을 찾아 떠나는 것이다. 그러면 에스트론이 그 자리를 이어받는다. 아쉽게도 에스트론은 에스트라디올이 해내던 일을 그대로 해내지는 못한다. 에스트라디올이 떠난 자리에서 뇌는 한동안 방황한다. 뉴런 사이의 연결이 예전만큼 효율적으로 되지 않고 속도도 늦어지는 경향을 보인다. 시간이 흐르면서 새로 만들어지는 연결보다 사라지는 연결이 더 많아진다. 뇌 세포들은 이전보다 복구가 쉽지 않은 상태에서 더 많이 손상되고, 이로 인해 노화 속도는 더 빨라진다. 시스템의 균형을 잡아주던 행복하고 차분한 화학 물질들도 예전처럼 자주 나타나지 않는다. 해로운 자유 라디칼˚의 공세를 막아내는 것도 전보다 어려워져서, 뇌가 염증과 노화, 여러 건강 문제에 더 취약해진다. 결국 에스트라디올이 감소하면 생각, 감정, 기억이 조화를 이루던 뇌의 정교한 안무가 흐트러질 만큼 강력한 영향을 미칠 수 있다. 비록 일시적일지라도 말이다.

갱년기의 빛과 어둠

에스트라디올의 변덕스러운 행보는 특히 이 호르몬의 영향을 직접적으로 받는 뇌 영역에서 두드러지게 나타난다. 이 연결의 중심 허브인 시상하부가 가장 큰 타격을 받는다. 체온을 조절하는 이 분비선이 에스트라디올의 불안정한 공급 때문에 체온을 제대로 조절하지 못하는 것이다. 혹시 안면 홍조를 기억하는가? 과학자들은 이것이 시상하부가 폭주하는 현상이라고 보고 있다.

뇌는 체내 온도 조절 능력을 잃을 뿐만 아니라, 수면과 각성 조절 능력도 휘청거린다. 그 결과 수면 리듬과 패턴이 바뀌면서 숙면하는 것이 어려워진다. 이 모든 뇌 영역이 서로 연결되어 있기에, 이 두 가지 문제가 합쳐져 한밤중 발한으로 이어지기도 한다. 감정의 중심인 편도체나 그 이웃인 기억의 관리자인 해마도 차례차례 영향을 받아 감정 기복이나 건망증, 혹은 둘 다를 경험하게 된다. 사고와 추론을 담당하는 전전두피질 역시 마찬가지다. 때로는 머릿속이 뿌옇게 흐려져 집중

- 세포 내에서 자연적으로 생성되는 불안정한 분자로, 다른 분자에서 전자를 빼앗으며 산화 스트레스를 유발한다.

력이 떨어지기도 하고, 예전처럼 말이 술술 나오지 않을 수도 있다. 어디다 뒀는지 도통 찾을 수 없는 휴대폰을 찾아 헤매는 일은 또 어떤가!

갱년기를 겪고 있는 뇌 속을 들여다보면, 이전에는 이상하게만 보였던 증상들이 갑자기 이해되기 시작한다. 이 책의 시작 부분에서 살펴본 뇌의 변화들도 이제는 더 명확히 이해될 것이다. 이러한 변화들은 거대한 호르몬의 소용돌이와 그에 따른 재구성 과정에 대처하려는 뇌의 노력을 보여준다. 에스트라디올 상실의 여파에 대처하느라 바쁜 뇌는 잠시 방어 체계가 약해질 수 있다. 뇌의 화학 작용과 대사 작용이 크게 변화하면서 갱년기 증상이 나타날 수 있고, 일부 여성들의 경우 우울증이나 인지 기능 저하와 같은 다양한 의학적 스트레스에 더 취약해질 수 있다.

지금까지 갱년기의 부정적인 측면들을 주로 다루었지만, 사실 갱년기에는 어려움만 있는 게 아니다. 갱년기 동안 어떤 **부정적** 문제들이 생길 수 있는지 충분히 살펴봤으니, 이제는 갱년기가 우리에게 줄 수 있는 **긍정적**인 변화와 가능성에 대해 이야기할 차례이다.

우선, 갱년기는 취약성의 시기이자 동시에 **기회**의 창이다. 건강상의 위험 신호를 발견하고 그 위험을 줄이거나 예방하는 전략을 세울 수 있는 중요한 시기이기 때문이다. **언제** 살펴봐야 하는지(갱년기 동안), **무엇**을 살펴봐야 하는지(뒤따를 수 있는 뇌의 변화와 증상들)를 알면, 여성들의 갱년기 경험을 이해할 수 있고 구체적인 대처 방법도 찾을 수 있다. 이 시기에 뇌를 더 세심히 돌보는 것은 갱년기 증상을 제어하고 앞으로 발생할 수 있는 잠재적 문제들의 위험을 크게 줄이는 데 도움이 될 것이다.

더욱 중요한 것은 많은 여성이 갱년기 동안 신경학적 변화를 겪을 수 있지만, 대다수의 여성들은 심각한 장기적 문제 없이 이 전환기를 지나간다는 점이다. 이전 장에서 논의했듯이, 브레인 포그나 안면 홍조 같은 증상들은 갱년기에 접어든 지 몇 년이 지나면 점차 완화되고 결국에는 사라지는 경향이 있다. 개인적으로 이러한 고찰은 내가 갱년기를 바라보는 관점과 연구의 초점을 바꾸어놓았다. 다른 대부분의 과학자들처럼, 내가 처음 갱년기 연구를 시작했을 때는 갱년기가 초래할 수 있는 증상들과 건강상의 위험을 이해하는 것이 주된 목표였다. 에너지 감소, 회백질 손실, 알츠하이머병 혈전 등 해결책을 찾고자 한 모든 부정적인 측면 말이다. 결국 수많은 의학 문헌들이 갱년기를 의학적 혼란 상태로 묘사하고 있지 않은가. 하지만 만약 폐경이 그토록 재앙적인 것이라면, 어떤 여성도 그 이후 30년 이상을 제대로 기능하며 살아갈 수 없었을 것이다. 그래서 우리 연구팀은 그 진실을 밝히기 위한 연구에 착수했다.

더 많은 참가자들을 모집하고 더 많은 뇌 스캔을 수행했다. 우리는 더 큰 그림을 보겠다는 결심으로 데이터를 수집하고 분석했다. 시간이 흐르면서 더 깊이 파고들고 시야를 넓히자, 우리는 지금까지 주목받아 온 부정적이고 불편한 면들뿐만 아니라 갱년기의 **긍정적인 면**도 발견하게 되었다. 우리가 발견한 것은 더 폭넓고 대담한 이야기였고, 여러 면에서 희망적인 것이었다. 다음 장들에서 이에 대해 더 자세히 다루겠지만, 지금은 갱년기가 단순히 취약성의 시기만은 아니라는 것을 보여주는 우리의 최근 연구 결과들을 일부 소개하고자 한다.

1장에서 언급했듯이, 우리가 처음 발견한 것은 갱년기 동안 뇌의 에너지가 감소한다는 사실이었다. 다행히도 그 첫 번째 전후 스캔 이후로 우리는 상당한 진전을 이루어냈다는 반가운 소식을 전할 수 있게 되었다. 연구의 규모와 기간을 확장하면서, 우리는 적어도 일부 뇌 영역에서는 이러한 에너지 변화가 일시적인 것[9]으로 보인다는 사실을 발견했다. 예를 들어, 뇌 에너지는 갱년기 이전과 갱년기 이후 초기에는 잠시 감소하지만, 수년 후에는 그 수준이 안정화되거나 오히려 개선되는 것으로 나타났다. (그림 7)에서 볼 수 있듯이, 일부 뇌 영역은 마지막 월경 이후 약 4년이 지난 폐경 후기 단계에서 오히려 상쾌한 에너지 반응을 보여주기도 했다. 전두피질을 가리키는 화살표를 보라. 이곳이 바로 우리의 사고와 멀티태스킹을 담당하는 영역이다.

갱년기에 대한 이야기는 한 가지 더 희망적인 전환점을 맞이한다. 폐경 이후 시간이 지나면서 뇌의 회백질이 서서히 회복되기 시작하는 것이다. 회백질은 폐경 전에서 폐경 후 단계로 넘어가며 감소하는 경향이 있지만, 일부 뇌 영역에서는 월경이 완료된 후 꽤 많은 여성에게서 이러한 변화가 안정기[10]에 접어드는 것으로 나타났다. 이는 갱년기 이후의 기억력 향상과도 연관이 있었다. 갱년기 동안 감소했던 기억

[그림 7] 폐경 이전과 폐경 이후의 뇌 에너지 변화

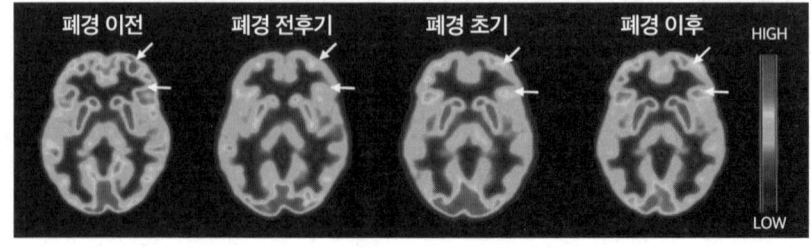

력이 나중에 거의 기준치 수준으로 돌아온다는 것을 기억하는가? 우리의 연구 데이터는 바로 기준치 수준으로 돌아오는 시점과 정확히 일치한다.

    이 연구 결과들은 최근 밝혀진 중요한 사실이며, 전 세계적으로 검증과정을 거치고 있다. 과학적 근거가 더욱 확실해지고 있으며, 머지않아 명확하고 정확한 결론에 이를 것이다. 우리가 이를 위해 노력하는 동안, 내가 얻은 결론은 갱년기가 여성의 뇌를 독특한 방식으로 재구성하는 역동적인 신경학적 전환기라는 것이다. 에스트로겐이 감소했음에도 불구하고, 이러한 재구성에는 뇌 기능을 보완하고 유지하는 데 도움이 되는 적응 과정이 포함될 수 있다는 희망적인 신호들이 보이고 있다. 다시 말해, 난소의 기능은 멈추더라도 뇌는 나름의 방식으로 계속 작동해나간다. 여러 연구 결과들은 여성의 뇌가 갱년기에 놀라울 정도로 **적응**할 수 있는 역량을 가지고 있음에도, 이것이 아직 충분히 주목받지도, 제대로 평가받지도 않았음을 보여준다. 이러한 발견은 갱년기의 비밀을 풀어내고, 여성들이 이 중요한 전환기를 더 긍정적으로 건강하게 경험할 수 있도록 돕기 위한 시작일 뿐이다.

6장

갱년기 제대로 이해하기: 3P의 법칙

사춘기, 임신, 그리고 갱년기 이전

여성인 우리는 호르몬의 변화에 익숙하다. 사춘기부터 월경 주기, 출산 후 시기, 갱년기, 그리고 폐경 이후까지 삶의 대부분을 호르몬의 오르내림과 함께 보낸다. 신경내분비계와 그 주역인 호르몬들을 살펴보았으니, 이제 이 시스템을 특징짓는 인생의 주요 전환기들과 그들의 상호 연결성에 대해 이야기를 나눠보자. 많은 여성이 살면서 이 세 단계를 거치는데, 이것을 '세 개의 P', 즉 사춘기Puberty, 임신Pregnancy, 그리고 갱년기Perimenopause라고 부르고자 한다. 이 전환점들은 우리의 뇌와 호르몬이 만나 여성만의 독특한 방식으로 변모하는 순간들을 대표한다. 우리 모두는 이러한 전환기에 몸이 변한다는 것을 잘 알고 있지만, 우리의 뇌도 이 과정에 깊이 관여한다는 사실은 그리 잘 알려져 있지 않다. 잠시 미리 살펴보자.

에스트로겐 수치는 사춘기에 급증했다가, 성인기에 접어들면서 안정기에 들어서고, 매 월경 주기마다 변동을 보이다가, 임신을 하면 다시 한번 정점을 찍는다. 더 자세히 말하자면, 여성이 임신할 때마다 호르몬의 불꽃놀이가 펼쳐지고, 출산 후에는 극적으로 감소한다. 그 후 호르몬 수치는 다시 상승하여 큰 P들 중 가장 파도가 거친 갱년기에 이를 때까지 비교적 안정적인 항해를 이어간다. 결국 갱년기도 지나가고 에스트로겐은 물러나며, 대신 다른 호르몬들이 증가한다. 우리는 흔히 이러한 호르몬 활동이 난소 주도로 이루어진다고 생각하지만, 뇌의 입장은 다르다. 수년 동안 우리의 뇌는 난소와 함께 호르몬 롤러코스터에 단단히 묶여 있으며, 이는 몸과 마음 모두에게 꽤나 강렬한 여정을 만들어낸다.

사실 이 세 P는 마치 한 꼬투리의 완두콩처럼 연속선상에 있으며 많은 공통점을 가지고 있다. 이러한 공통점들을 살펴보는 것은 갱년기를 더 넓은 맥락에서 이해하는 데 특히 도움이 된다. 이렇게 보면 갱년기는 우리가 믿도록 길들여진 것처럼 낯선 사건이 아니라, 여성의 생식적·**신경학적 여정**의 또 다른 단계임을 알 수 있다. 더욱이 뇌과학자들의 관점으로 이 단계들을 바라보면, 각 단계가 취약성(증상과 의학적 위험으로 나타나는)과 회복력(증상의 회복과 개인적 성장을 포함하는)의 시기를 대표한다는 것을 알 수 있다. 세 P에 대한 최신 과학을 탐구하면서, 오래된 격언 하나를 기억하자: 아름다운 장미에도 가시는 있다.

태어난 순간부터 사춘기까지 뇌의 변화

대부분의 사람들은 갓난아기의 뇌가 백지 상태 같아서, 이 세상이 거기에 그림을 그릴 수 있도록 준비되어 있는 거라고 생각한다. 하지만 수많은 과학적 증거들은 그 생각과는 다르다는 사실을 보여준다. DNA의 지휘 아래 시작되는 뇌 발달은 자궁 속에서부터, 즉 우리가 태어나기도 전부터 시작한다. 재미있는 사실 하나가 있다. 처음에는 모든 아이의 뇌가 바로 여성의 뇌와 똑같다[1]는 것이다. 그렇다. 제대로 이해했다. **여성**의 뇌가 자연의 기본 설정인 셈이다. (다윈, 이것도 설명해 보시지!) 테스토스테론이 급증한 후에야 비로소 남아의 뇌가 남성적 특성을 띠기 시작하는데, 이는 앞 장에서 언급했듯이 테스토스테론에 더 잘 반응하도록 설계된다는 것을 의미한다.

시간이 흐르면서 에스트로겐과 테스토스테론은 뇌의 성적 분화에서 핵심적인 역할을 한다.[2] 신경내분비계에 속하는 구조들이 해부학적 구조, 화학적 구성, 심지어 스트레스 상황에 대한 반응에서도 성별에 따라 미묘한 차이를 보이기 시작하는 것이다. 이러한 차이가 성적 선호도나 행동을 결정하지는 않지만, 우리의 뇌가 성숙하고 결국 나이 들어가는 방식에 영향을 미치기 때문에 중요하다.

출생 시 아이의 뇌는 800억~1,000억 개의 신경 세포를 가지고 있으며, 뉴런 사이의 새로운 연결은 초당 최대 200만 개라는 폭발적인 속도로 발달하면서 뇌의 부피가 거의 두 배로 빠르게 늘어난다. 이러한 인상적인 급증 이후, 뇌 밀도는 최대치에 도달하고 나서 감소하기 시작한다. 뇌는 삶의 경험과 주변 환경에 반응하면서 불필요한 연결을 정리하고 필요한 기능을 정교하게 다듬는 과정을 거치기 시작한다. 가지치기pruning란 뇌가 깊은 구조적 변화를 겪는 과정으로, 자주 사용되는 신경 연결은 강화되고 고정되는 반면, 덜 중요한 연결은 제거되는 것을 의미한다. "쓰지 않으면 잃게 된다"의 완벽한 예시처럼, 뇌의 원래 뉴런 중 많은 수가 제거되는 한편, 아이가 환경과 상호작용하기 시작하면서 더 많은 뉴런이 증식하고 성장한다. 이 과정을 잘 기억해두자. 갱년기를 이해하는 데도 매우 중요하기 때문이다.

예닐곱 살이 되면, 이러한 정교한 성장과 소멸의 움직임이 겉으로도 드러나기 시작한다. 아이들이 읽기, 혼자서 신발 끈 매기, 사회성 기르기 등 새로운 인지 능력을 터득해나가는 것이 그 증거다. 이 시점에서 뇌는 완전한 크기의 약 90퍼센트에 이르며, 이와 함께 어느 정도 안정된 행동 양식을 보인다. 하지만 크기 자체는 이후 크게 변하지 않더라도, 뇌의 성숙 과정은 아직 끝나지 않았다. 사실 대부분의 뇌 영역은 여전히 성장하고 변화하는 중이며, 이 과정은 우리 목록의 첫 번째 P, 바로 감정이 들끓는 여드름투성이인 시기에 절정에 이른다. 그렇다, 바로 사춘기Puberty다!

사춘기는 뇌를 어떻게 변화시키는가?

사춘기가 시작되는 순간, 호르몬 중추의 문이 활짝 열리며 대혼란이 펼쳐진다. 이 시기에 남자아이들의 몸은 여자아이들보다 훨씬 많은 테스토스테론을 만들어내고, 여자아이들의 몸은 테스토스테론에 비해 에스트로겐의 비율이 더 높아지는 방향으로 변화한다. 이러한 호르몬의 급증은 성숙한 생식 체계를 갖춘 성인의 형태로 몸이 발달하도록 이끈다. 하지만 이게 전부가 아니다. 바로 이 호르몬의 소용돌이는 뇌가 성장하고 새로운 형태의 학습을 할 수 있도록 준비시키는 역할도 한다.

놀라운 사실은 이 성숙 과정에서 뇌가 계속 커지는 것이 아니라, 사춘기 동안 오히려 실제 크기가 줄어든다는 점이다. 성적으로 성숙해지면 뉴런 가지치기 과정이 가속 페달을 밟는다. 원래 뇌가 가진 뉴런의 약 절반이 떨어져나가고,[3] 뉴런 사이의 연결도 극적으로 줄어든다. 처음에는 이 축소 과정이 다소 역설적으로 보일 수도 있지만, 이것은 정상적인 현상일 뿐만 아니라 반드시 필요한 과정이다. 이는 뇌가 더 정교해지고 날렵해지며, 전반적으로 더욱 효율적으로 작동하도록 변화하는 과정이다. 뉴런을 살아 있게 하고 기능하도록 만드는 데는 엄청난 양의 에너지가 필요하기 때문에, 뇌는 이상적으로 가능한 한 적은 수의 뉴런으로 목표를 달성하려 한다. 더 열심히가 아닌, 더 똑똑하게 일하는 셈이다. 이것이 바로 뇌가 특정 행동들을 자동화하기 시작하는 방식이기도 하다. 예를 들어 십 대 청소년은 신발 끈을 묶거나 자전거를 타는 일을 별다른 의식 없이 자연스럽게 할 수 있다. 처음에는 유아에게 적합한 단계별 동작을 분석하고 지시하는 역할을 했던 뉴런들이 이제는 더 이상 필요하지 않아 제거될 수 있는 것이다. "자전거 타기처럼 쉽다"는 말이 여기에 딱 들어맞는다. 따라서 이러한 시스템 통합은 한 번에 오래된 것을 정리하고 새로운 것을 위한 공간을 만들어내는 것이다.

뇌의 각기 다른 부분에서 변화가 서로 다른 속도로 진행되기 때문에 이 과정은 그리 순탄하지만은 않다.[4] 뇌 발달에는 중요한 시간차가 있다. 감정과 기억을 담당하는 편도체와 해마는 일찍부터 풀가동 모드에 진입하는 반면, 충동을 제어하고 "그건 하지 않는 게 좋겠어"라고 차분히 말할 수 있게 하는 실행 기능을 담당하는 전전두피질은 이 파티에 늦게 합류한다. 청소년들의 전두엽이 여전히 공사 중이다 보니,[5] 부모님들이 바라는 만큼의 자제력을 발휘하기가 쉽지 않다. 이것이 바로 십 대 시절의 충동적이고 감정 기복이 심한 순간들의 비밀을 들여다보게 해주는 대목이다. 하지만 걱정하지 말자. 이 또한 지나가리라. 전전두피질이 더 발달하면서 청소년들은 충동을 억제하고 잠재적 위험을 평가하는 능력이 좋아질 것이다. 동시에 그들은 타인의 입장에서 생각하는 능력을 키우는데, 이는 흔히 **'마음 이론**theory of mind' 또는 '타인의 마음을 이해하는 능력mentalizing'이라 불린다. 인간만이 가진 이 특별한 능력은 다른 사람의 의도와 신념을 이해할 수 있게 한다. 이를 통해 우리는 타인의 행동을 이해하고 예측할 수 있으며, 우리 자신도 사회에 더 잘 적응할 수 있다. 오늘날 과학자들은 이 놀라운 능력이 사춘기의 호르몬이 이끄는 뇌의 대대적인 개편 덕분이라고 설명한다.[6] (힌트: 이러한 관점은 앞으로 다가올 나머지 두 P에 대한 예고편이 되기도 한다.)

흥미롭게도 뇌가 성숙해지는 시기는[7] 남녀 차이가 약간 있다. 뇌 발달은 아이들이 성적으로 성숙해질 무렵 절정에 이른다. 여자아이들은 대략 11세, 남자아이들은 14세 즈음이다. 이 때문일까, 청소년기 여자아이들은 충동적인 편도체와 신중한 전두엽 피질 사이의 연결이 남자아이들보다 더 일찍, 더 강하게 나타나는 경향이 있다.[8] 이것이 선천적이든, 후천적이든, 혹은 둘 다이든 간에, 이러한 차이는 남자아이들보다 여자아이들이 더 빨리 성숙한다는 증거[9]로 해석되어왔다. 마음 이론 과제, 공감 능력,[10] 사회적 역량,[11] 사회적 이해력에서 약간의 우위를 보이는 것이다. 또한 더 일찍 말을 배우고 전반적으로 더 유창한 의사소통 능력을 보이는데,[12] 이러한 차이는 평생 동안 지속될 수 있다.

고정관념에 빠지지 않도록 분명히 하고자 한다. 우리가 이 데이터를 살펴보는 것은 경쟁을 부추기기 위해서가 아니라, 여성의 타고난 강점을 더 잘 이해하고, 이러한 능력들이 어떻게 삶의 초기에 발달하여 나이가 들어감에 따라, 또 생식 관련 변화에 따라 영향을 받는지 이해하기 위해서다. 분명한 것은, 새로운 능력이 형성되는 흥미로운 과정이지만, 그에 따른 대가도 따른다는 점이다.

월경, '그날의 뇌'

사춘기는 월경 주기의 시작을 알리는 시기로, 이는 십 대 소녀의 뇌 회로에 깊은 영향을 미쳐 매달 그녀의 생각과 감정, 행동 방식을 바꿔 놓는다. 여성의 월경 주기가 사고와 판단을 흐리게 할 수 있다는 생각은 대중문화의 주요 소재가 되어왔다. '월경 전 증후군이겠지'와 같은 무시하는 때로는 비하하는 표현들이 이제는 일상적인 용어가 되어버렸다. 이러한 표현들이 아무리 성 인지가 떨어진 표현이라고 해도, 많은 여성이 월경 기간 동안 취약한 면을 경험하는 것은 사실이다. 하지만 이런 부정적인 측면만 사회의 냉소적인 수다거리가 되어왔을 뿐, 다른 면은 주목받지 못했다. '그날(월경 중)의 뇌'에 대한 이야기가 나쁜 소식만은 아닌 것이다.

놀랍도록 복잡한 신경학적 현상 덕분에, 우리의 뇌는 월경 주기에 맞춰 매달, 때로는 매주 그 크기와 활동, 연결된 상호작용이 변화한다.

이러한 뇌의 미세한 주기적 변화는 대체로 미묘하지만 확실하다. 예를 들어 한 달 주기의 전반부에 에스트라디올 수치가 상승하면, 뇌 세포는 눈에 띄게 새로운 돌기를 뻗어[13] 다른 세포들과 연결하며, 가까운 곳뿐만 아니라 먼 곳까지 신경 신호의 소통을 더욱 활발하게 만든다. 편도체와 해마는 눈에 띄게 부피가 늘어나고,[14] 전전두피질과의 연결도 더 강해지는 것으로 보인다.[15] 이는 더 나은 실행 능력과 연관되어 있어 더 집중력을 발휘하게 하고 전반적으로 더 활기찬 기분을 느끼게 한다. 이 시기에는 언어가 유창해지고, 의사소통 능력도 커지며, 사회적 반응성과 같은 특정 인지 기능도 향상된다.[16]

반면, 월경 후반부에 에스트라디올이 감소하면 뉴런 사이의 일부 연결도 줄어든다. 이는 일부 여성들에게 우울한 기분,[17] 짜증, 두통, 심지어 피로나 졸음을 유발하기도 하며, 어떤 이들은 슬픔을 느끼거나 눈물이 나기도 한다. 이러한 매달 반복되는 변화는 가임기 동안 뇌와 호르몬의 관계를 명확하게 보여줄 뿐만 아니라, 월경 주기가 완전히 끝난 후 비가임기의 삶이 어떻게 달라질지를 미리 알려주는 중요한 단서가 된다. 게다가 사춘기의 급증하는 호르몬과 어린 여자아이의 월경 주기 동안의 변동은 아이의 뇌를 스트레스, 불안, 감정 기복에 더 취약하게 만들 수 있다. 사춘기 이전에는 여자아이와 남자아이 사이에 동일했던 우울증, 불안, 섭식 장애의 발생률[18]이 사춘기 이후에는 여성이 남성의 2배가 된다는 것이 이를 잘 뒷받침해준다. 더욱이 여성 네 명 중 한 명은 임상적 월경 전 증후군을 겪는데,[19] 매달 짜증, 긴장, 우울한 기분, 눈물, 감정 기복이 특정 시기에 반복되는 특징을 보인다. 증상은 대개 경미하지만, 때로는 일상생활에 상당한 영향을 미칠 만큼 심각하게 나타나기도 한다.

성숙한 여성의 뇌

청소년기가 지나 성인이 되어도 뇌의 성숙 과정은 계속되며, 불필요한 연결을 정리하고 효율성을 높이는 과정은 20대까지 지속된다. 전전두피질도 이 시기에 더욱 발달하는데, 미국에서 술을 구매할 수 있는 최소 법정 연령이 21세인 것도 이와 무관하지 않다. 첫 신용카드를 관리하는 일이든 화분을 몇 주 이상 살리는 일이든, 미래를 내다보는 뇌의 능력이 성숙해지면서 생각보다 더 많은 것을 해낼 수 있고 더 나은 판단력을 갖게 되었음을 깨닫게 된다.

특히 여성의 뇌는 성인기에 접어들면서 대화의 구체적인 내용을 기억하는 등 언어 정보의 특정 측면을 기억하는 뛰어난 능력을 선물[20]로 받는다. 또한 과거의 개인적 경험, 특히 무엇이, 어디서, 언제 일어났는지 일화 하나하나까지 소환해내는 기억력도 발달[21]한다. 이것이 바로 많은 여성이, 자기 남편은 전혀 기억하지 못하는 대화를 크리스탈처럼 맑게 기억하는 이유일지도 모른다! 농담은 접어두고, 젊은 성인 여성들은 성숙한 뇌와 날카로운 기억력, 유창한 의사소통 능력을 갖추게 된다. 하지만 동시에, 뇌를 만들고 재구성하는 내부 과정들(즉 뉴런의 소멸과 생성, 그리고 그들의 변동하는 활동)은 우리의 매 월경 주기와 함께, 그리고 삶 전반에 걸쳐 오르내릴 것이다.[22] 사실, 뇌가 완전히 성숙한 이후에도 여전히 변화할 수 있는 유연성을 유지하며, 새로운 경험과 환경에 적응하고 재구성될 수 있는 능력을 갖추고 있다. 이러한 뇌와 몸의 변화가 가장 뚜렷하게 나타나는 시기, 그것은 바로 여성이 임신했을 때이다.

이제 잠시 임신 이야기를 해보자. 나는 모든 이가 이 길을 선택하는 것은 아니고 대신 다른 곳에서 자신만의 결단과 기적을 펼친다는 것을 잘 알고 있다. 우리는 각자 때가 되면 저마다의 빛나는 개성으로 인정받기를 원한다. 이 장에서는 제대로 존중받아야 할, 그러나 깊이 있게 다뤄지지 않았던 역할인 모성의 잠재력에 대해 이야기하고자 한다. 내 생각에 과학이 할 수 있는 가장 중요한 기여는, 임신과 모성이 여성의 뇌를 어떻게 변화시키는지를 조명하는 것이다. 이러한 변화는 우리를 어느 정도 취약하게 만들기도 하지만, 동시에 아직 인정받지 못한 회복력을 끌어내기도 한다. 세 가지 P가 각각 취약성과 회복력을 모두 동반한다는 것을 이해하는 것이, 갱년기뿐만 아니라 여성성 전체를 이해하고 받아들이는 핵심이 될 것이다.

임신은 뇌를 어떻게 변화시키는가?

어머니가 되는 여정은 분명 한 사람이, 그리고 한 몸이 겪을 수 있는 가장 기념비적인 경험 중 하나일 것이다. 수많은 변화가 일어나며, 그중 많은 변화가 바로 눈에 띈다. 배가 불러오고, 가슴도 커지며, 입덧은 정오를 훌쩍 넘겨서까지 당신을 괴롭힐 수 있다. 하지만 이러한 변화들 뒤에는 중요한 사실이 숨어 있다. 새로운 생명을 세상에 데려오는 일은 몸만큼이나 **뇌**에도 깊은 영향을 미친다는 것이다. 다시 한번 말하지만, 호르몬은 겉으로 보이는 것만큼이나 내면에도 강력한 영향력을 발휘한다. 에스트로겐과 프로게스테론은 평소 수치의 15~40배까지 폭증한다. 사랑의 호르몬이라고 다정하게 불리는 옥시토신도 이 호르몬 파티에 합류한다. 앞서 살펴보았듯이, 뇌는 이 모든 호르몬을 만드는 데 관여하고, 다시 그 호르몬들의 영향을 받는다. 그 결과, 여성의 뇌는 사춘기를 포함한 그 어느 때보다도 임신과 출산 후에 더 빠르고 극적으로 변화할 수 있다. 하지만 사춘기 때와 마찬가지로, 몸은 자라나는데 뇌는 오히려 크기가 줄어든다.

연구에 따르면, 임신 기간에는 뇌의 회백질이 광범위하게 감소하는 것으로 나타났다. 지금까지 진행된 가장 포괄적인 연구에서, 연구진들은 첫아이를 출산한 25명의 어머니들을 대상으로 임신 전과 출산 후 첫 몇 주 동안의 뇌를 스캔[23]했다. 이들의 회백질은 매우 일관되게 줄어들어서, 컴퓨터 알고리즘이 단순히 뇌를 살펴보는 것만으로도 임신했었는지 여부를 100퍼센트 정확히 예측할 수 있을 정도였다!

과학자들은 이러한 발견에 너무나 당황한 나머지, 다른 방식으로 엄마들의 뇌 작용을 들여다보기로 했다. 바로 자신의 아기 사진을 보여주는 것이었다. 그 결과 매우 흥미로운 사실이 드러났다. 임신 중에 회백질이 감소했던 뇌 영역들은, 다른 아기들의 사진이 아닌 자신의 아기 사진을 볼 때 가장 활발한 뇌 활동을 보이는 바로 그 영역들이었던 것이다. 모든 데이터를 검토한 후, 임신 중 회백질이 유난히 더 감소했던 경우일수록 출산 후 엄마와 아기 사이의 유대감이 더 강하다는 것이 분명해졌다. 이러한 결과가 아무리 이상해 보일지라도, 이것은 합리적으로 설명할 수 있다. 뇌의 관점에서 보면, 임신은 사춘기와 그리 다르지 않다. 사춘기 때 성호르몬의 급증이 불필요한 뇌 연결을 정리하면서 회백질이 감소하고, 이 과정이 청소년의 뇌를 성인의 형태로 조각해내는 것을 기억하는가? 이 손실은 성숙이라는 결과로 이어진다. 청소년의 더 작아진 뇌는 단순히 더 효율적인 뇌 회로를 반영하는 것이다. 과학자들은 임신도 이와 비슷한 발달을 유발한다고 믿고 있다.[24] 특정 뉴런 연결들이 사라지면서 새롭고 더 가치 있는 연결의 형성을 장려하듯, 뇌는 다시 한번 더 날렵하고 최적화되기 위해 크기가 줄어드는 것이다.

내가 이렇게 생각하는 이유는 기본적인 수학 계산, 요리, 운전과 같이 자연스러운 습관이 된 기술들은 뇌가 더 이상 관여하지 않아도 되므로 신경 공간을 차지할 필요가 없다고 생각하기 때문이다. 이러한 '자동 운전' 모드 덕분에 뇌는 필요 없는 것들을 정리하고, 새로운 정신적 통로를 다시 꾸밀 수 있게 된다. 이는 새내기 엄마들이 육아 시기에 받게 될 끊임없는 요구와 긴급 상황에 더 잘 대처할 수 있게 해주는 소중한 변화이다. 실제로 위 연구에서 출산 2년 후에 다시 실시한 뇌 스캔은 흥미로운 결과를 보여주었다. 일부 뇌 영역에서는 지속적으로 회백질이 감소했지만, 해마와 편도체는 오히려 다시 성장해[25] 임신 전 크기를 회복했다. 전두엽 피질도 비슷한 회복세를 보였다.[26] 이 영역들의 기능은 더욱 놀라운 수준에 이르렀다. 특히 편도체를 살펴보면 더욱 흥미로운데, 이 부분은 단순히 사랑과 애정을 느끼는 것을 넘어서 부모의 본능을 다스리는 동기와 감정의 발전소 같은 역할을 한다. 아기에게 젖을 먹이고 보호하려는 마음에서부터 함께 놀고 교감하고 싶은 설렘에 이르기까지, 모든 것이 여기서 시작되는 것이다. 사춘기가 본능과 이성 사이의 균형을 찾아가는 여정이었다면, 임신은 우리를 다시 본능의 세계로 인도한다. 마치 새로 단장한 공간에서 본능을 깨우고, 그것이 지닌 진정한 가치를 발견하게 해주는 것처럼 말이다.

슈퍼맘의 뇌

엄마들이 별이 반짝이는 망토를 입거나 마법의 방패를 휘두르는 모습을 자주 볼 수는 없지만, 제 역할을 해내는 엄마는 내 기준으로 슈퍼히어로에 해당한다. 시간이 지날수록, 많은 새내기 엄마들은 임신 전에는 몰랐던 능력을 얼마나 빠르게 습득하는지 깨닫게 된다. 이러한 슈퍼파워들은 거의 모두에게 발현될 뿐만 아니라, 과학적으로 입증된 사실이다. 우선, 새내기 엄마가 처음으로 발전시키는 능력 중 하나는 향기에 대한 예민한 감각이다. 여기서 말하는 것은 더러운 기저귀 얘기가 아니다. 연구에 따르면, 새내기 엄마의 거의 90퍼센트가 본능적으로 뇌와 아기 사이에 형성된 연결 덕분에 냄새로 아이를 인식할 수 있다고 한다.[27] 아마도 눈을 가리고 아이를 선별해본 적은 없겠지만, 실제로 찾을 수 있는 방법을 당신의 뇌는 잘 알고 있으니 확신해도 된다.

"사랑의 주문"에 대해 이야기해 보자. 이 마법은 엄마가 옥시토신을 대량으로 방출[28]하는 능력을 말한다. 특히 수유할 때 또는 아이와 스킨십을 하는 중에 옥시토신이 많이 뿜어져나온다. 이 사랑이 많은 호르몬은 출산 중 자궁이 수축하도록 자극하며, 이후 프로락틴과 협력하여 모유 생산을 유도한다. 동시에 옥시토신의 증가가 뇌의 감정 중심에 강한 영향을 미쳐, 새내기 엄마가 아기와 사랑에 빠지게 만들고, 아기도 마찬가지로 엄마에게 사랑을 느끼게 한다. 그 감정은 지구상 어떠한 말로도 표현할 수 없다. 옥시토신의 급증은 또 다른 호르몬인 **바소프레신**과 결합해, 매우 원초적인 본능인 **모성 공격성**[29]을 불러일으킨다. 이 용어는 위협 앞에서 자식을 보호하는 '엄마 곰' 같은 행동을 의미하며, 이를 가능하게 하는 '엄마 곰 뇌'는 아기를 항상 추적하고 보호할 수 있는 가상의 GPS를 가지고 있다. 모든 엄마가 이런 행동을 해본 적이 있을 것이다. 모래밭에 보라색 옷을 입은 아이가 다섯 명 있더라도 엄마는 몇 초 만에 자신의 아이를 구별할 수 있는 놀라운 능력을 가졌으며, 그 아이가 위험에 처했을 때 바로 달려갈 수 있다. 또한 무슨 일이 생기면 자신의 아이를 지키기 위해 어떤 상황에서도 단호하게 대응할 때 필요한 아드레날린과 힘을 장착한다.

하늘에서 준 이 슈퍼 파워는 여기서 멈추지 않는다. 임신으로 인한 가장 주목할 만한 변화 중 하나는 사춘기 때와 마찬가지로 마음 이론 theory of mind과 관련된 뇌 영역의 발달이다. 이는 사춘기 파트에서 설명한 바와 같이, 타인의 정신 상태와 감정, 비언어적 신호를 파악하고, 그들의 필요와 예상되는 반응을 예측하는 능력인데, 특히 엄마에게 특화된 장기적인 파생 효과이다. 아기의 몸짓이나 다양한 울음소리와 옹알이를 이해하는 것처럼, 말로 표현되지 않는 타인의 마음을 읽어내는 능력은 매우 유용하게 쓰인다. 이러한 인지 능력이 활성화되면 타인과의 유대감 형성이 더욱 수월해진다. 이는 아이와의 친밀감을 키우고 가족 구성원의 결속을 단단히 하는 데 매우 중요한 요소이다. 더욱 놀라운 것은, 많은 엄마가 말 그대로 육감으로 마음을 읽게 된다는 점이다. 엄마들은 모성의 본능과 엄마만의 특별한 감각, 그리고 아이와 함께 보내는 많은 시간을 통해 아이에게 무언가 좋지 않은 일이 일어날 것 같다는 것을 **그저 느낌으로 알아챈다**. 엄마들은 다른 누구에게서도 발견할 수 없는 것들을 자신의 아이에게서 알아채게 되어, 종종 울음을 터뜨리거나 열이 나기도 전에 아이에게 필요한 것을 예측할 수 있다.

엄마가 된다는 것은 분명 삶에서 겪을 수 있는 가장 복잡하고 노력이 필요한 상황 중 하나일 것이다. 새로운 생명을 키우고 양육하기 위해 우리의 몸이 변화를 겪어야 할 뿐만 아니라, 우리의 우선순위와 일상도 달라져야 한다. 우리의 뇌는 이를 직관적으로, 또는 아마도 설계된 대로 이해하고 그 과정에서 스스로를 변화시킨다. 다행히도 임신은 중요한 모성 본능을 강화하는 동시에 사회적 인지 능력을 향상하는 방향으로 뇌의 변화를 촉진한다. 반면, 우리 뇌가 방금 다운로드한 이 업그레이드에는 대가가 따른다. 새로운 기능을 제공한 바로 그 뇌의 변화가 기억력과 주의력 파일을 재배치하고, 감정의 변화를 유발하며, 새로운 운영체제에 적응하기 위해 급격한 적응 과정을 겪을 수도 있다.

'엄마 건망증', 육아 블루스, 산후 우울증

'엄마 건망증momnesia' 혹은 '베이비 브레인'과 같이 부적절한 표현으로 불리는 '육아맘의 뇌'란 전보다 깜빡깜빡하거나 정신이 산만해진 상태를 말한다. 이런 경험은 출산을 경험한 엄마라면 누구나 공감할 것이다. 호르몬의 변화와 뇌 속에서 광범위하게 일어나는 기존의 신경 경로를 바꾸거나 새로 연결하는 과정을 겪는데, 여기에 스트레스와 수면 부족이라는 요소가 더해지면서, **기대하시라,** 임신한 여성의 80퍼센트 이상이 인지 기능의 저하를 경험[30]한다. 이러한 변화는 출산 후에도 지속되어, 거의 절반에 달하는 새내기 엄마들이 출산 후 몇 달 동안 건망증[31]과 한정된 집중력, 그리고 머릿속이 뿌연 듯한 상태에 놓인다. 엄마의 뇌가 아이 중심으로 개편된 새로운 구조를 출산 후 최소 2년간 유지하기 때문에 어쩔 수 없는 일이다. 이런 감각의 변화로 새내기 엄마들은 자신의 뇌가 임신 전과 다르게 작동한다고 느낄 수 있다.

여러 연구에 따르면 기억력을 비롯한 일부 인지 능력이 실제로 임신과 출산으로 인해 영향받을 수 있다고 한다.[32] 특히 멀티태스킹과 '공간 기억력'(물건의 위치를 기억하는 능력)이 이에 해당한다. 예를 들어, 매주 동네 마트를 둘러볼 때 공간 기억력 덕분에 좋아하는 커피가 있는 곳까지 곧장 찾아갈 수 있다. 하지만 커피가 있는 진열대가 어디였는지 두 번 세 번 살펴봐야 한다면, 이는 '육아맘의 뇌' 때문일 수 있다.

이러한 현상을 우리는 어떻게 받아들여야 할까?

우선, 임신한 여성과 새내기 엄마들이 이런 증상을 지어내거나 과장하는 것이 아니다. 한없는 기쁨을 주는 아기가 나의 몸뿐만 아니라 정신까지 통째로 가져가버린 듯한 기분을 느끼는 것은 흔한 일이다. 그런 와중에도 평정심을 유지하는 당신에게 박수를 보낸다. 둘째로, 가장 중요한 점은 이러한 변화가 일시적[33]이며, 시간이 지나면 자연스럽게 해결된다는 것이다. 셋째, 연구에 따르면 많은 임산부와 새내기 엄마들이 예전만큼 머리가 맑지 않다고 느끼더라도, 그들의 지능 지수는 전혀 영향을 받지 않는 것으로 나타났다.[34] 이런 실수들이 불안하게 느껴질 수 있지만, 주로 가벼운 기억력 감퇴나 브레인 포그 현상으로 나타날 뿐이다. 이는 우리가 평소 느끼던 자신의 모습과는 다를 수 있지만, 결코 질병이 아니다. (이러한 경험이 갱년기의 브레인 포그 현상과 얼마나 비슷한지 주목해보자) 여전히 걱정이 되는 사람들을 위해 덧붙이자면, 이러한 정신적 혼란이 치매 위험 증가와 연관된다는 증거는 **전혀 없다**.

임신과 출산 후 머릿속이 안개로 가득 찬 듯한 멍한 정신 상태는 마치 겨울을 지나 봄에 꽃이 피듯 새롭게 재구성되는 뇌를 위한 일시적인 대가일 가능성이 크다. 마치 성장통과 비슷하다고 생각하자. 사실상 인지적으로 발생하는 실수들은 **신경학적 수준에서** 일어나는 우선순위 변화의 결과일 것이다. 삶이 새로운 규칙과 요구사항에 따라 움직이듯, 당신과 당신의 뇌도 그렇게 움직이고 있는 것이다. 아무리 이 과정이 멋지고 보람차도 괴롭지 않다는 것은 아니다. 전문가들은 엄마의 뇌가 아이의 안전과 필요에 너무나 강하게 집중하다 보니 다른 일상적인 활동들은 뒷전으로 밀릴 수밖에 없다고 말한다. 우유를 사는 것을 잊거나 빨래를 건조기에 넣는 것을 깜빡하는 것은 짜증나는 일이지만, 새벽 3시 수유를 기억하고 신생아의 복잡한 욕구들을 파악하고 대응하는 것이 더 중요한 **우선순위**가 된다. 더 당황스러운 것은 이런 새로운 우선순위들을 수행하는 것은 당연하게 여겨지거나 인정받지 못하는 반면, 예전 했던 일들을 체크하지 못하는 것에 더 많은 관심이 쏠린다는 점이다.

과학자이자 엄마로서, 새내기 엄마들이 '집중력이 떨어졌다'거나 '주의력이 부족하다'는 말을 들으면 콧방귀가 터져나온다. 아기를 등에 업고 저녁을 만들면서 동시에 이메일을 보내거나, 운전하면서 아침을 먹고 하루 일정을 머릿속으로 정리하는 등, 엄마라는 서커스 공연은 동시에 여러 가지 일을 하는 상황으로 밀어 넣는다. 그것만으로는 부족한지, 우리는 어떤 표준화된 인지 테스트로도 측정할 수 없을 만큼의 빈도와 숙련도로 이 많은 일을 치러내고 있다. 그러니 안심하자. 이러한 변화들은 더 큰 그림을 위한 것이지, 앞으로의 삶에서 당신을 부족하게 만드는 것이 아니다.

그럼에도 "고통 없이는 얻는 것도 없다"는 또 다른 예시처럼, 임신과 출산 후에는 또 다른 도전이 따른다. 바로 기분의 변화다. 새내기 엄마의 70~80퍼센트가 출산 후 첫 몇 주에서 몇 달 동안 우울감을 경험한다. 흔한 증상으로는 기분 변화, 울음이 터져버리는 것, 불안, 수면 장애 등이 있다. 흥미로운 점은 이런 기분 변화가 월경 전 증후군PMS과 비슷할 수 있다는 것이다. 심지어 연관성도 있어서, 임신 전 PMS를 겪었던 여성들이 임신 중에 기분 변화와 우울을 경험할 가능성이 더 높다고 한다.[35] 그리고 임신 중 기분 변화를 경험한 여성들은 갱년기에도 다시 이를 경험할 가능성이 높다. 기분 변화의 연관성은 여성의 삶 전반에 걸쳐 있는 호르몬의 연속성이라는 근본적인 실마리를 더욱 분명히 보여준다.

새내기 엄마 여덟 명 중 한 명[36]은 산후 우울감보다 더 심각한 상태인 '산후 우울증'을 경험한다. 산후 우울증은 주요 우울 에피소드, 깊은 슬픔, 때로는 마비될 듯한 불안감, 그리고 수 주 이상 지속될 수 있는 자존감 상실이 특징인 의학적 치료가 필요한 질환이다. 미국에서만 매년 50만 명의 여성이 산후 우울증으로 고통받고 있다. 안타깝게도 산후 우울증에는 오랫동안 사회적 낙인이 찍혀 있다. 사회는 어머니라는 역할을 마주했을 때 오직 기쁨만을 받아들여야 한다고 여겨왔고, 기쁨이 결여된 모습을 보이면 거세게 비난해왔다. 또한 엄마라면 첫날부터 자신의 역할에 능숙하고 준비된 모습을 보여야 한다고 여겼다. 이런 메시지는 비현실적일 뿐만 아니라 오해의 소지가 있어, 이미 비할 데 없는 책임을 짊어진 사람에게 쓸데없는 압박을 가한다.

역사적으로, 산후 우울증을 앓는 엄마[37]들은 미치광이로 불렸다. 심지어 마녀에게 저주를 받았거나 그들 자신이 마녀라고 생각하게끔 만들기도 했다. 놀랍게도 정신의학계가 산후 우울증을 실제로 의학적인 치료가 필요한 상태로 인정한 것은 1994년이 되어서였다. 30년이 지난 지금, 산후 우울증은 일상적인 용어가 되었고 치료법도 마련되어 있다. 하지만 여전히 많은 이가 이 상태를 '여성들의 상상 속 문제'로 치부하며 산후 우울증을 인정하지 않는다. 분명히 하자면, 출산 후 우울감이나 기분 변화, 불안을 경험한다고 해서 그것이 어떤 식으로든 성격적 결함이나 약점을 반영하는 것이 아니다. 기분 변화는 호르몬과 뇌가 전환기를 겪고 있다는 자연스러운 신호 중 하나일 뿐이다.

생물학적 변화는 차치하더라도 아기를 갖는다는 것은 그 자체로 의미 있는 목표이다. 아기를 갖기 위해서는 단순히 생각하는 것만으로는 부족하고, 견뎌내고 마무리짓기 위한 강한 의지가 필요하기 때문이다. 엄마가 된다는 것은 쉽기도 하고 어렵기도 하며, 아름답지만 두렵기도 한 것으로, 모든 여성의 경험이 신성하고 소중하다. 우리는 아이들의 뇌와 행동을 발달시키는 과정에서 사랑의 첫 교훈을 가르치고 아이들에게 양심을 심어준다. 사회가 우리에게 이러한 소명과는 별개로 또 다른 가치를 찾으라고 재촉하는 가운데, 나는 모든 엄마가 자신이 하는 일의 가치와 그 영향력이 얼마나 깊고 넓은지 깨닫길 바란다.

취약성과 회복 탄력성을 준비하는 시기

이 모든 것이 갱년기와 어떤 관련이 있다는 것일까? 여성의 뇌와 세

가지 P(사춘기, 임신, 갱년기)를 고려해보면 모든 단계가 취약함과 회복력이라는 두 가지 특징을 지니고 있다. 사춘기만 해도 흔히 눈을 굴리며 움츠러들게 만드는 시기로 여겨진다. 사춘기가 나름의 도전 과제를 안고 있는 것은 분명하지만, 이제 우리는 십 대의 뇌가 더 큰 그림을 그리기 위해 존재한다는 것을 알고 있다. 기분 변화와 격렬한 감정을 일으키는 바로 이러한 뇌의 변화는 동시에 십 대들에게 지적·사회적 성숙을 이끌어내어 삶의 강도를 관리하는 법을 배우게 한다. 이는 성장이라는 무거운 과제와 앞으로 다가올 모든 것을 헤쳐나가기 위한 준비 단계이다.

임신과 출산 후 시기 역시 취약함과 회복력의 흔적이 점철되어 있다. 다시 한번 말하지만, '육아맘의 뇌'는 단순히 산만하고 눈물이 많은 상태가 아니라, 뇌가 중요한 새로운 강점과 특별한 능력을 발달시키고 있다는 신호다. 우리 뇌가 겪는 변화는 근본적으로 진화의 목적을 지니고 있어서, 여성이 어머니가 되는 것을 준비하게 하고, 이를 통해 종 전체의 생존을 돕는다.

여성이 서로 긴밀하게 연결된 난소와 뇌를 함께 가지고 태어난다는 것은 그 자체로 장점과 단점을 모두 내포하고 있음을 의미한다. 이 사실을 잘 기억해두자. 세 가지 P 중 마지막인 갱년기Perimenopause를 탐구할 때 계속해서 등장할 주제이다.

7장

우리가 몰랐던 갱년기의 반전

인생 여정의 또 다른 경유지

익히 알고 있듯이, 우리의 뇌는 일생 동안 호르몬 변화의 순차적 과정을 거친다. 사춘기에서 시작해 임신을 거쳐 마침내 갱년기에 이른다. 사춘기와 임신에서 호르몬의 쓰나미가 동반된다고 여기지만, 가임기가 끝나갈 때는 많은 이가 마치 썰물이 빠져나가듯, 이 과정을 끝의 시작처럼 느낀다. 문화적으로나 의학적으로나 갱년기는 긍정적으로 말할 것이 거의 없는, 그저 불운한 사건으로 낙인찍혀왔다. 하지만 이는 동전의 한 면만을 보여줄 뿐이다. 갱년기는 다시 살펴보면 생각보다 훨씬 더 섬세하고, 드라마에서 보던 고정된 이미지나 의료적 관점에서 우리가 믿었던 것보다 훨씬 개인화된 과정임을 알 수 있다. 어머니에게서 딸로 전해지는 정보이든, 의사에서 의대생을 거쳐 환자에게 전달되는 정보이든, 그 메시지는 결함이 있고 심각하게 부족했다.

가장 안타까운 오류 중 하나는 최근까지도 문화계나 과학계 어느 쪽에서도 갱년기의 실상을 제대로 파악하지 않았다는 점이다. 부정적인 면만 과도하게 강조하는 동안 긍정적인 면은 무시되었고, 갱년기가 여성의 삶이라는 더 큰 그림 속에서 어떻게 맞물려 있는지에 대한 정확한 분석도 그동안 이뤄지지 않았다. 이 논의에서 부족한 점은 바로 갱년기가 여성의 삶에서 차지하는 의미에 대한 정확한 이해이다. 이러한 이해는 **갱년기를 겪고 있는 여성들의** 관점과 최신 과학적 연구 데이터를 함께 고려할 때만 얻을 수 있다. 편견과 선입견에서 벗어나 여성들의 삶의 사건을 탐구해보면 갱년기는 사춘기나 임신과 크게 다르지 않은, 그저 인생 여정의 또 다른 경유지일 뿐이라는 것을 발견하게 된다.

인생 오후를 위해 더 나은 장비를 제공하다

뇌 속을 들여다보면, 갱년기에 동반되는 호르몬의 변화가 일으키는 뇌 증상이 사춘기나 임신기의 그것과 크게 다르지 않다는 것을 알 수 있다. 체온, 기분, 수면, 성욕, 인지 기능의 변화는 세 가지 P 시기 모두에서 매우 흔하게 나타난다. (표 4)에서 볼 수 있듯이, 그 유사성은 놀랍다. 결국 이 모든 것은 우리의 생식 주기 각 단계에서 활성화되고 비활성화되는 동일한 시스템, 바로 신경내분비계와 관련 있다.

[표 4] 세 가지 P의 유사점

	사춘기	임신	갱년기
체온 변화	V	V	V
기분 변화	V	V	V
수면 패턴의 변화	V	V	V
성욕의 변화	V	V	V
기억력과 주의력의 변화	V	V	V
뇌 회백질의 변화	V	V	V
뇌 에너지의 변화	V	V	V
뇌 연결성의 변화	V	V	V

체온 변화에 대해 이야기해보자. 사춘기가 우리가 아는 형태의 안면 홍조와 연관되지 않을지는 모르지만, 분명 땀과 관련이 있다. 이 시기에는 몸의 땀샘이 훨씬 더 활발해지면서 종종 많은 양의 땀이 난다. 게다가 여성의 경우, 매 월경 주기마다 체온이 약간씩 변하는데, 배란기에 최고조에 달했다가 월경 시에 떨어진다. 임신 중에는 체온이 상승하는 경우가 많다. 이는 결국 뱃속에 아기가 자라고 있기 때문인데, 때때로 이러한 변화는 안면 홍조라는 예상치 못한 방식으로 나타나기도 한다. 잘 알려지지 않았지만, 홍조는 임신 기간과 갱년기에 동일하게 발생하는 또 다른 증상[1]으로, 임산부의 3분의 1 이상이 경험하고 있다!

브레인 포그 현상은 어떨까? 대부분의 십 대들이 구름 위를 걷는 듯한 상태에서 집중력이 떨어지고 정보 기억에 어려움을 겪는다는 것은 잘 알려진 사실이다. 여성의 경우 브레인 포그는 월경 주기 후반부에 더욱 심해질 수 있다. 앞서 논의했듯이, 브레인 포그 현상은 임신 기간과 출산 후에도 매우 흔하게 나타난다.

확연히 다른 점은 우리가 처음 두 P와 마지막 P를 바라보는 시각이다. 사춘기와 임신도 결코 쉽지 않지만, 여기서는 긍정적인 면에 초점을 맞추는 경향이 있다. 자녀의 십 대 시절에는 졸업 파티, 운동장, 교실에서의 모습을 담은 사진으로 앨범을 채우며 성장의 이정표들을 축하한다. 임신도 마찬가지다. 아기가 지구별에 도착하기를 기대하며 예비 엄마에게 선물을 안기고 파티를 열어주며 준비한다. 이러한 전환기의 힘든 순간들을 맞닥뜨릴 때도 우리는 긍정적인 태도를 유지한다. 여드름과 월경이든 부은 발목과 입덧이든, 우리는 '이 또한 지나가리라'고 스스로에게 말하며 대개 동정심과 응원으로 반응한다. 십 대 소녀가 짜증을 내고 집중하기 힘들어한다면, 우리는 이럴 때 사춘기 탓으로 돌리고 그녀가 이 시기를 헤쳐나가도록 시간과 공간을 준다. 마찬가지로 임산부가 뚜렷한 이유 없이 울음을 터뜨린다면, '호르몬 때문이겠지'라고 생각하며 그녀를 안아준다. 두 경우 모두 낙관과 격려 쪽으로 기운다. 이러한 접근이 때로는 심각한 증상을 간과하게 만들 수도 있지만, 전반적인 의도는 받아들임과 안심시키기에 있다.

하지만 갱년기 전후 여성에게서 비슷한 유형 행동들이 보일 때는 대개 무관심, 눈에 띄는 짜증, 심지어는 경멸, 때로는 부정과 같은 정반대의 반응을 마주한다. 갱년기라는 주제를 다룰 때 여러 가지 요소들이 빠져 있지만 무엇보다도 의사가 애초에 문제를 판단하는 데 도움이 될 만한 섬세한 언어가 부족하다. 예를 들어, 어떤 여성들은 매달 불편함 없이 월경을 하는 반면, 다른 이들은 힘겨운 시간을 보내거나 월경 전 증후군을 겪기도 하며, 더 심각한 경우에는 '월경 전 불쾌 장애 Premenstrual Dysphoric Disorder, PMDD'를 겪는다는 것이 자연스럽게 받아들여진다. 마찬가지로 어떤 여성들은 행복하게 어머니가 되는 과정을 맞이하지만, 다른 이들은 산후 우울증, 불안, 인지적 피로 같은 심각한 증상을 겪는다. 다양한 증상의 심각도를 설명하는 단어들이 있다는 것은 정확히 진단하고 치료할 수 있게 할 뿐만 아니라, 그 타당성을 뒷받침한다. 하지만 심각한 갱년기 증상을 겪는 여성들을 위한 자세한 구분은 없다. 공감대도 존재하지 않는다. 특히 갱년기에 많은 여성이 "아직 월경도 하면서 뭘 그래. 참고 견뎌야지"라는 쓴소리를 듣는다.

갱년기가 비극적이고 암울한 시기로 여겨지는 것도 놀랄 일이 아니다. 갱년기를 경험하는 이들이 포용되기보다는 오히려 무시되고, 폐경이라는 사건 자체가 한편으로는 과장된 얘기로, 또 다른 한편으로는 질병처럼 해석되기 때문이다. 하지만 폐경이 여성을 불리한 위치에 놓을 수 있다는 생각은 생물학이 아닌 역사와 문화가 우리에게 강요한 것이다. 사실, 생물학적 관점에서 보면 사춘기와 임신에 적용되는 **긍정적인** 면들 중 일부가 갱년기에도 똑같이 적용될 수 있다.

앞에서 설명한 두 개의 P가 어떻게 작용하는지 이해했다면, 뇌가 갱년기에도 (다른 중요한 시기들처럼) 변한다는 사실이 그리 놀랍거나 불안하지는 않을 것이다. 문제를 해결할 수 있는 질문을 던져보자. 갱년기가 뇌의 시스템에 맞춤형 업데이트를 제공한다면 그 변화의 정도는 얼마나 될까?

뇌가 갱년기에 접어들면서 더 날렵하고 최적화될 또 다른 기회를 얻는다는 것은 매우 그럴듯한 가설이다. 더 이상 필요하지 않은 정보와 기술은 버리고 새로운 것들을 키워나가는 것이다. 우선, 아기를 만드는 데 필요했던 뇌-난소 연결의 일부가 더 이상 필요하지 않으니 작별을 고한다. 또한 지난 장에서 살펴본 신경학적으로 비용이 많이 드는 기술들, 즉 아기의 말을 이해하고, 짜증을 진정시키고, 최고난도의 멀티태스킹을 하는 것도 아이가 둥지를 떠나고 나면 그만큼 중요하지 않게 된다. 여전히 도움은 되겠지만, 이제는 우선순위에서 밀려난다. 그렇다면 결국 뇌가 이런 오래된 연결들을 정리하기 시작하는 것은 당연하다. 갱년기보다 더 좋은 생물학적 신호가 또 있을까. 다시 말하지만, 많은 이가 최신 버전에 알맞은 최고 사양의 뇌 업데이트가 진행될 때 안면 홍조, 브레인 포그, 다른 성가신 증상들이 시작된다고 믿고 있다. 이후 업데이트가 완료되면 증상들은 사라지기 시작한다(다만 이제 우리가…… 음, 나이가 들어서 다른 두 P보다 시간이 더 걸릴 수 있다).

이 모든 정보는 갱년기를 훨씬 더 넓은 관점에서 바라보는 데 도움이 된다. 하지만 혜택은 어디 있을까? 혹시 갱년기의 뇌 변화가 우리의 인생 오후를 위해 더 나은 장비를 제공하는 것은 아닐까? 갱년기는 나름의 독창성을 부여하는 시간으로, 여성들이 삶과 사회에서 새로운 역할을 준비하는 데 도움이 되는 것은 아닐까? 사회가 갱년기의 긍정적인 측면을 외면해온 가운데, 점점 더 많은 증거를 통해 이 깊고도 중요한 호르몬 변화가 여성들에게 새로운 의미와 목적을 부여한다는 사실이 밝혀지고 있다.

행복은 그저 꿈이 아니다

인생의 중요한 전환기는 비록 그 길이 험난하더라도 다시 일어서는 기회가 될 수 있다. 서구 사회의 일반적인 사고방식은 갱년기가 우리에게서 무언가를 빼앗아간다고 여기지만, 사실은 갱년기가 우리에게 새로운 선물을 안겨주느라 바쁘다. 예를 들어, 모든 사람이 원하지만 소수만이 달성하는 것을 생각해보자. 그것은 바로 '행복'이다.

그렇다, 읽은 그대로다. 내가 배운 가장 놀라운 것들 중 하나는 폐경 이후 여성들이 일반적으로 젊은 여성들보다 더 행복하다는 것이다. 그들 스스로 갱년기 **전보다** 더 행복하다고 느낀다. 여러 연구에 따르면, 갱년기의 가장 주목할 만하면서도 간과된 장점들 중 일부는 더 나은 정신 건강과 삶에 대한 더 큰 만족감과 관련 있다. 예를 들어 '호주 여성 건강한 노화 프로젝트Australian Women's Healthy Ageing Project'에서는 갱년기 이후 여성들이 60대와 70대에 접어들면서 기분이 더 나아지고,[2] 인내심이 커졌으며, 긴장감은 줄고 자신감은 더욱 높아졌다고 보고했다. 덴마크에서 실시한 연구에서도 비슷한 결과가 나왔는데, 폐경 이후 여성들은 더욱 여러모로 건강함well-being을 경험했다고 말했으며, 62퍼센트는 실제로 행복하고 만족스럽다고 밝혔다.[3] 이 여성들 중 약 절반은 젊었을 때만큼이나 행복하다고도 말했다. 마찬가지로, 주빌리 여성 연구Jubilee Women Study에서는 갱년기 이후 65퍼센트의 영국 여성[4]이 폐경 전보다 더 행복하다고 느꼈으며, 더 독립적이 되었고 파트너나 친구들과 더 나은 관계를 즐기고 있다고 응답했다. 이러한 인식은 적어도 불행하고 불만족스러운 갱년기 이후 여성이라는 고정관념

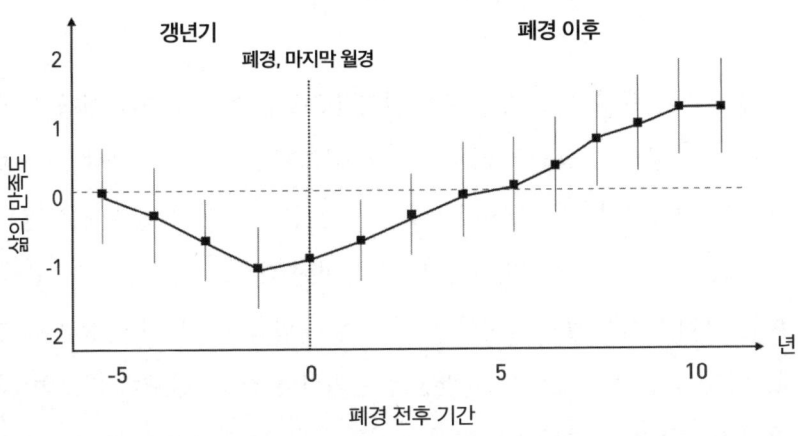

〔그림 8〕 갱년기와 삶의 만족도 비교

을 무너뜨린다.

　대중적인 추측, 선입견, 심지어 마케팅과는 달리, 과학적 증거는 갱년기와 삶의 만족도 사이에 상당히 미묘한 관계가 있음을 보여준다. 〔그림 8〕을 보자. 가운데 두꺼운 선은 갱년기 여성의 삶의 만족도에 미치는 영향을 시간에 따라 나타낸 것이다(수직선은 서로 다른 여성들 간의 차이를 표시). 폐경 5년 전부터 폐경 이후 10년까지를 보여주며, 시점 0은 폐경이 일어난 시점을 표시한다.

　모두가 알아야 할 가장 중요한 데이터는 다음과 같다.

- **갱년기:** 대부분의 여성들이 실제로 폐경으로 이어지는 약 3년 동안 불행하다고 느낀다.
- **폐경 이후:** 마지막 월경 이후 2~3년 동안은 삶의 만족도가 낮은 상

태로 유지되지만, 이후에는 기준선을 훨씬 넘어서 증가하고, 시간이 지나도 꾸준히 높은 수준을 유지한다.

결론은 이렇다. 갱년기는 주로 **단기적으로** 삶의 만족도에 영향을 미친다. 대부분의 여성들은 폐경 이후의 삶에서 보통 몇 년 내에 이러한 변화에 적응한다. 이 시점 이후에는 갱년기가 더 이상 행복에 부정적인 영향을 미치지 않으며, 오히려 더 큰 만족감으로 이어질 수도 있다. 이는 아직 확증이 필요하지만, 행복과 삶의 만족도가 U자 곡선을 따르는 경향이 있다는 일반적인 관찰과 일치한다. 여러 연구에 따르면 젊은 성인기에는 만족도가 비교적 높지만, 서서히 떨어져 50세(평균 폐경 나이) 무렵에 최저점에 이른다. 그런 다음 인생 후반기에 새로운 정점을 향해 꾸준히 상승한다.[5] 믿기 어렵겠지만, 60대가 되면 통계적으로 그 어느 때보다 행복할 가능성이 높다. 물론 모든 사람이 다르고, 개인의 경험은 여러 이유로 이러한 일반적인 패턴에서 벗어날 수 있다. 그럼에도 불구하고 U자형 곡선은 중년기의 갱년기 침체가 일시적이라는 개념을 뒷받침한다.

메노스타트: 제2의 성인기

자 그렇다면, 과연 폐경 자체가 만족감을 가져다주는 걸까, 아니면 증상이 사라진 후에 여성들이 더 행복해지는 걸까?

갱년기 이후의 삶은 분명한 장애물들과 더불어 오히려 삶에 긍정적인 영향도 미칠 수 있다. 우선, 모든 신체적 변화가 부정적인 것은 아니다. 전국 단위 조사에 따르면, 갱년기를 지난 많은 여성이 기분이 좋아지고 더 긍정적으로 느낀다고 답했는데,[6] 이는 대개 월경, 월경 전 증후군PMS, 임신에 대한 걱정에서 벗어난 것과 관련이 있다. 많은 여성에게 월경을 더 이상 하지 않는다는 것 자체는 축하할 일이다. 이는 수십 년간 이어진 특정한 불편함의 대단원의 막이 내렸음을 의미한다. 더 이상의 탐폰도, 패드도, 월경통도 없다. 또한 폐경은 과다 출혈의 주요 원인인 자궁근종을 줄이고, PMS도 더 이상 겪게 하지 않는다. 이는 85퍼센트의 여성들에게 유방 통증과 짜증부터 심각한 편두통에 이르는 복잡한 증상들에서 해방됨을 의미한다. 이러한 자유로움은 당신이 상상하는 것보다 더 많은 여성에게 큰 장점이다. 또 다른 긍정적인 점은 예상 못 한 결과에 대한 걱정 없이 섹스를 즐길 수 있다는 것이다. 이것은 폐경의 가장 큰 혜택 중 하나로 자주 언급된다.[7]

게다가 많은 여성이 폐경에 긍정적인 태도를 보인다. 이는 증상이 완화된 이후뿐만 아니라 증상이 한창일 때도 마찬가지다. 연구 과정에서 나는 '**메노포즈**menopause(폐경)' 대신 '**메노스타트**menostart'라는 용어를 발견했다. 이 단어는 갱년기를 인생의 전환점으로 경험하는 많은 여성에게 딱 들어맞는다. 그들의 관심사, 우선순위, 태도가 긍정적인 방향으로 변화하는 이 시기는 말하자면 제2의 성인기, 혹은 일종의 르네상스로 충분히 다뤄질 만하다. 미국의 인류학자 마거릿 미드는 이를 **"갱년기의 열정"**이라고 불렀다. 이는 일부 여성들이 폐경 후에 경험하는 신체적·심리적 에너지의 급증을 의미한다. 십 대처럼 열광적인 에너지는 없겠지만, 새로운 시작을 고민하는 자신을 발견할 수 있다. 새로운 경력, 새로운 관계와 관심사, 새로운 거주지나 여행지, 회복된 건강과 자기 관리 습관, 그리고 시간과 에너지를 활용하는 방식 전반에 대한 재정비까지, 인생의 새로운 국면을 맞이하는 순간일지도 모른다. 또한 많은 여성이 풀타임 근무와 가족에 대한 책임에서 벗어나 자신만의 시간을 더 많이 갖게 되는 것을 매우 기쁘게 생각한다.[8] 꼭 폐경 자체 때문은 아닐 수 있지만, 개인적 성장의 전망과 자신의 관심사에 집중할 수 있는 자유는 그들이 마침내 누릴 수 있게 된 특권이다. 언젠가 오프라 윈프리가 말했듯이, "내가 만난 많은 여성은 갱년기를 축복이라고 여긴다. 오랜 시간 타인의 필요를 우선시하며 살아온 당신이 이제는 스스로를 새롭게 정의할 순간이 찾아온 것이다." 큰 그림에서 볼 때, 이것이 장점이 아니라면 무엇이 장점일까.

단련된 감정 컨트롤

만족감과 함께 따라오는 또 하나의 귀한 덕목이 있다. 바로 자아 초월이다. 혹은 좀 더 솔직히 말하면 "이제 별거 아닌 일에 개뿔도 신경 안 씀"이라고 할 수도 있다. 이 주제는 갱년기를 겪은 여성들의 경험담에서 반복적으로 등장한다. 그들은 다른 이들의 요구에 적당한 선을 그을 수 있는 능력을 설명하며, 마침내 자신의 필요에 주의를 기울일 수 있게 되었다고 말한다. 갱년기를 관리하고 나면, 그 과정이 공원을 산책하는 것처럼 쉬웠든 불구덩이를 걷는 것처럼 힘들었든, 많은 여성은 더 당당해지고 더 이상 얽매이지 않는다. 마치 다시 살아난 듯한 활력과, 이제는 어떤 헛소리에도 휘둘리지 않겠다는 단단한 태도를 갖게 된다.

이 시기가 되면 젊은 시절 우리를 짓눌렀던 여러 부담감이나 사회생활 속 눈치 보기, 남들의 시선을 의식해 한껏 꾸미고 싶어 했던 마음 같은 것들이 자연스레 흘러가버린다. 그 자리에 새로운 시각이 들어선다. 자신을 새롭게 바라보게 되고, 삶이 우리에게 건네는 새로운 기회와 가능성이 한층 더 선명하게 보이기 시작한다.

이런 변화의 반은 호르몬의 영향도 있지만, 반은 갱년기라는 시기의 특성 때문이기도 하다. 50년 넘는 삶의 경험을 쌓아온 여성들은 그동안의 세월 속에서 삶을 헤쳐나가는 지혜를 차곡차곡 쌓아왔다. 덕분에 어떤 상황이 닥치더라도 잘해낼 수 있다는 든든한 자신감이 생긴다. 크고 작은 도전들을 마주하고, 소중한 것을 잃어보기도 하고, 병마와 싸우기도 하고, 실망도 맛보면서 비로소 자신이 진정 누구이고 무엇을 원하며 무엇을 소중히 여기는지 더욱 또렷이 알게 된다. 그리고 마침내 자신이 생각했던 것보다 훨씬 더 강하고 능력 있는 사람이라는 것을 깨닫는다. 더 이상 과거의 실수나 실패, 후회스러운 기억들에 매달려 시간을 허비할 필요도 없다.

눈에 띄는 변화 중 하나는 갱년기를 겪은 많은 여성의 감정 변화다. 예전에는 가슴 한편을 무겁게 짓눌렀던 슬픔이나 분노가 이제는 그만큼의 무게감으로 다가오지 않는다. 반면 기쁨과 경이로움, 감사하는 마음은 더 오래 지속되는 경향이 있다. 이런 변화에는 과학적인 이유가 있다. 갱년기를 거치면서 우리 뇌는 여러 변화를 겪는데, 이 과정에서 '마음 이론'과 관련된 네트워크가 한 단계 더 업그레이드된다. 이번 업그레이드의 특별한 점은 **감정을 더 잘 다스릴 수 있게 된다는 것**이다. 앞서 살펴보았듯이, 감정적인 상황에서 우리가 어떻게 반응하는지는 뇌의 구조와 깊은 관련이 있다. 감정을 처리하는 편도체와 충동을 제어하는 전전두엽 피질 사이의 상호작용이 우리의 대응 방식을 결정한다.

사춘기에는 전전두엽의 이성적 판단에 기대야 했고, 임신 중에는 본능에 귀 기울이면서도 감정과 이성 사이의 균형을 맞춰야 했다. 이제 갱년기가 찾아오면서 우리 뇌는 또 한 번의 변화를 맞이한다. 이번에는 감정의 중추인 편도체가 매우 정교하고 선별적으로 조율된다. 특히 **부정적인** 감정 자극에 무뎌진 태도로 반응하도록 바뀌는 것이다! 실제로 폐경 전후 여성들에게 긍정적·부정적인 이미지를 보여주고 뇌 활동을 비교해보면 폐경 후 여성들의 편도체는 불쾌한 감정을 유발하는 정보에 덜 반응[10]하고, 대신 이성적 판단을 담당하는 전전두엽 피질이 더 활발하게 작동[11]한다. 이러한 결과는 폐경 이후 여성들이 전반적으로 감정, 특히 슬프거나 화나는 상황에 대한 반응을 더 잘 다스릴 수 있게 된다는 개념을 뒷받침한다. 이 정도면 하나의 초능력이라고 해도 되지 않을까?

더 깊어지는 공감 능력

갱년기와 관련된 최근 연구들은 회복 탄력성과 웰빙, 그리고 감정의 유연성에 대한 새로운 관점을 제시한다. 특히 주목할 만한 점은 갱년기가 '마음 이론'과 관련된 또 다른 능력인 공감 능력을 높인다는 것이다. 연구 결과에 따르면, 갱년기를 겪은 여성들은 최고의 공감 능력자라고 한다. 7만 5천 명이 넘는 성인을 대상으로 한 연구에서, 50대 여성들은 같은 나이대의 남성들보다 훨씬 뛰어난 공감 능력을 보였다.[12] 다른 사람의 경험에 감정적으로 반응할 뿐만 아니라, 그 사람의 입장에서 상황을 이해하려 더욱 노력한다는 것이다.

다른 연구에서는 '공감적 관심' 또는 '동정심'이라 불리는 특정 유형의 공감 능력이 여성의 나이가 들수록 더욱 강화된다는 점을 발견했다.[13] 특히 이런 능력은 손주를 돌볼 때 더욱 두드러지게 나타난다. 6장에서 언급했듯이, 과학자들은 임신 중에 일어나는 뇌의 변화가 나중에 할머니가 되어 돌보는 역할을 맡을 때 큰 도움이 된다고 믿고 있다. 최근의 한 연구에서는 할머니들의 뇌 스캔을 통해 이 이론을 검증했다.[14] 연구진은 할머니들에게 자신의 자녀와 손주들의 사진, 그리고 모르는 아이들의 사진을 보여주면서 뇌 활동을 관찰해본 결과(지난 장에서 다룬 임신 관련 연구와 비슷한 방식이다), 세대 간 유대 관계에 대한 흥미로운 정보를 얻을 수 있었다. 할머니들은 손주들의 사진을 볼 때 감정적 공감과 관련된 뇌 영역이 활성화되었다. 감정적 공감이란 다른 사람의 감정을 함께 느끼거나 그 사람의 입장이 되어보는 능력을 말한다. 반면, 자기 자녀 사진을 볼 때는 인지적 공감과 관련된 뇌 영역이 활성화되었다. 인지적 공감은 다른 사람의 감정을 지적인 수준에서 이해하는 것으로, 단순히 그 사람이 **무엇**을 느끼는지뿐만 아니라 **왜** 그렇게 느끼는지까지 이해하려 노력하는 것이다. 특히 흥미로운 점은 손주를 더 자주 돌보는 할머니일수록 감정적 공감과 인지적 공감 영역 **모두에서** 더 강한 뇌 활동을 보였다는 것이다.

아이를 키워본 사람이라면, 어머니가 손주들과 함께 있을 때의 모습이 예전에 우리를 키울 때와는 사뭇 다르다는 것을 한번쯤 목격했을 것이다. 엄격하고 단호하기만 하던 어머니가 손주들 앞에서는 한없이 부드럽고 자상한 할머니로 변신하는 모습을 보면서 놀라곤 한다. 바로 이 연구 결과가 그 이유를 설명해줄 것이다. 어머니로서 자녀를 올바르게 이끌고 성장시켜야 하는 임무를 맡으면 주로 성취와 성과를 염두에 두게 된다. 일반적으로 어머니들은 이러한 양육의 막중한 책임과 요구 사항을 짊어지고 살아간다. 하지만 할머니가 되면 이야기가 달라진다. 이제는 성인이 된 자녀가 그 책임을 맡기 때문이다. 때로는 손주를 응석받이로 만든다는 비난을 받기도 하지만, 어쩌면 할머니들은 마침내 '안 돼'보다는 '그래'를 더 많이 말할 수 있는 자유를 얻은 것인지도 모른다. 디저트 한 접시를 더 담아주면서 말이다! 이렇게 더 넓고 지혜로운 관점은 할머니의 뇌에 이미 내재되어 있어, 자녀를 든든하게 지원하면서도 한없는 사랑의 소중함을 우선시할 수 있게 한다.

개인적으로 이 연구 결과에서 가장 의미 있게 다가오는 부분은, 여성의 책임이 삶의 여정에 따라 변화한다는 점이다. 이는 친자녀나 손주가 있든 없든 모든 여성에게 해당하는 이야기다. 혈연관계를 넘어서는 다양한 역할을 수행하는 우리의 모습, 그리고 우리의 뇌가 모든 나이와 삶의 환경 속에서 그때그때의 상황에 맞춰 조정하고 적응한다는 사실이 감동적으로 다가온다. 이러한 맥락에서 다음 장에서는 갱년기의 **진화적 의미**를 깊이 탐구하면서, 여성의 뇌가 평생에 걸쳐 새롭고 다채로운 재능과 강점을 펼쳐나가는 과정을 조명해보고자 한다.

8장

갱년기는 왜 존재하는가

폐경: 우연인가, 진화의 설계인가?

폐경의 생물학적 측면, 즉 '언제' 그리고 '무엇이' 일어나는지는 비교적 잘 알려져 있지만, **'왜'** 일어나는지는 아직도 명확히 밝혀지지 않았다. 난소가 있는 모든 사람에게 폐경은 피할 수 없는 삶의 한 부분이지만, 우리는 대개 이를 무시하거나 당연하게 여기곤 한다. 하지만 실제로 폐경은 오랫동안 과학자들조차 완벽히 설명하지 못한 생물학적 수수께끼다. 사실 폐경은 진화의 원리와도 상충되는 것처럼 보인다. 진화론적 관점에서 보면, 생명의 궁극적 목적은 생존하고, 번식하며, 우리의 유전자를 다음 세대로 전달하는 것이다. 그런데 폐경은 여성의 유전자 전달을 중단시키는 것으로, 이는 진화론에서 여성의 장수를 정당화하는 유일한 근거를 무력화한다. 다윈이 지적했듯이, "만약 여성의 주된 목적이 종의 번식이라면, 죽기 훨씬 전에 폐경을 겪는 것은 진화적으로 선택되지 않았어야 한다. 거기에 분명한 이점이 있지 않다면 말이다."

하지만 우리는 여전히 살아 있지 않은가? 인간의 폐경에는 분명 특별한 점이 있다. 동물계 전체를 살펴보면, 대부분의 암컷은 번식 능력을 잃은 후 얼마 지나지 않아 죽는다. 심지어 우리와 가장 가까운 포유류인 침팬지도 일반적으로 폐경 이후까지 살지 못한다. 몇몇 동물원의 침팬지들이 폐경 후 수년을 더 살기는 하지만, 이는 극히 드문 경우다. 번식 능력이 끝난 뒤에도 계속 살아가는 것으로 알려진 동물은 일부 고래류와 아시아 코끼리, 일부 기린, 그리고 곤충인 일본 진딧물뿐이다.

인류학자, 진화생물학자, 유전학자들은 모두 이 수수께끼를 풀기 위해 몰두해왔다. 얼마 전까지만 해도 폐경은 여성의 수명 연장으로 인한 **부자연스러운** 결과로 여겨졌다. 자연이 의도한 수명을 훨씬 넘어 살게 되면서 생긴 불행한 부산물이라 생각했던 것이다. 오랫동안 지지를 받아온 '진화적 불일치 가설'은 폐경에는 아무런 이점이 없다고 주장한다.[1] 그들의 견해로는, 현대 의학이 우리를 더 오래 살게 만들면서 우리의 유전자 코드가 의도치 않게 혼란에 빠졌고, 그 결과 폐경이라는 돌발 현상이 생겼다는 것이다.

하지만 그 반대의 경우도 생각해볼 필요가 있다. 만약 진화가 그동안 우리가 생각해온 것처럼 여성을 차별하지 않는다면 어떨까? 어쩌면 자연은 여성의 가치를 단순히 '얼마나 많은 아이를 낳을 수 있는가'로 판단하지 않는지도 모른다. 여성 건강 문제를 다룰 때 **흔히** 그렇듯이, 기존의 틀에서 벗어나 생각해보면 새로운 가설이 모습을 드러낸다. 폐경 뒤에 여전히 진화의 힘이 있기는 하지만, 만약 이번만은 여성에게 유리한 방향으로 작용하고 있다면 어떨까?

진화의 숨은 영웅: 할머니

1957년, 생태학자 조지 C. 윌리엄스George C. Williams는 폐경을 진화의 실수가 아닌 진화적 적응으로 보는 새로운 관점을 제시했다. 이 혁신적인 생각은 한동안 주목받지 못하다가, 유타 대학교 인류학 교수인 크리스틴 호크스 박사Dr. Kristen Hawkes가 현장 데이터를 수집하면서 비로소 빛을 보게 되었다. 호크스 박사는 연구팀을 꾸려 탄자니아 북부에서 수천 년간 살아온 현대의 수렵채집인 하드자족Hadza을 광범위하게 연구했다. 하드자족과 같은 공동체를 관찰하는 것은 마치 시간 여행을 하듯 우리 초기 조상들의 삶을 들여다볼 수 있는 기회였다. 흥미롭게도 그녀의 연구는 폐경이 아닌 먹거리에서 시작되었다.

부족의 여성들이 채소를 수집하는 모습을 지켜보던 호크스 박사의 머릿속에 하나의 아이디어가 싹트기 시작했다. 젊은 여성들과 나이 든 여성들은 어린 자녀들을 데리고 매일같이 베리류와 야생 과일, 영양가 높은 구근식물을 채집하러 다녔다. 이들이 가족과 부족 구성원들에게 필요한 대부분의 칼로리와 영양분을 공급하고 있다는 사실이 분명해졌다. 실제로 남성들은 매일 사냥을 나갔지만, 충분한 양의 사냥감을 가지고 돌아오는 경우는 고작 3퍼센트에 불과했다. 결국 '가장'으로서 식량을 책임지고 있던 것은 아버지가 아닌, 어머니였던 셈이다. 연구진들은 젊은 여성들이 출산을 하면서 나타나는 변화를 통해 더욱 놀라운 사실을 발견했다. 할머니들이 모든 채집과 식사 준비를 도맡아 하는 협력 관계가 빠르게 형성되었던 것이다. 이후 현대 수렵채집인들을 대상으로 한 많은 연구에서 전 세계적으로 할머니들이 상당 부분의 일을 담당하고 있음이 밝혀졌다.[2] 비록 이들은 더 이상 **출산**을 하지 않지만, 식량을 공급하고 마을 운영에 필요한 일상적인 업무를 수행하면서 여전히 **생산**적인 역할을 해내고 있었다. 이를 통해 할머니들은 충분한 식량을 확보함으로써 부족을 안전하게 지켰을 뿐만 아니라, 인류 진화를 위해 귀중한 유전자가 다음 세대로 전달될 수 있도록 번식의 잠재력을 극대화하는 데에도 핵심적인 역할을 했다. 어떻게 그것이 가능했을까?

　선사 시대의 어머니들은 가족의 식량을 구하는 일과 갓난아기를 돌보는 일 사이에서 늘 갈등을 겪었다. 하지만 할머니들이 나서면서 이런 고민은 더 이상 필요 없게 되었다. 연장자 여성들이 손주를 돌보면서 딸들은 추가로 자녀를 낳을 수 있었고, 이는 종의 생존 가능성을 한층 더 높이는 결과를 가져왔다. 호크스 박사는 할머니들의 이러한 기여가 아이들의 생존에 **얼마나 큰 영향**을 미쳤는지를 확인하면서, 폐경과 인류 진화에 대한 기존의 지식을 재평가했다. 그녀가 제시한 '**할머니 가설**'은 매우 설득력 있는 설명을 제시했다.[3] 50세 즈음에 출산을 마치고도 계속 살아남은 여성들은 직접 아이를 낳고 기르는 대신, 자녀들의 아이들을 돌보고 그들에게 자원을 제공하는 데 전념할 수 있었다. 나이가 들수록 출산의 위험이 커진다는 점을 고려하면, 이는 자연이 선택한 현명한 전략처럼 보인다. 결국 할머니들은 가계도에서 두 세대 아래인 자신의 유전자가 이어지도록 하는 데 성공한 것이다. 주목할 만한 점은, 폐경이 없었다면 이러한 기여는 불가능했을 것이라는 사실이다. 이렇게 보면 그동안 '비정상'으로 여겨졌던 폐경이 사실은 자연의 지혜가 극명하게 드러난 증거라고 할 수 있다.

폐경이 수명 연장의 비법일까?

자연이 폐경을 선택한 데에는 더 깊은 이유가 있다. 또 다른 증거들은 폐경이 오히려 인류가 오늘날처럼 오래 살게 된 이유일 수 있다고 말해준다. 실제로 선사 시대의 할머니들은 그저 **평범한** 할머니들이 아니었다. 이들은 '자연 선택'된 할머니들이었다. 자연 선택이란 적자생존을 의미하는데, 이 여성들은 여러 차례의 출산을 견뎌낼 만큼 강했고, **게다가** 폐경 이후까지 살아남을 수 있는 유전적 특성을 지니고 있었다. 이론에 따르면, 이러한 특성이 자녀와 손주들에게 전해지면서 할머니의 장수 유전자는 다음 세대까지 이어졌다.[4] 시간이 지나면서, 이러한 생존 이점이 진화적 변화를 촉진했을 가능성이 있다. 그 결과, 폐경 이후에도 오래 살아남은 여성이 점점 더 유리한 자연의 선택을 받게 되었을 것이다. 이 가설에 따르면, 폐경 이후의 삶이 점점 더 일반화되었고, 결국 모든 여성 **호모 사피엔스의 DNA에는 생식 능력을 제한하는 대신 수명을 늘리는 특성**이 자리 잡게 되었다.[5]

이 이론은 그럴듯해 보이지만, 과학적으로도 타당할까?

많은 이가 그렇다고 믿는다. 예를 들어, 폐경 이후까지 사는 범고래에 대한 연구는 할머니 가설을 뒷받침한다.[6] 범고래 사회는 모계 중심으로, 아들과 딸들은 아버지가 아닌 어머니와 평생을 함께 산다. 게다가 어미 고래가 할머니가 되면 가까이 머물면서 손주들을 기르는 것을 돕는다. 그들의 세계에서는 특정 나이가 되면 생식 능력을 잃는 것이 오히려 이롭다. 딸들이나 며느리들과의 번식 경쟁을 피할 수 있기 때문이다. 최근 연구에 따르면, 할머니 고래들은 먹이를 찾는 등 다른 방식으로도 수중 손주들의 생존율을 높이는 것으로 나타났는데, 이를 통해 하나의 패턴이 드러나기 시작한다. 고대 수렵채집 사회에서도 비슷한 사회적 패턴이 발견된다는 점을 고려하면, 폐경은 우리 종에서도 이와 같은 어미와 딸 사이의 갈등을 피하기 위한 자연의 방식이었을 것이다. 앞으로 살펴보겠지만, 할머니들이 자녀들의 배를 불리는 데 힘써온 것은 구석기 시대 공동체에서부터 오늘날 명절 식탁에 이르기까지 인류의 오랜 역사 속에 깊이 뿌리내린 전통이다.

할머니가 닦아놓은 터전

침팬지, 보노보, 오랑우탄, 고릴라의 새끼들은 모두 어미가 전적으로 돌본다. 이러한 영장류 어미들은 새끼를 극도로 보호하여, 때로는 출산 후 몇 달 동안 다른 유인원들이 새끼를 만지는 것조차 허락하지 않는다. 반면 선사 시대의 할머니들은 손주가 태어나는 순간부터 함께했을 것으로 추정된다. 과학자들은 아이들이 할머니에게서 먹을 것을 얻고 양육되는 것이 일반적이었을 것이며, 이러한 유대 관계가 우리 종의 깊은 사회적 성향을 길러냈을 것이라고 본다. 인류는 다른 동물들과 달리 타인의 생각과 의도를 감지하는 능력(마음 이론)과 그들을 배려하는 능력(공감)을 가지고 있다.[7] 이는 여성들, 특히 폐경 이후 여성들이 가진 특히 뛰어난 능력이다.

우리의 조상인 할머니들은 이러한 감각을 발달시키는 데 중추적인 역할을 했을 것이다. 이렇게 생각해보자. 할머니와의 성공적인 상호작용이 배부르게 먹을 수 있느냐 아니면 굶어야 하느냐를 결정했다면, 이 둘 사이의 성공적인 관계 형성과 소통은 손주들에게 중요한 사회적 기술을 발달시켰을 것이다. 우리는 오늘날에도 이런 모습의 현대적 변형을 볼 수 있다. 할머니가 문을 열고 들어오면 손주들이 활짝 웃으며 두 팔을 벌려 반기고, 서로 포옹하며 작은 선물이나 과자를 주고받는 모습처럼 말이다. 우리의 긴 역사가 시작될 무렵, 이런 원초적인 상호작용은 뿌리채소와 베리를 함께 나누는 것에서 시작되었을 것이다. 어떤 경우든, 아이들을 돌보고 먹이는 일은 우리 종만의 특별한 방식으로 협력과 사회적 성향을 촉진하는 데 결정적인 역할을 했다. 우리가 '머리를 맞대고' 문제를 해결하는 능력은 결국 우리 종을 다른 모든 동물과 구별하는 특징이다. 최근 연구에 따르면, 아버지는 사냥을 나가고 어머니는 출산과 수유로 바쁜 동안 할머니들이 공동체의 톱니바퀴를 원활하게 돌아가게 했던 새로운 인류 사회의 모습이 드러난다. 인류의 진화가 이러한 패턴을 바탕으로 이루어졌을 가능성이 매우 높아 보이며, 이것이 오늘날 우리가 보는 독특한 폐경의 시기와 여성의 장수로 이어졌을 것이다.

모든 세대의 여성들

할머니들이 자녀의 육아를 돕고 필요한 자원을 제공하는 것이 도움이 된다는 점에는 모두가 동의하지만, 할머니들이 우리의 장수에도 결정적인 영향을 미쳤다는 주장에는 이견이 있다. 과학자들이 이를 연구하는 동안, 우리는 지금까지의 통념과는 다른 관점에서 나이 든 여성들을 진화의 영웅으로 바라볼 수 있게 되었다. 그동안의 일반적인 시각은 폐경 이후의 여성을 여성의 전 생애에 걸친 가임력을 유지하는 데 실패한 진화의 '부산물' 정도로 여겨왔다. 하지만 우리가 정말 이런 설명에 만족할 수 있을까?

다시 한번 신경과학자의 관점으로 폐경을 바라보면 도움이 된다. 인류는 다른 동물 종과는 다른 진화적 선택 속에서 발전해왔고, 이는 독특한 인지 능력과 사회적 기술의 발달을 이끌었다. 앞 장들에서 살펴보았듯이, 여성의 인생에서 마주치는 여러 갈림길마다 뇌와 호르몬의 변화는 사회적 인지적 능력을 향상하거나 적응에 유리한 변화를 가져온다. 사춘기 이후 성인기를 준비하든, 임신 후 양육 능력을 강화하든, 또는 폐경 후 특별한 사회적 역할을 수행하든, 우리의 신경내분비계는 **마치 미리 계획된 것처럼** 작동하는 것 같다.

할머니 가설은 아직 논란의 여지가 있을지 모르지만, 많은 가정에서 할머니의 중요성과 전 세계 수많은 사회에서 연장자 여성들이 미치는 영향력과 공헌은 의심할 여지가 없다. 혈연이든 선택이든, 이런 방식으로 우리를 돌보는 이들의 가치는 수천 년 동안 헤아릴 수 없을 만큼 소중했다. 할머니의 축복을 경험해본 사람이라면 이를 자연스럽게 이해할 것이다. 오늘날 여성들의 수명이 그 어느 때보다 길어진 만큼, 이제는 우리의 소매를 걷어붙이고 우리의 생각과 내면에 활력을 불어넣으며, 이 유산을 지켜내고 발전시킬 방법을 찾아야 할 때다. 호르몬은 줄어들 수 있어도, 우리의 의지는 절대 꺾이지 않을 테니까.

3부

갱년기 증상 완화를 돕는 약물 치료

9장

에스트로겐 치료, 부작용은 없을까?

에스트로겐 딜레마

호르몬 치료가 이처럼 혼란스러운 이유는 무엇일까? 어떤 이들이 우려하는 것처럼 호르몬 대체 요법은 정말 위험할까? 아니면 적극적인 옹호자들이 주장하듯 만병통치약일까? 이 질문에 대한 답이 간단했으면 하는 바람과는 달리, 현실은 '만약에', '그리고', '하지만'이라는 수많은 조건이 겹겹이 쌓여 있다.

안타깝게도 호르몬 대체 요법, 즉 HRT*를 이해하려 할 때마다 이런 막막한 상황이 늘 되풀이된다. 갱년기에 접어든 여성이라면 누구나 한 번쯤은 HRT에 대해 들어봤을 것이다. 이 치료법의 원리는 간단하다. 난소가 더 이상 만들어내지 못하는 호르몬, 주로 에스트로겐(또는 에스트로겐과 프로게스테론)을 알약이나 패치, 크림 등 다양한 형태로 보충하는 것이다. 이론적으로는 합리적인 방법이지만, 효과와 위험을 저울질하는 것이 의료진과 환자 모두에게 쉽지 않은 선택이다. 많은 여성이 암과 심장 질환, 뇌졸중의 위험이 높아진다는 경고 때문에 호르몬 치료를 주저한다.

일부 사람들은 추가 논의 없이 담당 의사로부터 호르몬 대체 요법을 권하지 않는다는 말을 듣고 치료를 포기한다. 또 어떤 이들은 HRT가 과연 갱년기 증상을 효과적으로 개선할 수 있는지조차 확신하지 못한 채, 인터넷을 뒤지고 친구들과 끝없이 이야기를 나눈다. 하지만 머지않아 산더미처럼 커진 걱정 때문에, 결국 인터넷 쇼핑몰에서 홍조를 완화하고 동시에 성욕을 높여준다는 희귀한 정글 허브로 만든 제품들을 둘러보게 될 것이다! 우리는 분명 이보다는 현명한 선택을 할 수 있다.

이 장에서는 HRT의 실제 위험성과 이점을 살펴보며 이 논쟁의 미스터리를 조금이나마 벗겨내고자 한다. 먼저 HRT가 어떻게 이런 부정적인 평판을 얻게 됐는지 알아보고, 이어서 최근 갱년기 증상 치료를 위한 호르몬 요법이 다시금 주목받게 된 배경을 살펴볼 것이다. 특히 지금까지 다룬 뇌 증상들에 초점을 맞추어 이야기를 풀어나갈 것이다.

---

*   HRT는 현재 갱년기 호르몬 치료(Menopause Hormone Treatment, MHT)라고 불린다. 하지만 대부분의 여성들에게 더 익숙한 HRT(Hormone Replacemet Therapy, 호르몬 보충 치료)로 계속 사용하기로 한다.

HRT의 황금기

과거의 갱년기 치료는 아편에서부터 퇴마, 정신병동 수용에 이르기까지 그야말로 공포 영화 같았다. 과학자들이 에스트로겐과 그 기능을 발견하면서 마침내 갱년기 증상에 에스트로겐 대체 요법이 널리 사용되기 시작했다. 1942년, 미국 FDA는 와이어스 제약(현재 화이자 소속)이 개발한 프레마린Premarin이라는 최초의 호르몬 대체 요법 약물을 승인했다. 프레마린은 순식간에 전국적인 베스트셀러가 되었다.

1970년대에 **승승장구하던** HRT는 첫 번째 난관에 부딪혔다. 프레마린이 자궁내막암의 위험을 높인다는 사실이 밝혀진 것이다. 하지만 연구진은 에스트로겐 용량을 줄이고 프로게스틴(합성 프로게스테론)을 추가하면 자궁을 보호할 수 있다는 사실을 발견했고, 이를 바탕으로 에스트로겐과 프로게스테론을 모두 함유한 프렘프로Prempro라는 두 번째 약물을 출시했다. 공포가 가시자 HRT는 다시 한번 인기를 끌었다. 1992년, 프레마린은 미국에서 가장 많이 처방된 약물이 되었고, 매출은 10억 달러를 넘어섰다. 수백만 명의 여성이 이 흐름에 동참했다. 와이어스가 호르몬 대체 요법을 활기차고 매력적인 갱년기 이후의 삶을 위한 해답으로 홍보한 것도 한몫했지만, 대부분의 의사들도 망설임 없이 환자들에게 권했기 때문이다. 제약회사의 주장대로라면 여성의 에스트로겐 수치가 떨어지기 시작할 때 대체 호르몬을 복용해 홍조를 치료하고, 심장병을 예방하며, 뼈를 튼튼하게 하고, 덤으로 성생활까지 개선할 수 있다니! 이보다 더 좋을 수는 없었다. 이즈음에는 주요 의학 단체들도 HRT를 홍조 치료뿐 아니라 심장병과 골다공증 예방을 위한 효과적인 1차 치료로 인정했다.[1] 초기 과학 연구와 수많은 일화적 증거[•]가 이를 뒷받침했다. 실제로 HRT를 시작한 여성들은 그러지 않은 여성들보다 홍조가 줄어들었을 뿐만 아니라, 골 손실이 적고 심혈관 질환 발생률도 낮은 것으로 보고되었다. HRT가 유방암 위험을 높일 수 있다는 점은 고려할 만하지만, 유방암 병력이 없는 한 크게 걱정할 필요가 없다는 조언을 받았다. 선택은 분명해 보였다. 갱년기가 시작되면 곧바로 호르몬 치료를 시작하는 것이었다. 90년대에 이르러 호르몬 치료는 단순히 '영원한 여성성'을 위한 것이 아니라 '영원한 건강'을 약속하는 것으로 격상되었다.

HRT의 몰락

2002년, 의료계에 날벼락 같은 소식이 터졌다. 이 소동의 중심에는 여성 건강 연구Women's Health Initiative, WHI라는 프로젝트가 있었다. 이것은 90년대 초에 미국 연방 정부의 지원을 받아 시작된 HRT 연구로, 그 규모와 포부가 남달랐다. 거의 16만 명의 폐경 후 여성들이 참여했고, 수년간 에스트로겐 단독 또는 프로게스테론 병용 요법과 위약placebo을 비교하는 연구에 참여했다. 특히 심장병 예방 효과에 초점을 맞춰, 광범위한 HRT 처방이 정말 올바른 선택이었는지 결정적인 증거를 찾는 것이 목표였다. 하지만 2002년 7월 9일, WHI 연구진은 충격적인 발표를 했다. **예정보다 3년이나 일찍 연구를 중단**한다는 것이었다.

• Anecdotal Evidence, 과학적 연구나 통계적 분석이 아닌, 개인의 경험이나 사례에 기반한 증거를 의미한다.

밝혀진 바에 따르면, HRT는 참가자들의 건강에 '너무나 위험'해서 더 이상 연구를 진행할 수 없었다는 것이었다. 호르몬을 복용한 여성들은 위약을 복용한 여성들보다 심장 질환이 줄어들기는커녕 오히려 더 많이 발생했다.[2] 뇌졸중 위험도 높아졌고, 혈전과 유방암 위험도 마찬가지였다.[3] 놀랍게도 치매 위험까지 증가했다.[4] 어찌된 일인지 HRT는 의도한 바와는 정반대의 결과를 가져왔을 뿐 아니라 더 심각한 문제까지 일으켰다. WHI의 연구 결과는 그해 여름 내내, 그리고 가을까지도 의료계의 뜨거운 화제였다. 경고의 수위가 너무나 심각했기에 수백만 명의 여성이 즉시 HRT를 중단했다. 에스트로겐 약품의 판매량은 급감했고, 폐경 관련 신약 개발은 완전히 멈춰 섰다. 이제 HRT는 치명적인 것으로 여겨지게 되었다.

WHI 재조사 결과: 잘못된 약물, 잘못된 대상

WHI의 폭탄선언이 있은 지 20여 년이 흘렀다. 그 후로 호르몬에 대한 치열한 논쟁이 이어지며, 연구의 타당성과 결과에 대한 의문이 제기되어왔다. 이제 혼란이 가라앉은 지금, 이 주제에 관한 크고 작은 모든 세부 사항이 매우 중요하다는 사실이 드러나고 있다.

자궁 유무의 중요성

기본부터 살펴보자. 자궁이 있다면 에스트로겐과 프로게스토겐(다양한 프로게스토겐 제제를 통칭하는 용어)을 함께 복용한다. (덧붙이자면, 에스트로겐만 단독으로 사용하면 자궁암 위험이 높아질 수 있는 반면, 프로게스테론은 이 위험을 낮춰준다.) 이 두 가지 호르몬을 함께 사용하는 치료를 에스트로겐-프로게스테론 병용 요법, 혹은 복합 요법이나 대항 요법*이라고 부른다. 자궁 절제술을 받아 자궁이 없다면 자궁암의 위험이 없으므로 보통 프로게스테론이 필요 없다. 이 경우에는 일반적으로 에스트로겐만 처방하며, 이를 에스트로겐 단독 요법 또는 비대항 요법이라고 한다.

WHI 연구는 이러한 차이를 반영하여 두 가지 임상 시험을 실시했다. 2002년 큰 파문을 일으켰던 첫 번째 시험은 자궁이 있는 여성들을 대상으로 했으며, 이들에게는 에스트로겐-프로게스테론 복합제인 프렘프로가 처방되었다. 이때 사용된 프로게스테론은 '프로게스틴'이라 불리는 합성 호르몬이었다. 두 번째 시험은 자궁 절제술을 받은 여성들을 대상으로 했으며, 이들은 에스트로겐 단독제인 프레마린을 복용했다. 각 그룹은 호르몬을 받지 않은 위약 그룹과 비교되었다. 두 시험 모두 뇌졸중과 혈전의 위험이 증가하여 결국 중단되었다. 하지만 유방암 위험은 에스트로겐-프로게스틴 복합 요법을 받은 여성들에게서만 증가했다.[5] 흥미롭게도 에스트로겐 단독 요법은 정반대의 효과를 보여 유방암 발생률이 22퍼센트나 감소했다.[6] 하지만 언론은 첫 번째 임상 시험에서 나타난 암 위험성만 조명했고, 이는 두 가지 유형의 HRT에 대한 대중의 불안을 야기해 그 여파가 오늘날까지 이어지고 있다. 다행히 이제 우리는 이러한 암 위험이 실제로 존재하는지, 또 존재한다

● 한 약물의 부작용을 완화 혹은 길항시키기 위한 추가 요법

면 언제 발생하는지 좀 더 정교하게 이해하게 되었다. 이에 대해서는 앞으로 자세히 살펴보겠다.

경구형 · 경피형 · 생체 동일 호르몬, 개별 조제 호르몬······ 최고의 선택은?

WHI 연구의 또 다른 아쉬운 점은 서로 다른 에스트로겐 제제가 각기 다른 효과를 보일 수 있다는 사실이었다. 현재 주로 사용되는 에스트로겐은 두 종류이다.

- **결합형 말 에스트로겐:** WHI 연구에서 사용된 에스트로겐은 결합형 말 에스트로겐conjugated equine estrogens, CEE이라고 불린다. CEE는 임신한 말의 소변에서 추출한 농축 제제로, 주로 에스트론과 소량의 에스트라디올을 포함해 10가지가 넘는 다양한 형태의 에스트로겐을 함유하고 있다.
- **에스트라디올:** 오늘날에는 에스트라디올 자체를 **미세화한 형태**로 사용할 수 있다. 이는 주로 얌yam에서 추출한 성분˙을 우리 난소가 만드는 에스트라디올과 분자 수준에서 완전히 동일하게 조정한 것이다. 이런 이유로 생체 동일bioidentical 또는 체내 동일body-identical 에스트로겐이라고도 부른다.

● 멕시코산 얌에서 추출한 디오스제닌이라는 성분이 포함되어 있어 호르몬 대체 요법의 원료로 사용하기도 한다.

말의 소변 제제를 본떠 만든 **합성 결합 에스트로겐**synthetic conjugated estrogen, SCE도 있고, 주로 피임약에 사용되는 합성 에스트라디올(에티닐 에스트라디올ethinyl estradiol)도 있다.

앞서 설명한 것들이 우리가 사용할 수 있는 주요 에스트로겐의 종류들이다. 여기에 더해, 에스트로겐을 어떻게 전달하는지, 그리고 그 효과가 국소적인지 전체적인지도 중요하다. HRT는 전신 요법으로, 호르몬이 혈류를 통해 전달되어 온몸에 흡수되도록 설계되었기 때문에 전신에 영향을 미친다. 이는 주로 두 가지 경로를 통해 이루어진다.

- **경구 투여(먹는 약)**: WHI 연구가 진행되던 당시에는 에스트로겐(특히 CEE)을 고용량으로, 그것도 항상 알약 형태로 복용했다. 경구용 에스트로겐은 간에서 대사되는데, 이 과정에서 본래의 기능을 수행하기도 전에 여러 가지 복잡한 문제를 일으킬 수 있다. 일부 연구에서 경구용 에스트라디올이 경구용 CEE보다 더 안전할 수 있다는 결과가 나왔기 때문에, 과학자들은 경구용 CEE의 사용이 WHI 연구 결과를 더욱 혼란스럽게 만들었을 수 있다고 생각한다.[7]
- **경피 투여(바르는 약)**: 경피용 에스트로겐은 피부를 통해 흡수되어 간을 거치지 않고 바로 혈류로 들어간다. 아직 임상 시험에서 경피용 에스트로겐을 철저히 연구하지는 않았지만, 관찰 데이터를 보면 경구 투여보다 위험이 적은 것으로 보인다.[8] 경피용 에스트로겐은 패치, 젤, 크림, 스프레이 형태로 사용할 수 있다.

전신 HRT는 국소 에스트로겐 요법과는 다르다. 국소 요법은 문제가 있는 부위에 직접 바르기 때문에 국소적인 효과만 나타난다. 저용량 에스트로겐 제제는 질 건조감, 불편감, 통증과 같은 갱년기의 질 증상을 치료하는 데 사용된다. 국소 에스트로겐은 크림, 좌약, 젤, 또는 질 속에 직접 삽입하는 링 형태로 제공된다.

관심을 기울여야 할 부분이 에스트로겐 제제만은 아니다. 프로게스테론의 종류 역시 중요한 차이를 만들어낼 수 있다는 것이 밝혀졌다. 프로게스테론은 합성 형태인 프로게스틴이나, 천연 원료에서 추출한 프로게스테론 자체의 형태로 사용할 수 있다. WHI 연구에서 사용된 프로게스틴은 MPAmedroxyprogesterone acetate라고 부르는데, 이것이 또 다른 문제의 씨앗이었다. MPA는 자궁암의 위험은 막아주었지만, 유방암 위험을 높이는 요인이었을 수도 있다는 가능성이 제기되고 있다.[9] 물론 이것이 MPA만이 문제였다는 뜻은 아니다. 그래서인지 최근에는 주로 **미세입자화 프로게스테론**mironized progesterone을 사용하는데, 앞서 설명한 에스트라디올처럼 여성의 몸에서 자연적으로 만들어지는 프로게스테론과 분자 구조가 동일한 생체 동일 호르몬이다. 현재까지는 미세입자화 에스트로겐과 프로게스테론의 조합이 유방암 위험을 높인다는 증거가 거의 없다.[10] 참고로 에스트로겐은 다양한 방법으로 투여할 수 있지만, 프로게스테론은 주로 경구 복용한다.

다음 주제로 넘어가기 전에, 생체 동일 호르몬에 대해 몇 가지 짚고 넘어가고 싶다. **생체 동일**이란 여성의 몸에서 만들어지는 호르몬과 완벽하게 동일한 호르몬을 의미한다. 그런데 생체 동일 호르몬이 다른 호르몬보다 '더 안전하다'거나 더 효과적이라는 주장도 있다. FDA 승인을 받고 엄격한 임상 시험을 거친 제품이라면, 다른 종류의 호르몬도 충분히 안전하게 사용할 수 있다.

또 다른 혼란의 원인은 FDA 승인 생체 동일 호르몬과 약국에서 개별적으로 조제한˙ 생체 동일 호르몬을 모두 선택할 수 있다는 점이다. 정부 승인을 받은 제제는 각각의 성분이 규제되고 순도와 효능이 관리되며, 부작용에 대한 검사도 거친다. 반면 조제 약국에서 만드는 조제 호르몬은 검증되지 않은 제형을 사용할 수 있고 여러 호르몬을 혼합할 수도 있다.˙˙ 게다가 표준화되지 않거나 검증되지 않은 방법으로 투여될 수 있고, 때로는 신뢰성이 낮은 타액이나 소변 호르몬 검사를 기반으로 처방되기도 한다. 전반적으로 보면, 생체 동일 호르몬의 잠재적 이점은 허가받은 기존 제품으로도 충분히 얻을 수 있다. 다만 정부 승인 제품의 성분에 알레르기가 있거나 특정 용량이 필요한 경우에는 조제 생체 동일 호르몬이 도움이 될 수 있다. 자, 이제 WHI 연구로 돌아가서, 가장 중요한 HRT를 어떻게 우리에게 유익하게 활용할 수 있는지 알아보자!

타이밍이 모든 것을 결정한다

WHI 연구를 둘러싼 또 하나의 중요한 고민거리는 바로 '타이밍'이었다. 수년간의 재검토 끝에 우리는 HRT의 위험과 효과가 두 가지 핵

- ● 제목에 쓴 '개별 조제 호르몬(compounded hormone therapy)'으로, 환자의 개인적인 필요에 맞춰 약국에서 특별히 조제하는 호르몬 치료제를 말한다.
- ●● 미국의 compounding pharmacy는 약사가 의사의 처방에 따라 여러 호르몬을 섞거나, 임상시험을 거치지 않은 제형을 개별 환자 맞춤형으로 제조할 수 있는 조제약국을 말한다. 한국의 일반 약국에서는 이런 방식의 조제가 법적으로 엄격히 제한되어 있어, 미국의 '조제약(compounded hormones)' 개념은 국내에서는 거의 존재하지 않는다.

심 요소에 따라 달라진다는 것을 알게 되었다. 바로 여성의 나이와 폐경 이후 경과한 시간이다. 이를 타이밍 가설이라고 부른다. 단순하게 설명하자면, 에스트로겐의 효과는 우리가 언제 복용을 시작하느냐에 달려 있다는 것이다.

WHI 연구가 있기 수십 년 전, HRT의 전성기에는 대부분의 여성들이 50대 초반에 갱년기 증상이 나타나면서 호르몬 치료를 시작했다. 하지만 이런 현실과는 달리, WHI 연구 참가자의 대다수는 60대와 70대, 심지어 그 이상의 폐경 후 여성들이었고, 갱년기 증상을 겪는 사람은 거의 없었다. 이 10~20년이라는 시간 차이가 엄청난 결과의 차이를 만들어냈다. 실제로 많은 과학 연구들은 HRT가 우리 몸이 여전히 에스트로겐에 반응할 수 있을 때 가장 효과적이라는 점을 밝혀냈다.[11] 이러한 반응성은 여성이 갱년기를 한창 겪고 있을 때 나타나며, 증상이 지속되는 동안에는 계속될 수 있지만 그 이후까지 오래가지는 않는다. 이 중요한 갱년기 시기에 에스트로겐은 전신의 세포 건강을 개선하고 보호할 수 있다. 하지만 그 시기를 한참 지나서 투여하면 에스트로겐은 더 이상 보완하거나 회복 효과를 내지 못하고 오히려 해로운 영향을 미칠 수 있다. 이는 왜 HRT가 50대 여성에게는 도움이 되지만 스무 살이나 많은 여성에게는 효과가 없거나 오히려 해가 될 수 있는지를 설명해준다.

고려해볼 만한 또 다른 점이 있다. WHI 연구에 참여한 대다수 여성들의 나이를 감안하면, 연구에서 예방하고자 했던 질환들이 이미 진행되었을 가능성이 있다. 예를 들어, 여성의 동맥은 폐경 이후 더 쉽게 경화되는 경향이 있기 때문에, 뒤늦게 HRT를 시작하면 이 문제를 해결하거나 완화하는 데 한계가 있었을 것이다. HRT는 혈전 위험도 증가시키는데, 나이 든 여성들은 원래도 쉽게 혈전이 생기기에 여기에 HRT까지 더해지면서 심장마비 발생이 늘어났을 수 있다. 유방암과 치매 위험 증가에 대해서도 비슷한 우려가 제기되었다.

도대체 왜 여성 건강 역사상 가장 중요한 약물 시험에서 왜 하필 폐경이 한참 지난 여성들을 선택했을까?

우선, WHI 연구가 시작될 당시에는 에스트로겐이 여성의 몸과 뇌에서 어떻게 작용하는지에 대한 연구가 거의 없었다. 2장에서 언급했듯이, 이러한 메커니즘은 WHI가 시작된 지 몇 년 후에야 밝혀졌다. 앞서 이야기한 타이밍 가설은 그로부터 10년이 더 지나서야 제시되었다. 그러니 WHI 연구진들은 매우 중요한 정보들을 놓치고 있었던 셈이다. 게다가 연구에서 흔히 그렇듯, 60대 이상의 여성들을 연구 대상으로 선택한 것은 통계적인 판단 때문이었다. WHI는 주로 HRT의 심장병 예방 효과를 시험하기 위한 것이었는데, 연구 기간은 고작 8~9년으로 예정되어 있었다. 심장마비와 뇌졸중은 대개 폐경 이후에 나타나기 때문에, WHI가 HRT의 예방 효과를 확인할 수 있는 유일한 방법은 연구 기간이 끝나기 전에 그 위험 구간에 도달할 만큼 나이 든 여성들을 모집하는 것이었다. 안타깝게도 이 계획은 의도와는 정반대의 결과를 낳고 말았다.

경구용 CEE와 MPA만을 임상에 사용하기로 한 결정은 당시 HRT 선택지가 제한적이었다는 점과 재정적인 이유가 함께 작용했다. 약물 시험에는 많은 비용이 든다. 와이어스가 전체 시험 기간 동안 HRT를 무상으로 제공하겠다고 한 것은 꽤나 매력적인 제안이었다. 게다가 이미 수백만 명의 여성들이 이 호르몬들을 사용하고 있었기에, 엄격한 시험을 통해 이를 검증하는 것이 타당해 보였다. 다행히도 이 연구를 통해 매우 중요한 사실이 밝혀졌다. 비록 WHI의 의도는 아니었지만, 고령의 폐경 이후 여성들에게 고용량의 경구용 CEE와 MPA를 투여하는 것(당시에는 꽤 표준적인 처방 용량이었다)이 좋지 않음을 알게 된 것이다.

2002년 뉴스에서 대부분의 여성들이 들었던 내용 대신 이러한 사실들이 신문 기사의 헤드라인이 되었어야 했다. 그 후로 수십 건의 연구를 통해 갱년기 증상을 겪는 건강한 여성들의 경우, 더 낮은 용량으로, 그것도 주로 경피 투여 방식으로 호르몬을 사용하면 일반적으로 이점이 위험보다 크다는 것이 확인되었다. 하지만 이러한 연구 결과들은 조금씩 천천히 알려졌고, WHI 연구만큼 큰 주목을 받거나 파급력을 가진 연구는 없었다. 결과적으로 HRT의 명성은 완전히 회복되지 못했고, 그 영향은 광범위하게 퍼졌다. 머릿속에 생생히 남아 있는 이전 연구 결과의 영향 때문에 대부분의 여성들은 갱년기 증상 완화를 위해 호르몬 대체 요법을 사용할지 여부에 대해 당연히 갈등하고 있다.

기회의 창

HRT를 피해야 할 시기가 있다는 것을 알았으니, 그렇다면 언제 시작하는 것이 좋을까? WHI 연구 대상자들보다 **젊은 여성들**, 즉 갱년기를 지나고 있거나 아직 증상이 있는 폐경 후 여성들(이는 몸과 뇌가 여전히 전환기에 있다는 신호다)에게는 HRT가 더 안전할까?

  오늘날 타이밍 가설은 점점 더 힘을 얻고 있다. 수많은 과학적 연구들은 적절한 시기에 시작한 HRT는 갱년기 증상을 완화할 뿐 아니라 심장병과 다른 만성 질환까지도 예방할 수 있다는 것을 보여주었다.[12] 예를 들어, 원숭이를 대상으로 한 연구에서는 갱년기 동안 투여된 에스트로겐이 심장 질환 예방에 뛰어난 효과를 보였다. 하지만 인간 나이로 치면 6년이나 지난 뒤에 에스트로겐을 투여하면 아무런 보호 효과가 없었다. 이미 그 기회의 창은 닫혀버린 것이다. 알츠하이머병 치료법을 찾기 위해 쥐를 연구하는 과학자들도 비슷한 패턴을 발견하고 있다. 갱년기나 최근에 폐경이 된 쥐에게 에스트로겐을 투여하면 세포 성장을 촉진하고 뇌 기능을 지원하며, 심지어 알츠하이머병 혈전 형성도 막을 수 있다. 하지만 폐경 이후 너무 오랜 시간이 지난 뒤에 HRT를 시작하면 이점은 없고 오히려 해로울 수 있다.

  종합해보면, 여러 연구 결과들은 일찍 시작한 HRT가 이러한 질환들에 도움이 될 수 있다는 것을 보여준다. 예를 들어, WHI 연구 참가자 중에는 연구가 시작될 당시 50대이거나 폐경 이후 10년 이내인 여성들도 소수 있었다. 이러한 여성들의 경우, HRT를 받은 그룹이 받지 않은 그룹보다 **심장마비와 심장병으로 인한 사망 위험이 낮았고, 전반적인 사망률도 더 낮았다.**[13, 14] 또한 일부 여성들에게는 HRT가 인지 기능 저하를 예방하는 데 도움이 될 수 있다는 새로운 근거도 나타나고 있으며, 이에 대해서는 나중에 더 자세히 다룰 예정이다. 다행히 이러한 긍정적인 연구 결과들이 점점 늘어나면서, HRT의 임상적 활용에 대한 시각에도 변화가 일어나고 있다.

HRT 사용 지침 업데이트

얼마 전까지만 해도 대부분의 의료 단체들은 HRT를 사용하는 데 **극도로** 조심스러운 입장이었다. 여성들에게는 제한된 증상에 대해서만, 가능한 한 최소한의 용량으로, 그것도 아주 짧은 기간 동안만 HRT를 권유했다. 그리고 2022년, 시간이 지나면서 축적된 여러 긍정적인 연구 결과들을 면밀히 검토한 후, 북미폐경학회 North American Menopause Society는 HRT의 위험성과 이점에 대한 주요 개정 사항을 포함한 최신 권고안을 발표했다.[15] 다른 20곳의 국제 기관들도 지지를 표명한 이 개정안은 모든 여성이 서로 다르다는 점을 고려하면서도 더 유연한 선택의 폭을 제시하고 있다. 이 중요한 변화들을 함께 살펴보자.

HRT, 유방암 위험과 관련이 있을까?

갱년기가 다가오는 모든 여성의 가장 큰 고민은 에스트로겐 대체 치료가 유방암 위험을 높일 것인가 하는 점이다. 호르몬을 써서 홍조를 없애는 대신 암 위험을 감수할 것인가, 아니면 HRT를 포기하고 묵묵히 버티면서 증상이 저절로 사라지기를 기다릴 것인가?

앞서 이야기했듯이, 이러한 우려는 WHI 연구 결과, 특히 에스트로겐-프로게스틴 복합제에서 관찰된 26퍼센트의 유방암 위험 증가에서 비롯되었다. 하지만 자세히 들여다보면 이야기가 달라진다. 전체 연구 대상자 중 HRT를 받은 그룹에서는 38명이, 위약을 받은 그룹에서는 30명이 유방암에 걸렸다. 간단히 계산해보면 26퍼센트가 더 증가한 것은 맞다. 하지만 실제 숫자로 보면 HRT로 인한 유방암 증가는 단 8건에 불과했다. 다시 말해, 호르몬(즉 경구용 CEE와 프로게스틴의 특정 조합)을 복용하는 여성 1만 명당 8명이 추가로 유방암에 걸렸다는 의미로, 이는 26퍼센트의 위험 증가라는 수치가 주는 인상만큼 충격적인 결과는 아니다.

주목할 만한 또 다른 점은 유방암 위험 증가는 HRT 시작 5년이 지난 후에야 나타났다는 것이다. 그리고 20년이 지난 후에도 호르몬을 복용한 여성들의 사망률은 위약군의 사망률과 다르지 않았다.[16] 자궁 절제술을 받은 여성들을 대상으로 한 WHI의 또 다른 연구 결과도 잊지 말아야 한다. 이 연구에서는 에스트로겐 단독 요법이 위약 그룹보다 유방암 발생 사례가 7건 **적었으며**, 이는 24퍼센트 **감소**에 해당한다.[17] 이런 미묘하지만 중요한 차이들은 우리가 충분히 듣지 못했던 이야기다.

이러한 결과와 WHI 종료 후 추가 수집된 데이터를 바탕으로, 대부분의 전문 학회들은 HRT와 관련된 유방암 전반의 위험이 실제로 낮다고 의견을 모으고 있으며, 현재의 지침에서는 이 위험을 '드문 사례'로 정의하고 있다.[18] 북미폐경학회의 조앤 핑커튼 박사의 말을 빌리자면, "60세 미만이거나 마지막 월경 후 10년 이내의 건강한 여성 대부분은 에스트로겐 단독 또는 프로게스테론 병용 요법을 두려워할 필요가 없다"(https://www.sciencedaily.com/releases/2022/08/220824152312.htm). 이 시기에 HRT를 시작하면 많은 갱년기 증상을 완화하는 데 도움이 될 수 있으며, 장기적으로는 고관절 골절, 심장병, 대장암, 당뇨병의 위험도 낮추는 것으로 나타났다. 한 가지 주의할 점은 유방암 재발 위험이 여전히 우려되므로 유방암 병력이 있는 경우에는 해당하지 않는다는 것이다.[19] 유방암 관련 사항이 시급한 관심사라면 이 주제를 집중적으로 다룬 11장을 살펴보는 것을 권장한다. 암 병력이 없는 여성들을 위한 HRT 관련 수치를 살펴보자.

- 에스트로겐-프로게스테론 병용 요법은 단기간(5년 미만)에는 유방암 위험을 크게 높이지 않는다. 다만 장기간(5년 이상) 사용하면 다소 위험이 증가할 수 있다. 이러한 위험 증가는 WHI에서 사용된 경구용 CEE와 MPA(합성 프로게스테론) 조합에서 더 많이 나타났고, 생체 동일 에스트로겐과 프로게스테론 같은 새로운 제제에서는 덜 나타났다.
- 자궁 절제술을 받아 자궁을 제거했거나, 암 병력이 없는 여성들의 경우 10년 정도의 에스트로겐 단독 요법은 유방암 위험을 높이지 않는다. 10년이 지난 후에 관한 확실한 데이터는 아직 충분하지 않지만, 관찰 연구들을 보면 더 오랜 기간 동안에도 암 위험이 낮게 유지될 수 있는 것으로 보인다.
- 질 부위 도포용(국소) 에스트로겐은 단기, 장기 모두 유방암 위험 증가와 관련이 없는 것으로 나타났다.

도움이 될 만한 또 다른 관점은 HRT와 관련된 유방암 위험을 맥락 속에서 이해하는 것이다. 실제로 HRT와 비슷하거나 유방암 위험률이 더 높은 일반적인 의학적·생활 습관적 요인들이 여럿 있다. 예를 들어, 단순히 움직임이 적은 좌식 생활을 하는 것만으로도 HRT와 비슷한 수준의 유방암 발생 위험이 있다.[20] 게다가 하루에 와인 두 잔을 마시거나 과도한 체중은 어떤 형태의 HRT보다도 유방암 발생 위험이 두 배나 높아질 수 있다.[21] 따라서 HRT와 암 위험에 대한 논의도 중요하지만, 전반적인 건강과 생활 습관, 의학적 선택이라는 더 큰 그림 속에서 이를 바라보는 것도 그만큼 중요하다.

단기 복용 vs 장기 복용

오랫동안 전문가들의 지침은 한결같았다. 증상이 있을 때만, 그것도 증상을 조절할 수 있는 최소한의 용량으로 가능한 한 짧은 기간 동안만 HRT를 사용하라는 것이었다. 하지만 이제 의료계는 그런 입장이 일부 여성들에게는 부적절하거나 오히려 해로웠을 수 있다는 것을 인정하고 있다.[22] 반가운 소식은, 오늘날에는 60세가 넘어서도 갱년기 증상이 지속되거나 삶의 질에 영향을 미치는 경우에는 굳이 HRT를 중단할 필요가 없다는 데 의견이 모아지고 있다는 것이다. 전문 학회들에 따르면, 최신 데이터는 더 이상 이러한 연령 기준을 뒷받침하지 않으며, 증상이 지속되는 경우 치료 기간을 임의로 제한해서는 안 된다.[23] 다만, 개인별로 위험성과 이점을 재평가하는 것은 항상 권장한다.

자연적 폐경, 조기 폐경, 수술적 폐경

지난 20년간의 연구에서 얻은 가장 큰 깨달음은 나이가 중요하다는 점이다. 우리가 흔히 알고 있는 것과는 달리, 금기 사항이 없다면 이른 폐경을 겪는 여성들에게는 오히려 호르몬 치료를 권장한다.[24] 유전적 요인이나 원발성 난소부전, 자가면역 또는 대사 장애로 인한 이른 폐경, 특히 난소 절제술 후 수술적 폐경을 겪는 여성들에게 HRT는 도움이 될 수 있다. 대부분의 여성에게 수술적 폐경은 자연적 폐경보다 훨씬 더 힘든 경험이다. 안타깝게도 이 시술을 받는 여성들은 수술 후에 어떤 일이 일어날지 제대로 된 설명이나 준비도 없이 어둠 속에 내던져지는 경우가 많다. 그래서 난소 절제술 후 이른 폐경을 겪는 많은 여성에게 HRT가 실현 가능한 선택지라는 점을 강조하는 것이 정말 중요하다. 전문가들은 적합한 환자들에게 수술 후 가능한 한 빨리 HRT를 시작하고, 적어도 평균 폐경 나이인 51세까지는 **유지**하는 것이 좋다고 말한다.[25] 이러한 치료법은 안면 홍조와 질의 불편감을 효과적으로 치료하고 골 손실을 막아주는 것으로 나타났다. 관찰 연구 데이터에 따르면, 자궁이 있는 경우 프로게스테론과 함께 사용하는 에스트로겐 요법이 난소 절제술 후 심장 질환과 인지 기능 저하의 위험을 줄이는 데 도움이 될 수 있다고 한다.

폐경 이후 HRT를 시작하는 시기는?

그렇다면 60세가 넘었거나 폐경 후 10년 이상 지난 경우는 어떨까? 이때 HRT를 시작해도 안전할까? 지금까지의 연구에서 알게 된 것과 아직 모르는 것들을 모두 고려하면, 이는 신중한 판단이 필요한 문제다. WHI 연구에서 우리가 얻은 한 가지 교훈이 있다면, 폐경이 지난 한참 뒤에 고용량의 경구용 에스트로겐을 시작하면 심장병 같은 만성 질환의 위험이 높아질 수 있다는 점이다. 하지만 걱정하지 마시라. 60세 이후나 폐경 후 10년이 지난 시점에 HRT를 시작해야 한다면, 전문가들은 저용량 호르몬을 사용하고, 가급적 패치나 젤 같은 피부 부착형 방식을 선택하여 지속되는 갱년기 증상이나 삶의 질 문제를 개선하라고 조언한다.[26] 다행히 예외적 금기 사항이 없다면 질 부위

용 에스트로겐은 나이에 관계없이 언제든 시작할 수 있다.[27]

HRT의 금기 사항과 승인된 적응증

이제 전신 호르몬 치료를 하면 안 되는 경우들을 살펴보자.
- 임신 중인 경우
- 원인을 알 수 없거나 비정상적인 질 출혈이 있는 경우
- 현재 간 질환이 있는 경우
- 혈압이 조절되지 않는 경우
- 유방암과 같이 호르몬에 민감한 암이 있거나 의심되는 경우
- 현재 유방암 치료를 받고 있는 경우
- 동맥에 혈전이 생기는 질환이 있거나 최근에 있었던 경우
- 정맥혈전색전증(VTE, 즉 정맥이나 다리, 폐에 혈전이 생기는 질환)이 있거나 있었던 경우
- 관상동맥질환이나 뇌졸중, 심근경색이 있거나 있었던 경우

의학적 병력에 따라 예외가 있을 수 있으니, 담당 의료진과 꼭 상담하는 것이 중요하다. 예를 들어 혈전이 있었다는 것은 '상대적인' 금기 사항이라서 추가 평가가 필요하다. HRT 투여 방식도 중요한데, 피부 부착형은 뇌졸중이나 혈전의 위험이 더 낮다. 중요한 점은 가족력이 있다고 해서 반드시 HRT를 할 수 없는 것은 아니라는 것이다. 물론 의학적 검토는 필요하지만 말이다. 이해를 돕기 위해 설명하자면, 호르몬 치료를 하지 말아야 하는 경우는 **본인**이 에스트로겐 의존성 암을 앓고 있거나 앓은 적이 있을 때이지, 가족 중 누군가가 유방암을 앓았기

때문은 아니다.

적합한 여성의 경우, 아래 증상들에 대한 HRT는 권장될 뿐만 아니라 FDA의 승인까지 받은 치료법이다.

혈관 운동 증상

HRT는 중등도부터 심한 정도의 혈관 운동 증상, 즉 흔히 겪는 열성이나 야간 발한을 완화하는 데 가장 효과적인 1차 치료법이다. 임상 시험에서 에스트로겐 단독 요법이나 에스트로겐-프로게스테론 병용 요법 모두 홍조의 횟수를 약 75퍼센트나 줄였을 뿐 아니라 강도도 낮추었다.[27] 다행히 피부 부착형도 경구용만큼 효과가 있는 것으로 나타났다.

골다공증 예방

HRT는 골다공증이 없는 여성의 골 손실을 예방하고 골절을 줄이는 것으로 나타났다. 하지만 이미 골다공증이 있다면 다른 약물이 더 적절하다.

비뇨 생식기 증상

갱년기의 비뇨 생식기 증후군Genitourinary Syndrome of Menopause, GSM에는 질 건조감, 화끈거림, 자극감, 성교통과 성관계 시 질 건조, 그리고 요실금, 과민성 방광, 재발성 요로 감염Urinary Tract Infections, UTI이 포함된다. 이런 증상들에 주로 쓰는 것은 크림, 정제, 링이나 부드러운 젤 형태의 질 삽입제 등 저용량 에스트로겐으로, 질 부위의 마찰, 건조,

조직 위축을 줄여준다. 안타깝게도 질 위축으로 고생하는 여성들 중 25퍼센트만 이 치료를 받고 있는데, 이는 부분적으로 유방암 우려 때문이다. FDA가 포장에 경고문을 표시하도록 한 것도 의사와 환자들이 이 선택지를 꺼리게 만든 이유 중 하나다. 하지만 이러한 경고는 질 에스트로겐 사용에 대한 평가가 전혀 안 된 WHI 연구 결과를 기반으로 만들어졌다. 다시 한번 강조하지만, 저용량 질 부위용 에스트로겐은 암 위험 증가와 관련이 없다. 드물게 국소 에스트로겐을 사용할 수 없는 환자도 있는데, 이런 경우에는 비호르몬성 질 보습제가 1차 치료제다. **참고로 말하자면,** 질 부위용 에스트로겐이 성욕이나 성적 관심을 높이지는 않을 수 있다. 이런 경우에는 전신 HRT가 가장 효과적이며, 경구용보다는 피부 부착형이 더 선호된다. 테스토스테론 치료도 하나의 선택지인데, 이에 대해서는 다음 장에서 자세히 살펴보겠다.

갱년기와 관련된 기타 적응증

비록 현재 FDA에서 공식 승인하지는 않았지만, 특히 갱년기의 호르몬 변화가 한창일 때 도움이 된다는 보고들이 있기에 많은 의료진은 갱년기의 수면, 기분, 인지 기능 변화에도 HRT를 처방하고 있다. 특히 다음과 같은 증상에 많이 사용된다.

수면 장애

더 많은 연구가 필요하지만, 여러 연구에서 저용량 에스트로겐(프로게스테론 병용 여부와 관계없이)이 갱년기 여성들의 수면 장애를 줄여주는 것으로 나타났다.[28] 한밤중 식은땀으로 잠을 설치던 증상이 줄어들고, 갱년기 이후의 불면증도 개선되는 것으로 보인다.

우울 증상

우울 증상은 좀 더 세심하게 접근해야 한다. 먼저 갱년기로 인한 우울인지, 아니면 실제 주요 우울증인지 구분하는 것이 중요하다. 우리 몸의 호르몬 변화 때문일까, 아니면 다른 원인이 있을까? 이에 따라 적절한 치료법이 다르기 때문이다. 주요 우울증에는 항우울제나 심리 치료가 주된 치료법이지만, 갱년기와 관련된 가벼운 우울 증상에는 에스트로겐 치료가 1차 치료법이다.[29] 에스트로겐은 항우울제와 비슷한 효과를 내면서도 이러한 증상의 근본 원인에 직접 작용한다. 필요하다면 항우울제와 함께 복용할 수도 있다. 하지만 **심각한** 우울 증상에는 에스트로겐 치료를 권장하지 않으니, 반드시 전문 의료진과 상담하여 신중하게 결정하는 것이 좋다. 현재 지침에 따르면 갱년기 이후의 우울증 치료에는 HRT가 효과적이지 않을 수도 있지만, 특히 갱년기 후에도 여전히 홍조로 고생하는 여성들의 경우 항우울제의 효과를 높이는 데 도움이 될 수 있다고 한다.

브레인 포그와 건망증

여성의 인지 건강이 내 연구의 핵심이니 당연히 기억력 지원과 치매 예방을 위한 HRT도 깊이 들여다봤다. 우선, HRT가 갱년기 때 흐릿해지는 머릿속을 맑게 해줄 수 있을까? 결과는 희망적이다. 갱년기나 폐경된 지 얼마 지나지 않아 시작한 에스트로겐 치료가 인지 기능, 특히 기억력을 보완하고 향상할 수 있다는 증거들이 나오고 있다.[30] 더 엄격한 연구가 필요하지만, HRT는 적어도 일부 여성들의 머릿속 안개와 자꾸만 깜빡거리는 기억력을 개선하는 데 도움이 되는 듯하다. 특히 자궁 절제술이나 난소 절제술을 받은 여성들에게서 이런 긍정적인 효과가 더욱 뚜렷하게 나타난다.[31]

또 하나의 큰 질문이 있다. HRT가 나중에 치매를 예방할 수 있을까? 아쉽게도 HRT의 치매 예방 효과를 시험한 임상 시험은 아직까지 WHI가 유일하다. 앞서 이야기했듯, 이 연구는 이미 폐경된 지 오래된 여성들을 대상으로 했다. 당연하게도 HRT 종류에 따라 효과가 없거나 오히려 해로운 것으로 나타났다.[32] 60대 후반이나 그 이상의 갱년기 후 여성들이 경구용 CEE와 MPA를 함께 복용하면 치매 위험이 증가했다. 반면, 에스트로겐 단독 요법은 위약 대비 치매 위험을 증가시키지 않았다. 이는 안심할 만한 결과이지만 여전히 우리가 기대하는 해답은 아니다. 염두에 두어야 할 중요한 두 가지는 다른 조합의 HRT가 다른 결과를 낳을 수 있는지 아직 알 수 없다는 점 그리고 테스트 대상은 갱년기 후 수십 년이 지난 여성이 아닌, 갱년기 **한가운데에 있는 여성**들이어야 한다는 것이다.

아쉽게도 HRT가 더 효과적일 것 같은 시기, 즉 갱년기나 그 직후의 젊은 여성들을 대상으로 한 임상 시험이 부족하다. 더 놀라운 것은 갱년기 여성들을 대상으로 한 치매 예방 호르몬 치료 임상 시험이 단 한 번도 없었다는 점이다. 그럼에도 불구하고 WHI 연구에 포함된 더 적은 수의 50~59세 여성들을 재분석한 결과, 중년기에 시작한 HRT가 실제로 치매 위험을 줄이는 데 도움이 될 수 있다는 중요한 근거를 제공했다.* 연구 결과에 따르면, 이 여성들이 나이가 들수록 중년기에 에스트로겐을 복용한 그룹은 위약을 복용한 그룹보다 인지 기능 저하 발생 빈도가 현저히 낮았다.[33] 여러 관찰 연구들도 유사한 결과를 보고하고 있으며, 이로 인해 많은 임상의들은 노년기의 신경학적 건강 유지를 위해 갱년기 또는 그 직후에 HRT를 시작할 것을 권장하고 있다.[34] 다만 현재는 좀 더 명확한 근거가 부족하므로 HRT를 인지 기능 저하나 치매의 예방 및 치료법으로 권장하지 않는다. 아직 확실한 단계에 이르지는 않았지만, 앞으로 더 많은 연구 결과가 축적됨에 따라 이러한 권고 사항이 점차 변화하고 발전하기를 기대한다.

차세대 HRT: 맞춤형 에스트로겐

HRT를 놓고 많은 이가 마치 편을 가르듯 선택을 강요받는다. 할까 말까? 시작할까 그만둘까? 이 끝없는 탁구 시합 같은 논쟁 속에서 여성들은 가슴과 뇌 중 하나를 선택하라는 압박을 받고 있다. 과학자로서 나는 우리가 잘못된 질문을 하고 있다고 생각한다. 현재 사용 가능한 것들의 득실을 따지는 데 그칠 게 아니라, 더 나은 해결책이 필요하다. 우리가 진짜 물어야 할 질문은 이것이다. 뇌 기능을 확실히 지원하고 **동시에** 암 위험은 높이지 않는 HRT를 개발할 수 있을까? 너무 단순하거나 믿기 힘들게 들리는가?

여기서 새로운 희망이 등장한다. 바로 차세대 '맞춤형 에스트로겐'이다. 쉽게 말해, 여성들에게 정말 필요한 기능을 하도록 설계된 에스

- Shumaker SA, Legault C, Rapp SR, et al. "Estrogen plus progestin and incidence of dementia and mild cognitive impairment in postmenopausal women: The Women's Health Initiative Memory Study." JAMA. 2003; 289(20): 2651–2662.

트로겐이다. 이런 화합물을 SERM(선택적 에스트로겐 수용체 조절제)이라고 부른다. SERM은 몸의 특정 부위에서는 에스트로겐 효과를 차단하고, 다른 부위에서는 에스트로겐처럼 작용하여 그 효과를 높인다. 이렇게 함으로써 SERM은 에스트로겐의 많은 이점은 취하면서 발생 가능한 위험은 피할 수 있다. 이미 많은 SERM이 임상에서 사용되고 있다. 예를 들어 타목시펜Tamoxifen이라는 SERM은 유방암 1차 치료제로 흔히 사용된다. 타목시펜은 유방 조직의 에스트로겐 수용체를 차단해서 에스트로겐이 유방의 암세포에 붙어 자라나지 못하게 한다. 하지만 동시에 뼈와 같은 다른 부위에서는 에스트로겐처럼 작용해 긍정적인 효과를 낸다. 이처럼 몸의 특정 부위에서는 에스트로겐을 차단하고 다른 부위에서는 활성화하는 능력 때문에 SERM이 '선택적'이라고 불리는 것이다.

오랜 연구 끝에 로베르타 디아즈 브린턴 박사(내 멘토이자 동료)는 뇌를 위한 SERM 개발에 성공했다. 이름하여 **파이토SERM**. 파이토Phyto는 식물에서 온 에스트로겐이라는 뜻이다. 이 천재적인 제제는 뇌에만 선택적으로 에스트로겐을 공급하고, 생식 조직에서는 거의 활성화되지 않거나 오히려 억제되도록 개발되었다. 다시 말해, 유방암이나 자궁암의 위험을 높이지 않는다는 뜻이다.[35] 파이토SERM은 마치 뇌를 위한 식물성 에스트로겐 내비게이션과 같다. 생식기관을 우회해서 에스트로겐의 모든 이점을 곧장 뇌로 전달한다. 2022년, 브린턴 박사와 협력하여 NIH 후원의 무작위, 위약 대조 임상 시험(말하자면, 매우 철저한 임상 시험)을 시작했다. 갱년기 여성과 이른 폐경을 겪고 있는 여성들의 뇌 에너지와 인지 기능 보완을 위한 파이토SERM 시험이다. 이 시작은 가슴 설레는 희망을 보여준다. 임상 검증을 통해 이 에스트로겐 제제가 갱년기 증상 개선뿐 아니라 우리의 뇌를 보호하고, 특히 치매를 막는 데 귀중한 역할을 할 수 있기를 기대한다. 시간이 날아가듯 흐르는 것을 보면 2025년경에 나올 시험 결과가 코앞에 다가온 것 같다.*

똑똑한 결정을 내리는 방법

갱년기 여성들이 제대로 된 관심을 받지 못했다는 것은 부인할 수 없는 사실이다. 이는 의학계의 가장 큰 맹점 중 하나로 기록될 만하다. 하지만 점점 더 많은 연구를 통해 HRT의 위험과 이점에 대한 더 믿을 만한 그림이 그려지면서, 지난 20년보다는 미래가 밝다. 이제는 막연한 두려움을 지식으로 바꾸고, 나아가 혁신으로 대체할 때다. 수년 동안 HRT 복용 여부에 대한 결정은 무작위 임상 시험의 일률적인 접근 방식에 근거해 이루어졌다. 하지만 이제는 각각의 결과를 지속적으로 평가하면서 개인별 맞춤 관리가 필요하다는 것을 알게 되었다. 물론 유방암 위험은 중요한 고려 사항이지만, 증상 조절과 삶의 질도 마찬가지로 중요하다. 게다가 모든 여성은 서로 다른 고민을 안고 있을 뿐

● "Brinton, R. D., et al. Phytochemical-based Selective Estrogen Receptor Modulator(SERM) in Menopausal Women: A Randomized, Placebo-Controlled Study."

* 나는 이 연구와 관련해 어떠한 상업적 이해관계도 없다. 이것은 판매를 위한 홍보가 아니다. 단순히 다음 연구 단계에 대한 발표일 뿐임을 밝힌다.

아니라, 각자 선호도도 다르고 위험을 받아들이는 정도도 다르다. 갱년기 관리는 HRT의 역할뿐만 아니라 다양한 생활 습관 요소와 비호르몬 치료법에 대한 포괄적이고 편향되지 않은 정보를 바탕으로, 좀 더 전체적이고 개인 맞춤형으로 접근해야 한다.

많은 여성에게 적절한 호르몬 투여는 말 그대로 하늘이 내린 선물 같을 수 있다. 물론 HRT에 대한 우리의 인식을 최신 연구 결과에 맞게 새롭게 정립하는 것도 필요하지만, 에스트로겐이 마법의 알약이나 기적의 치료제가 아니라는 점을 강조하는 것도 중요하다. HRT를 필요로 하는 여성들에게 제공하고 싶은 마음은 충분히 이해하지만, HRT의 무분별한 사용은 과학이나 갱년기 관련 의료 단체의 지침으로도 뒷받침되지 않는다. 그런 식이라면 우리는 1960년대로 다시 회귀하는 꼴이다. 위험과 보상을 따져보는 데는 수많은 요소가 얽혀 있다. 또한 이 문제의 답이 차 범퍼에 붙이는 스티커처럼 단순하다고 생각하는 사람은 과학적 논쟁도, 세세한 내용도 제대로 보지 않는 것이다. 에스트로겐은 많은 일을 할 수 있다. 홍조와 그로 인한 수면 장애를 도와주고, 초기 갱년기의 우울한 기분을 개선하며, 골다공증을 예방할 수 있다. 질 부위용 에스트로겐은 성관계 시 통증 개선과 재발성 방광 감염 치료에 도움이 된다. 하지만 심장병, 심각한 우울증, 치매 예방이나 치료에 HRT를 사용하려면 더 많은 연구가 필요하다. 게다가 종류나 용량에 관계없이 HRT가 모든 사람에게 효과가 있는 것도 아니다.

HRT를 갱년기 관리의 실행 가능한 선택지로 재평가하는 것도 중요하지만, 의학적 상태나 부작용 때문에 HRT를 시작하지 못하는 여성들, HRT가 필요 없는 여성들, HRT로 인해 상태가 나빠지는 여성들, 그리고 호르몬 복용을 원치 않는 여성들은 소외감을 느끼거나 낙담할 수 있다. 그래서 나는 여성들의 다양한 건강 경험과 선택을 존중하는 것이 매우 중요하다는 점을 강조하고 싶다. 모든 사람에게 딱 맞는 하나의 해답은 없다. 우리는 모두 지식과 선택권을 가지고 스스로 결정을 내릴 자격이 있다. 비호르몬성 처방약에서부터 생활 습관 변화에 이르기까지, 갱년기 증상을 관리하고 삶의 질을 개선하며 전반적인 뇌 건강을 보완하는 다른 방법들도 있다. 이에 대해서는 다음 장에서 이야기하겠다. 기억하자. 자신의 몸과 마음에 가장 적합한 선택은 오직 **자신**만 내릴 수 있다.

10장

갱년기를 관리하는
호르몬·비호르몬 요법

현명한 선택을 위한 고민

앞의 장들에서 살펴본 것처럼, 갱년기를 겪는 방식은 마치 지문처럼 사람마다 독특하다는 점이 분명해졌다. 갱년기 증상을 덜어내는 방법 역시 각자에게 맞게 개별적으로 접근할 필요가 있다. 최근 몇 년간 호르몬 대체 요법HRT이 다시 주목받으면서 갱년기 증상으로 힘들어하는 많은 여성에게 위안과 안도감을 가져다주었다. HRT가 가장 잘 알려진 치료법이기는 하지만, 유일한 해결책은 아니다.

이번 장에서는 갱년기 증상 치료를 위한 추가 약물 치료 방안들을 자세히 살펴볼 것이다. 여기에는 테스토스테론 치료와 피임약과 같은 호르몬 치료뿐만 아니라, 비호르몬 처방약도 포함된다. 특히 호르몬 의존성 암과 같은 의학적 금기 사항으로 인해 호르몬 치료를 받을 수 없는 경우, 비호르몬 치료는 매우 중요한 대안이 된다. 최근 HRT가 각광받으면서, 이미 진단과 치료로 인한 신체적·정서적 스트레스를 겪고 있는 암 환자들은 소외감을 느끼거나 제대로 된 치료 대신 차선책만 제시받는다고 느낄 수 있다. 따라서 비호르몬 약물이 갱년기 증상 관리를 위한 확실한 대안이 될 수 있다는 점을 강조할 필요가 있다. 예를 들어 항우울제인 파록세틴paroxetine은 미국 식품의약국FDA으로부터 안면 홍조 관리 약물로 승인받았다. 다른 항우울제들과 가바펜틴gabapentin, 클로니딘clonidine 같은 약물들 역시 갱년기 증상 완화에 효과가 있다는 증거가 있다. 최근에는 2023년 FDA가 중등도에서 중증의 안면 홍조 치료를 위해 개발된 새로운 비호르몬 약물인 페졸리네탄트fezolinetant를 승인했다는 희소식이 있다. 모든 여성이 자신에게 가장 적합한 치료를 받을 수 있도록 하려면, 가능한 모든 선택지를 충분히 살펴보고 논의하는 것이 중요하다.

테스토스테론 테라피

갱년기가 시작되면, 마치 초대받지 않은 손님 같은 갑작스러운 열감, 감정 기복, 기운 빠짐, 성욕 저하 같은 증상들이 들이닥친다. 신나게 즐기고 싶은데, 분위기를 망치는 불청객들이 슬금슬금 끼어드는 느낌이랄까? 이때 테스토스테론이 등장한다. 마치 클럽의 든든한 보디가드처럼 이 성가신 증상들을 하나씩 밖으로 쫓아내려 한다. 그런데 과연 테스토스테론은 정말 믿고 맡길 만한 해결사일까?

테스토스테론은 흔히 남성 호르몬으로 알려져 있지만, 여성에게도 필요하다. 실제로 갱년기 이전 여성의 몸은 에스트로겐의 세 배에 달하는 테스토스테론을 만들어내는데, 이는 테스토스테론이 에스트로겐 생성에 필요하기 때문이다. 테스토스테론은 난소뿐만 아니라 부신adrenal gland과 전신의 지방 조직에서도 만들어진다. 이러한 이유로 갱년기 이후에도 테스토스테론 수치는 에스트라디올만큼 급격히 감소하지는 않는다. 그럼에도 나이가 들수록 테스토스테론은 감소하고, 이때 성욕도 함께 떨어지곤 한다.[1] 테스토스테론이 부족한 여성들은 불안, 짜증, 우울감, 피로, 기억력 변화, 불면증 같은 증상을 경험할 수 있다.[2] 또한 테스토스테론 감소가 주로 자연적인 노화 과정에서 발생하는 것이 사실이지만, 인공적으로 **유도**된 폐경의 경우 테스토스테론이 급격히 감소할 수 있어 더욱 힘든 상황이 될 수 있다. 원발성 난소부전 여성의 경우에도 테스토스테론 수치가 더 심각하게 감소할 수 있다. 안타깝게도 치료 방법을 결정할 때 이러한 차이점들이 종종 간과되곤 한다.

현재 테스토스테론을 처방할 수 있는 유일한 임상적 적응증은 성욕 저하이다. 이는 갱년기 이후 테스토스테론 치료가 성욕, 만족감, 쾌감을 증가시키는 데 효과적이라는 많은 연구와 임상 시험 결과를 바탕으로 한다.[3] 대부분의 경우 HRT만으로도 이러한 문제들이 해결되지만, HRT를 몇 달간 시행했음에도 성욕 저하와 피로감이 지속된다면 담당 의사와 상담하여 HRT에 테스토스테론을 추가하는 것을 고려해볼 만하다. 현재 지침에 따르면, 다음과 같은 경우 HRT와 함께하는 테스토스테론 치료가 적절하다.[4]

- 폐경 후이며, 에스트로겐 치료를 받고 있고, 다른 원인을 찾을 수 없는데 성욕이 감소한 경우
- 수술로 인한 폐경 이후 성욕 감소, 우울감, 피로감이 있으며 에스트로겐 치료로도 증상이 호전되지 않는 경우

이 지침이 폐경 전 단계 여성들을 명확히 포함하고 있지는 않지만, 젊은 여성들도 테스토스테론 치료의 혜택을 받을 수 있다. 특히 성욕 변화가 갱년기 초기에 자주 발생한다는 점을 고려하면 더욱 그렇다.

현재 테스토스테론은 기분이나 인지 기능을 개선하는 데는 권장되지 않는다.[5] 뉴스에서 어떤 내용을 접했든 다음과 같은 이유로, 인지 기능 개선을 위한 테스토스테론 치료는 '피자 위의 파인애플'만큼이나 논란의 여지가 있다. 일부 연구에서 테스토스테론이 인지 기능에 긍정적인 영향을 미칠 수 있다고 제시했지만, 현재까지의 증거는 매우 제한적이다.[6] 한편으로는 소규모 임상 시험에서 테스토스테론으로 치료받은 폐경 후 여성들이 위약군에 비해 일부 인지 기능이 개선되었다는 결과가 있지만, 다른 한편으로는 개선 효과가 없다는 소규모 연구 결과도 있다.[7, 8] 사실, 여성에게서 테스토스테론이 기분에 미치는 영향을 조사한 연구는 더욱 부족한 실정이다. 요약하자면, 이러한 잠재적 이점들에 대해 확실한 결론을 내리기에는 아직 충분한 증거가 없다는 것이다. 늘 그렇듯이, 더 많은 연구가 필요하다!

테스토스테론 치료에 관심이 있다면, 다음 세 가지를 염두에 두면 좋다. 첫째, 갱년기의 테스토스테론 치료는 일반적으로 패치, 젤, 크림을 통해 피부로 흡수되는 방식으로 저용량의 호르몬을 투여한다. 둘째,

테스토스테론 치료가 적합한지 판단하기 위해 반드시 혈액 검사를 할 필요는 없다. 혈중 테스토스테론 수치가 낮다고 해서 반드시 성욕 저하나 다른 증상과 연관되는 것은 아니기 때문이다. 즉 혈중 수치가 낮다고 해서 반드시 테스토스테론 치료를 시작할 필요는 없다는 뜻이다. 다만 치료를 시작하기로 결정했다면, 적절한 치료 조절을 위해 시간에 따른 테스토스테론 수치를 확인하는 것이 도움이 될 수 있다. 또한 증상 관리를 점검하고 그 시점에서의 개인적인 위험과 효과를 파악하기 위해 연간 정기 검진도 권장된다. 셋째, 성욕 관련 고민이 있다면 대다수 의료진들은 질 건조증이나 불편감을 질 내 에스트로겐이나 다른 치료법으로 먼저 해결할 것을 권고할 것이다. 성관계 시 통증이 있다면, 성욕 개선을 위한 약물 치료를 시작하기 전에 전문의에게 골반 내진 검사를 받고 불편감이나 통증을 해결하는 것이 좋다.

마지막으로, 일부 여성들이 테스토스테론 치료로 효과를 경험하지만, 개인별로 잠재적 위험과 이점을 신중히 파악하는 것이 중요하다. 특히 유방 조직과 자궁내막에 미치는 영향과 관련하여, 테스토스테론 치료의 장기적인 효과와 안전성을 뒷받침할 명확한 증거를 제시하기 위해서는 더 엄격한 연구가 필요하다. 다행스러운 점은 테스토스테론 치료의 부작용이 많지 않다는 것이다. 주로 약물을 바르는 부위의 체모가 증가하는 정도이다. 흔히 걱정하는 것과 달리, 두피 탈모, 여드름, 다모증은 흔하지 않으며, 목소리가 굵어지는 경우도 드물다.[9]

호르몬 피임약

갱년기 증상을 관리하는 방법 중 하나로, 한때는 필요했지만 이제는 잊고 지냈을 법한 치료법이 있다. 바로 피임약이다. 피임의 주목적은 임신 예방이기는 하지만, 복합경구피임약COCs, 프로게스틴 단일 제제, 호르몬 자궁 내 장치IUD와 같은 호르몬 피임법은 소량의 에스트로겐이나 프로게스테론을 공급하여 호르몬 수치를 조절하고 월경 주기의 균형을 잡아준다. 이 치료법은 출혈과 월경통을 줄이고, 다낭성 난소증후군이나 자궁내막증과 같은 질환의 증상도 완화할 수 있다. (참고: 구리 자궁 내 장치에는 호르몬이 포함되지 않으므로 다루지 않는다.)

피임약은 갱년기에 다음과 같은 도움을 준다.

- **월경 주기 조절:** 호르몬 공급을 지속적으로 유지하여 월경 주기를 조절하고 갱년기에 나타나는 불규칙한 출혈을 줄일 수 있다.
- **안면 홍조 완화:** 임상 시험 결과, 저용량 경구피임약이 안면 홍조와 야간 발한의 빈도와 강도를 감소시킬 수 있는 것으로 나타났다.[10] 갱년기 여성들을 대상으로 한 여러 연구에서, 저용량 경구피임약을 복용한 그룹은 평균적으로 혈관 운동 증상이 25퍼센트 감소한 것으로 보고되었다.[11]
- **뼈 건강:** 갱년기에 복용하는 경구피임약은 골밀도를 높여 향후 골다공증의 위험을 줄일 수 있다.
- **자궁내막암과 난소암 위험 감소:** 경구피임약 사용은 자궁내막암과 난소암 발생 위험 감소와 관련이 있는 것으로 나타났다.[12]

전반적으로 호르몬 피임약은 갱년기 증상을 겪고 있는 여성들에게 어느 정도 도움이 될 수 있다. 하지만 다른 모든 약물과 마찬가지로 잠재적인 부작용, 건강상의 위험, 개인별 반응을 고려하는 것이 중요하다. 특히 혈전증 병력이 있거나 호르몬과 관련된 암, 또는 다른 건강 문제가 있는 여성들에게는 호르몬 피임약이 적합하지 않을 수 있다. 흔한 부작용으로는 체중 증가, 유방 통증, 구역질이 있을 수 있으며, 기분 변화와 성욕 감소는 비교적 드물게 나타난다.

최근 몇 년간 피임약 복용과 정신 건강의 연관성에 대한 관심과 논란이 커지고 있다. 이러한 논쟁은 호르몬 피임약과 우울증 위험 증가의 관련성을 보고한 몇몇 연구들에 의해 더욱 가열되었다. 지금까지 진행된 가장 대규모 연구는 덴마크에서 15~34세까지 여성 100만 명 이상이 참여한 연구를 꼽을 수 있다. 환자들의 데이터를 분석한 결과, 호르몬 피임약을 복용한 여성들이 그렇지 않은 여성들보다 항우울제를 복용할 가능성이 더 높은 것으로 나타났다.[13] 이 연구 결과는 언론의 큰 주목을 받으며 심각한 우려를 불러일으켰다. 하지만 데이터를 자세히 들여다보면, 실제 항우울제 복용 가능성이 증가한 사례는 비교적 적다는 점에 주목할 필요가 있다. 구체적으로, 매년 호르몬 피임약을 복용한 그룹에서 2~3명, 비복용 그룹에서는 1~2명의 여성이 항우울제 치료를 시작했다. 즉 실제 차이는 1~2명에 불과했다. 연구의 결과가 이렇다 할지라도, 호르몬 피임약 복용을 고려하는 여성들은 충분한 정보를 바탕으로 선택할 수 있도록 자신의 정신 건강 이력, 특히 과거 우울증 병력과 관련한 우려 사항들을 의료진과 상담하는 것이 좋다.

종합적으로 볼 때, 호르몬 피임약 복용은 갱년기 동안 피임 효과를 갖춘 또 다른 형태의 호르몬 치료법이며, 특히 혈관 운동 증상을 완화하는 데 도움을 줄 수 있다.[14] 갱년기에 호르몬 피임약 복용을 고려하고 있다면, 자주 묻는 다음 질문들을 참고해보자.

Q. 피임약을 복용하면 갱년기나 폐경의 시작 시점에 영향을 줄까요?

A. 아니요, 피임약이 갱년기를 늦추거나 앞당기지는 않아요. 하지만 갱년기가 가까워지면서 월경 주기가 불규칙해지는 변화를 알아차리기 어렵게 만들 수 있습니다. 원래라면 월경 주기가 불규칙해지면서 폐경이 가까워졌다는 신호를 느낄 수 있는데, 피임약을 복용하면 이런 변화를 알아채기 어려울 수 있죠.

예를 들어, 에스트로겐과 프로게스테론이 함께 들어 있는 복합 피임약을 복용하면 매달 출혈이 생기는데, 이게 마치 정상적인 월경처럼 보입니다. 그래서 사실은 폐경이 가까워졌더라도 피임약 때문에 월경이 유지되는 것처럼 느낄 수 있죠. 심지어 폐경이 지난 후에도 복합 피임약을 계속 복용하면, 월경과 비슷한 출혈이 나타날 수 있어요. 반면, 프로게스토겐 단독 피임약, 이식형 피임기, 주사제, 자궁 내 장치 IUD와 같은 피임법을 사용하고 있다면, 아예 출혈이 없을 수 있어요. 이 경우에도 자연스럽게 월경이 끊긴 것인지, 아니면 피임약 때문인지 구분하기 어려울 수 있습니다. 피임약을 복용하는 동안 폐경이 왔는지 확인하려면 산부인과에서 전문적인 진료를 받아보는 것이 가장 확실한 방법입니다.

Q. 피임 대신 HRT를 사용할 수 있나요?

A. 아니요, HRT는 피임 방법이 아닙니다.

Q. 갱년기나 폐경 이후에는 피임을 중단해도 되나요?

A. 45세 이후에는 임신 가능성이 낮아지지만, 여전히 임신이 가능합니다. 월경이 불규칙하더라도 월경을 하는 한 배란(난자 생성)은 계속됩니다. 현재 지침에 따르면, 50세 미만 여성은 임신을 피하기 위해 마지막 월경 이후 2년 동안 피임할 것을 권장하고, 50세 이상의 여성은 마지막 월경 이후 1년 동안 피임하는 것을 권장하고 있습니다. 구체적인 사항은 각자의 상황과 병력에 따라 담당 의사와 상담하여 결정하는 것이 바람직합니다.

Q. 피임약과 HRT를 함께 복용할 수 있나요?

A. 많은 피임 방법을 HRT와 함께 안전하게 사용할 수 있습니다. 예를 들어, 경구 피임약뿐만 아니라 호르몬이 포함된 피임 패치, 자궁 내 장치IUD, 임플란트 등의 피임법도 HRT와 병행할 수 있습니다. 다만, 개인의 건강 상태에 따라 적절한 방법이 다를 수 있으므로, 전문의와 상담 후 진행하는 것이 바람직합니다.

항우울제

호르몬 치료가 갱년기로 인한 신체적 변화나 뇌 기능과 관련된 다양한 증상을 완화하는 데 도움이 될 수 있지만, 객관적인 데이터를 바탕으로 이야기를 이어가기 위해 항우울제의 역할도 함께 따져볼 필요가 있다. 항우울제를 이용한 갱년기 증상 관리에 대해서는 다소 부정적으로 인식해왔는데, 이는 주로 갱년기 증상을 불안이나 우울증으로 잘못 진단하는 경우가 많기 때문이다. 그 결과 갱년기 증상에 대한 적절한 치료 대신 항우울제가 처방되면서, 항우울제가 근본적인 해결책이 아니거나 부적절한 방법이라는 인식이 굳어졌다. 하지만 의료진의 지도하에 적절히 사용하면, 이러한 치료제들은 안면 홍조와 우울증 같은 갱년기 증상을 상당히 완화하고 많은 여성의 삶의 질을 향상할 수 있다. 실제로 호르몬 의존성 암을 진단받아 에스트로겐을 사용할 수 없는 여성들의 안면 홍조 치료에는 특정 항우울제가 1차 치료제로 권장되기도 한다. 특히 유방암 병력이 있는 여성들을 대상으로 한 많은 연구에서, 이러한 약물이 위약에 비해 안면 홍조를 20~60퍼센트까지 감소시킬 수 있는 것으로 나타났다.[15]

또한 특정 상황에서는 항우울제˙가 HRT만큼 효과적일 수 있다는 점도 주목할 만하다.[16] 예를 들어 갱년기 전 단계에서 심한 우울 증상을 치료할 때, 폐경 후 우울증을 관리할 때, 그리고 폐경 전후로 주요

- 우울 증상은 누구나 일시적으로 경험할 수 있는 감정 변화이고, 우울증은 일정 기준 이상 지속될 때 의사의 진단을 통해 내려지는 병명이다.

우울증을 치료할 때 항우울제가 유용하게 활용될 수 있다.

갱년기 증상 완화를 위해 연구된 항우울제에는 **선택적 세로토닌 재흡수 억제제**Selective Serotonin Reuptake Inhibitors, SSRIs와 **세로토닌-노르에피네프린 재흡수 억제제**Serotonin-Norepinephrine Uptake Inhibitors, SNRIs가 있다. SSRIs와 SNRIs가 안면 홍조를 완화하는 정확한 기전은 완전히 밝혀지지 않았지만, 세로토닌과 노르에피네프린 신경 전달 물질에 미치는 영향이 체온 조절에 관여하는 것으로 여겨진다. 현재 SSRI 계열의 파록세틴(paroxetine, 상품명: 브리스델Brisdelle)[•]은 중등도에서 중증의 갱년기 안면 홍조와 야간 발한 치료제로 FDA의 승인을 받았다. 저용량 파록세틴은 성욕 저하나 체중 증가와 같은 부작용 없이 안면 홍조와 야간 발한의 빈도와 강도를 상당히 줄이고 수면을 개선할 수 있다.[17]

다른 계열의 항우울제인 시탈로프람(citalopram, 상품명: 셀렉사Celexa),[18] 에스시탈로프람(escitalopram, 상품명: 렉사프로Lexapro), 벤라팍신(venlafaxine, 상품명: 이팩사Effexor), 데스벤라팍신(desvenlafaxine, 상품명: 프리스틱Pristiq) 역시 갱년기 여성들에게 효과가 있는 것으로 나타났다. 임상 시험에서 데스벤라팍신은 안면 홍조를 62퍼센트 감소시키고 증상의 강도를 25퍼센트 줄이는 것으로 나타났다.[19] 에스시탈로프람은 안면 홍조의 강도를 약 50퍼센트 감소시켰다.[20] 반면에 플루옥세틴(fluoxetine, 상품명: 프로작Prozac)과 설트랄린(sertraline, 상품명: 졸로푸트Zoloft)과 같은 일반적인 항우울제는 앞서 언급한 다른 항우울제들만큼 갱년기 증상에 효과를 보이지 않았다.

● 한국에서 처방되는 약품 브랜드명은 '세로자트', '팍실'이다.

주목할 만한 점은 항우울제가 비교적 빠르게 작용하여 보통 사용 후 몇 주 이내에 증상이 완화된다는 것이다. 하지만 이러한 약물의 효과는 개인마다 다를 수 있어, 일부 환자들은 큰 효과를 보지 못하거나 부작용을 경험할 수 있다. 가장 흔한 부작용은 금단 증상이다. 또한 파록세틴과 같은 일부 항우울제는 흔히 사용되는 항암제인 타목시펜의 효과를 감소시킬 수 있으므로 주의가 필요하다. 이런 경우에는 시탈로프람, 에스시탈로프람, 벤라팍신이 더 안전한 선택이 될 수 있다.

페졸리네탄트

페졸리네탄트(fezolinetant, 상품명: 베오자Veozah)는 중등도에서 중증의 안면 홍조 치료를 위해 특별히 개발되어 FDA 승인을 받은 새로운 비호르몬제이다. 이는 선택적 뉴로키닌-3Neurokinin-3, NK3 수용체 길항제˙라고 불리는 약물로, 체온을 조절하는 뇌 영역인 시상하부의 NK3 수용체에 결합하는 뉴로키닌 BNeurokinin B라는 단백질을 표적으로 한다. 이 약물은 단백질이 수용체에 부착되는 것을 차단함으로써 안면 홍조의 강도와 빈도를 감소시킨다. 페졸리네탄트는 HRT를 시도해볼 수 없거나 호르몬이 아닌 다른 방식의 치료를 찾는 여성들에게 획기적인 선택이 될 수 있다. 이 제제의 FDA 승인은 갱년기 증상에 대한 인식과 그 치료의 중요성이 증가하고 있음을 보여주며, 가까운 미래에 더 많은 비호르몬 치료 옵션이 등장할 수 있는 길을 열어주었다.

페졸리네탄트는 간편하게 하루 한 번 복용하는 경구용 약으로, 편리

- 신체 내 특정 작용을 차단하거나 반대되는 효과를 나타내는 약물

성 면에서 좋다. 이 약물의 안전성과 효과는 하루 7회 이상의 안면 홍조를 경험하는 40~65세 여성 2천 명 이상을 대상으로 한 무작위, 위약 대조 3상 임상 시험을 통해 평가되었다. 임상 시험 결과, 페졸리네탄트는 중등도에서 중증의 안면 홍조 빈도를 유의미하게 줄이는 것으로 나타났다.[21] 고용량을 복용한 여성들은 48퍼센트, 저용량을 복용한 여성들은 36퍼센트 감소했으며, 이는 위약 그룹의 33퍼센트 감소율과 비교된다. 그러나 이번 임상 시험은 1년 동안만 진행되어서 페졸리네탄트의 장기적인 효과는 아직 밝혀지지 않았다. 또한 페졸리네탄트는 소화기 문제와 간 손상 가능성을 나타내는 간 효소 sGPT 수치 상승 등의 부작용이 보고되었다. 따라서 치료 전과 치료 중에 정기적으로 혈액 검사를 통해 간 기능을 모니터링하는 것을 권장한다.

가바펜틴

가바펜틴(gabapentin, 상품명: 뉴론틴 Neurontin)은 간질 치료제로 FDA 승인을 받은 약물로, 여러 임상 시험에서 안면 홍조와 특히 야간 발한의 빈도와 강도를 개선하는 것으로 나타났다.[22] 일부 전문가들은 가바펜틴이 졸음을 유발하기 때문에 갱년기 관련 수면 장애가 있는 여성들에게 좋은 선택이 될 수도 있다고 본다. 가바펜틴은 취침 시 한 번만 복용할 수도 있고(야간 안면 홍조가 심한 경우) 낮에도 복용할 수 있다. 또한 가바펜틴은 타목시펜과 아로마타제 억제제•와 함께 복용할 수 있

• aromatase inhibitors, 체내에서 에스트로겐을 생성하는 효소인 아로마타제의 작용을 차단하는 약물로, 주로 호르몬 수용체 양성 유방암 치료에 사용된다.

다. 부작용으로는 어지러움, 균형 감각 저하, 졸음이 올 수 있지만 보통 2주 사용 후 개선되며, 금단 증상이 나타날 수 있다.

프레가발린

가바펜틴과 유사한 프레가발린(pregabalin, 상품명: 리리카Lyrica)은 주로 발작, 통증, 섬유근 통증 치료에 사용된다. 안면 홍조 완화에도 도움이 될 수 있지만, 이와 관련해서는 가바펜틴보다 연구가 적다. 하지만 갱년기의 불안을 줄이는 데 도움이 되며, 타목시펜, 아로마타제 억제제와 함께 복용할 수 있다. 부작용은 가바펜틴과 비슷하지만 덜 두드러진다.

클로니딘

클로니딘(clonidine, 상품명: 카타프레Catapres)은 혈압을 낮추고 편두통을 예방하는 데 쓰이는 약물이다. 갱년기 안면 홍조 감소에 사용될 수 있지만, 항우울제나 가바펜틴보다 효과가 떨어지는 것으로 보인다.[23] 저혈압, 두통, 어지러움, 진정 작용과 같은 부작용 가능성 때문에 다른 약물들보다 덜 사용한다. 현재 지침에서는 다른 치료 옵션을 시도하기 전에 클로니딘 사용을 권장하지 않는다.

옥시부티닌

옥시부티닌oxybutynin은 과민성 방광과 요실금 치료에 사용하지만 안면 홍조에도 도움이 될 수 있다.[24] 타목시펜, 아로마타제 억제제와 같은 암 치료제와 함께 복용할 수 있다. 옥시부티닌의 가장 불편한 부작용은 입마름 현상이다.

11장

암 치료와 '케모 브레인'

여성들의 두려움, 에스트로겐과 유방암

암이라는 단어는 모든 이의 마음에 두려움을 안겨주며 깊은 무력감을 불러일으킨다. 대부분의 여성들에게 유방암 걱정은 피할 수 없는 현실이다. 특히 호르몬 치료를 고려할 때면, 유방암이라는 두려운 변수는 언제나 고려해야 하는 항목에서 빠지지 않는다. 대부분의 사람들은 유방암을 앓았거나 현재 투병 중인 누군가를 알고 있다. 직접적인 경험이 없더라도, 다른 여성들의 이야기를 통해 그 위험성을 잘 알고 있다.

매년 전 세계적으로 140만 명의 여성이 유방암 진단을 받으며, 이로 인해 여전히 연간 40만 명 이상이 사망한다.[1] 유방암은 다양한 요인에 의해 발현되는 질환이지만, 전체 사례의 60~80퍼센트가 성호르몬과 관련이 있다.[2] 많은 생식기 종양에는 에스트로겐 수용체 양성 세포라고 불리는 것이 있는데, 이는 에스트로겐과 결합하는 고유한 수용체를 가지고 있다. 이 세포들이 혈류 속의 에스트로겐과 결합하면서 성장하고 더 강해진다. 따라서 이러한 유형의 암 치료의 목적은 암의 진행을 멈추고 재발을 방지하기 위해 에스트로겐을 차단하거나 억제하는 것이다. 항암 치료와 함께 시행하거나 때로는 유방 조직을 제거하는 수술(유방 절제술)도 병행한다.

의학계에서 내분비 요법이라고 알려진 유방암의 가장 흔한 호르몬 치료 두 가지는 다음과 같다.

- **선택적 에스트로겐 수용체 조절제:** 일명 에스트로겐 차단제이다. 이름에서 알 수 있듯이, 에스트로겐 차단제의 역할은 암세포의 에스트로겐 수용체를 차단하는 것이다. 이는 마치 자물쇠에 들어간 고장 난 열쇠와 같이 작용한다. 수용체(자물쇠)에 달라붙어 정상적인 열쇠(에스트로겐)가 더 이상 맞지 않게 함으로써 종양의 진행을 막는다. 약물로는 타목시펜이 가장 흔히 사용된다.
- **아로마타제 억제제:** 이 약물들은 에스트로겐 생성에 필요한 효소인 아로마타제의 작용을 방해함으로써 전신의 에스트로겐 생산을 중단시킨다. 아로마타제 억제제에는 엑세메스탄exemestane과 같은 스테로이드성과 아나스트로졸anastrozole, 레트로졸letrozole과 같은 비스테로이드성이 있다. 너무 깊이 들어가지 않더라도, 스테로이드성과

비스테로이드성의 차이는 아로마타제 효소를 차단하는 방식이 서로 다름을 보여준다.

이 치료법들은 질병과 싸우는 여성들에게 구세주 같은 존재가 되어, 질병을 완전히 없애거나 최소한 수많은 여성들의 삶을 연장하는 데 기여한다. 하지만 이러한 호르몬 치료제들은 유방 조직뿐만 아니라 신체의 다른 부분에서도 에스트로겐의 작용과 생성에 영향을 미친다. 호르몬 치료제의 영향을 보여주는 대표적인 예는 난소에 영향을 미쳐 배란과 월경이 중단되는 경우다. 호르몬 치료로 인한 월경 중단은 일시적인 부작용일 수도 있고, 영구적일 수도 있는데, 영구적인 경우에는 여성의 나이와 관계없이 약물적 갱년기를 유발한다. 또한 호르몬 치료제는 갱년기의 전형적인 증상들을 촉발할 수 있다. 예를 들어, 에스트로겐 차단제인 타목시펜을 복용하는 여성의 약 40퍼센트가 안면 홍조를 경험한다.[3] 브레인 포그, 기분 및 기억력 변화와 같은 다른 뇌 증상도 흔한데, 많은 환자가 이러한 인지 기능 변화를 '케모 브레인Chemo Brain'이라고 부른다. 이러한 인지 기능 관련 증상들은 암 환자들이 조기 치매에 걸린 것은 아닌지 의심할 정도로 매우 심각하다. 이 책에서 반복적으로 다루고 있듯이, 인지 기능 저하에 대한 걱정, 나아가 치매에 대한 두려움은 많은 사람이 공감하는 문제로 우리가 진지하게 다뤄야 할 중요한 주제다.

2018년, 나는 『뉴욕타임스』에 갱년기와 알츠하이머병의 연관성에 대한 칼럼을 썼다. 갱년기라는 중요한 생애 전환기가 여성의 뇌 건강에 중요하지만, 크게 간과되어온 요소라는 점에 대한 인식을 높이고자 했다. 이 칼럼이 다양한 커뮤니티에서 큰 반향을 일으킬 것이라고 예상했지만, 특히 유방암 환자들에게서 이토록 많은 이메일을 받을 것이라고는 예상하지 못했다. 에스트로겐 부족과 알츠하이머병 위험 증가 가능성 사이의 연관성을 강조한 것 때문에, 지금까지도 많은 유방암 환자들이 자신들의 암 치료제가 뇌 건강에 부정적인 영향을 미치는 건 아닌지 문의하고 있다.

칼럼을 쓸 당시에는 유방암 환자들의 이러한 긴급한 질문들에 답할 만한 충분한 데이터가 없었다. 다행히도 지난 몇 년간 뇌 건강에서 에스트로겐의 중요성에 대한 인식이 높아졌고, 더욱 많은 여성이 이 연관성을 비롯한 잠재적인 영향을 정확히 알고 싶어하면서 올바른 정보에 대한 요구가 커진 것이 매우 도움이 되었다. 이러한 변화 덕분에 이 주제에 관심이 다시 커졌을 뿐만 아니라, 암 환자의 인지 건강에 대한 내분비 치료의 영향을 평가하는 연구도 더욱 활발하게 진행되고 있다. 그뿐만 아니라 HRT의 가능성에 대한 논의도 뜨겁게 이어지고 있다. 이번 장에서는 바로 이러한 최신 정보를 공유하고자 한다.

난소암과 유방암의 관련성

본격적인 이야기로 들어가기 전에, 난소암에 대해서도 짚고 넘어가보자. 난소암은 종종 유방암과 함께 나타나는데, 이는 부분적으로 우리의 유방과 난소 사이에 존재하지만 자주 논의되지 않는 호르몬적 연관성 때문이다. 유방암과 마찬가지로 난소암도 여성이 나이 들수록 더 자주 발병하며, 폐경 이후 그 위험이 증가한다. 유방과 난소는 유전적 요인으로도 연결되어 있다. 일부 유전자 돌연변이가 두 가지 암의 발병 위험을 동시에 증가시킬 수 있으며, 한 가지 암이 있을 경우 다른 암의 위험도 높아질 수 있다는 사실이 이를 뒷받침한다.[4]

일반적으로 난소암 치료 역시 항암 치료와 수술을 병행하는데, 난소 절제술이 1차 치료법이다. 난소 절제술은 한쪽 난소만 제거하는 편측 절제술이나 양쪽 난소를 모두 제거하는 양측 절제술로 나눌 수 있다. 난소와 함께 난관도 제거하는 경우에는 이를 양측 난관난소 절제술 Bilateral Salpingo-Oophorectomy, BSO이라고 한다. BSO는 난소암이 발견되었거나 의심되는 경우에 확실한 효과가 있는 것으로 입증되었다.[5] 또한 난소암의 가족력이 상당히 있거나, 특정 BRCA 유전자 변이와 같은 유전적 소인이 입증된 환자들, 린치 증후군이나 포이츠-제거스 증후군과 같은 질환이 있는 환자들에게도 권장된다.[6] 그러나 난소암이 실제로 난관에서 시작될 가능성이 있다는 연구 결과가 점점 늘어나고 있다. 따라서 예방적 치료를 고려하는 일부 환자들에게는 난소를 그대로 둔 채 난관만 제거하는 것이 위험을 낮추는 하나의 전략이 될 수 있다.

폐경 이전에 시행되는 BSO의 단점은 수술로 인한 폐경을 유발한다. 특히 항암 치료와 병행할 경우, 신체적·정신적으로 더욱 복잡한 변화를 겪을 수 있다. 환자들에게 이러한 치료의 장기적 영향이나 발생 가능한 증상들을 다루는 조치들을 항상 명확히 설명하지는 않으므로, 의사를 결정할 때 주의를 기울이는 것이 매우 중요하다.

케모 브레인의 실재

많은 암 환자들이 암 치료 전후 과정 그리고 치료 후에도 머리가 멍해지는 느낌을 경험하는데, 일부는 이를 걱정하는 정도이지만, 일부는 실제로 심각한 불편을 겪는다. 안타깝게도 '케모 브레인'은 여성의 인지 및 정신 건강에 대한 우려를 의료계가 간과한 또 하나의 대표적인 사례다. **수십 년간** 암 환자들이 호소해왔음에도 불구하고, 최근까지도 의사들은 이러한 증상들을 단순히 피로, 우울증, 불안, 그리고 암과 치료로 인한 스트레스 탓으로 돌렸다. 환자들이 자신의 증상이 우울하거나, 불안하거나, 피곤해서가 **아님을 호소**했지만, 의사들은 진지하게 받아들이지 않았다. 이는 일부 의료진이 암 치료가 뇌에 부정적인 영향을 미칠 수 있다는 사실을 믿지 않았거나, 이러한 특정 문제들을 다룰 만한 훈련이 부족했기 때문이다. 안타깝게도 현재까지 많은 환자가 같은 문제에 봉착하고 있다.

본인이나 주변 사람이 이러한 문제를 겪고 있다면, 케모 브레인은 결코 기분 탓이나 착각이 아니라는 점을 확신해도 좋다. 이는 의학적으로 **근거가 입증된 진단 가능한 증상**이며, 점점 더 많은 연구와 관심을 받고 있다.

케모 브레인이 실제 의학적 상태로 더 널리 인정받게 된 주된 이유는 향상된 뇌 영상 촬영 기술 덕분이다. 일부 뇌 영상 연구에 따르면, 케모 브레인은 뇌의 백질, 특히 해마와 전전두피질을 연결하는 신경 섬유 경로의 측정 가능한 변화와 관련이 있다.[7] 이미 알려져 있듯이, 이러한 뇌 영역들은 기억력과 고차원적 인지 기능에 관여한다. 인지 기능과 관련된 다른 뇌 부위들도 항암 치료 후 연결성과 활성도에서 변화를 보일 수 있다.[8] 이러한 관찰 결과들은 특정 암 치료가 뇌의 구조와 기능에 직접적인 영향을 미친다는 점을 강조함으로써, 케모 브레인을 경험하는 환자들이 경험하는 증상을 뒷받침하고 전반적인 인식 변화에 크게 기여했다.

현재 의료계에서는 케모 브레인을 '암 치료 관련 인지 장애', '암 관련 인지 변화', 또는 '항암 치료 후 인지 장애'라고 부른다. **'장애'**라는 단어를 쓰는 건 개인적으로 그다지 마음에 들지 않지만, 그 이유는 잠시 후에 이야기하겠다. 그와는 별개로, 케모 브레인은 전체 암 환자의 최대 75퍼센트가 경험하는 증상으로 보고되고 있다.[9] 케모 브레인은 흔히 정보 처리 능력 저하, 암 진단을 받기 전이나 치료를 시작하기 전보다 사고가 느려지고 또렷하지 않다고 느끼는 현상으로 묘사된다. 평소에 별다른 노력 없이 해왔던 일들도 더 많은 집중력이 필요하고, 시간을 들여야 겨우 해낼 수 있다. 어쩌면 눈치챘을 수도 있겠지만, 이는 갱년기를 겪는 여성들이 경험하는 브레인 포그와 크게 다르지 않다.

다음은 케모 브레인을 겪는 환자들이 흔히 경험하는 증상의 예시다.

- **단기 기억력 저하:** 이름, 날짜, 특정 사건과 같은 세부 사항을 잊어버린다. 평소에는 문제없이 기억하던 것들을 떠올리지 못하는 경우(기억 공백)나 일정이나 약속을 혼동하는 경우가 있다.
- **집중력 저하:** 집중하기 어렵다. 주의 지속 시간이 짧아진다. 예전보다 쉽게 산만해진다.

- **사고력 저하:** 생각이 느려지고, 일 처리가 더디며, 계획을 세우거나 정리하는 데 어려움을 느낀다.
- 새로운 정보를 학습하는 것이 어렵다.
- 멀티태스킹이 힘들어진다.
- 적절한 단어나 문장을 떠올리기 어려움: 말할 때 알맞은 단어가 생각나지 않아 문장을 끝맺기 힘들다.
- 대화를 따라가거나 시작하는 데 어려움을 느낀다.
- 길을 찾는 것이 어려워진다.
- 몸이 무겁고 쉽게 피로감을 느낀다.
- **운동 기능 저하:** 손이 어색하게 움직이거나, 평소보다 서툴러진 느낌을 받는다.

케모 브레인의 원인은 무엇일까? 이름과 달리, 케모 브레인은 다양한 원인으로 발생할 수 있다. 암 자체로 인해 발생할 수도 있고, 항암 치료 때문일 수도 있으며, 빈혈과 같은 이차적인 의학적 상태로 인해 발생할 수도 있다. 흔히 항암 치료와 연관되지만, 추가적 내분비 치료, 방사선 치료, 수술 등 다른 치료들과도 관련 있을 수 있다. 여기에 앞서 설명한 치료들로 인한 염증 반응도 원인이 될 수 있다. 다시 말해, 항암 치료를 받지 않은 암 환자도 케모 브레인을 경험할 수 있다.

누구든 치료 전후 과정 중에 인지 기능의 문제를 겪을 수 있다. 지속 기간과 관계없이 케모 브레인은 삶의 질을 심각하게 저하시키고 직장과 가정 모두에서 일상적인 활동에 영향을 미칠 수 있다. 대개 케모 브레인은 일시적인 문제이며, 보통 치료가 끝난 후에는 인지 기능이 개선된다. 대부분의 경우 암 치료가 성공적으로 끝난 후 6~12개월 사이에는 이러한 몽롱한 느낌이 서서히 사라진다. 하지만 일부 환자들은 치료가 끝난 뒤에도 몇 달, 때로는 몇 년 동안 증상이 지속되기도 한다. 이러한 장기적인 인지 기능 저하는 분명히 인식하고 적절한 대응이 필요한 문제다.

늘 강조하듯이, 어느 누구도 환자에게 암 치료를 거부하거나 피하라고 권하지 않는다. 오히려 그 반대일 것이다. 내가 이 정보를 공유하는 이유는, 치료가 신체와 뇌 전반에 어떤 영향을 미치는지 아는 것이 중요하기 때문이다. 여기서 우리의 목표는 암 치료를 중단하게 만들어 환자의 생명을 위험에 빠뜨리는 것이 아니라, 아직 충분히 연구되지 않은 이 문제들에 더 많은 관심을 기울이도록 하는 것이다.

케모 브레인은 치매의 신호일까?

에스트로겐 차단제와 아로마타제 억제제가 에스트로겐 기능을 억제한다는 사실은 치매 위험 가능성에 대한 우려를 불러일으켰다. 여기서 복잡한 점은 내분비(호르몬) 치료가 항암 치료와 함께 또는 단독으로 시행될 수 있으며, 이 두 치료의 영향을 구분하기가 어렵다는 것이다. 그럼에도 불구하고, 여러 연구에 따르면 브레인 포그와 기억력 저하의 주요 원인은 화학 요법(항암 치료)이며, 내분비 치료의 영향은 다양한 요인, 특히 환자의 연령과 치료 방식에 따라 다르게 나타나는 것으로 보고되고 있다.[10] 예를 들어, 폐경 전 여성들에게 주로 처방되는 에스트로겐 차단제인 타목시펜은 기억력과 언어 능력에 부정적인 영향을 줄 수 있다.[11] 따라서 화학 요법과 타목시펜을 동시에 받는 여성이라면, 단독 치료를 받을 때보다 브레인 포그 증상이 더 심할 가능성이 크다. 반면, 폐경 후 여성들에게 사용되는 아로마타제 억제제는 적어도 인지 기능에는 뚜렷한 부정적 영향을 미치지 않는 것으로 알려져 있다.[12]

특히 알츠하이머병과 관련해서는, 이 주제에 대한 연구가 아직 부족하지만, 일부 연구에 따르면 타목시펜으로 치료받은 환자들이 다른 치료를 받은 환자들에 비해 치매 위험이 증가하지는 않는 것으로 나타났다.[13] 어떻게 이것이 가능할까? 타목시펜이 유방 조직의 에스트로겐 수용체를 차단하긴 하지만, 신체의 다른 부위에서는 중립적이거나 오히려 긍정적인 영향을 미친다. 따라서 초기에는 일시적으로 인지 기능에 부정적인 영향을 줄 수 있지만, 장기적으로 보면 경미하거나 거의 영향이 없을 수도 있다. 한편, 아로마타제 억제제는 스테로이드 계열과 비스테로이드 계열에 따라 차이가 있다. 스테로이드형 아로마타제 억제제인 엑세메스탄은 비스테로이드형 약물인 아나스트로졸과 레트로졸보다 치매 위험을 낮출 가능성이 있는 것으로 보고되었다.[14] 물론, 이러한 결과를 확증하기 위해서는 추가 연구가 반드시 필요하지만, 현재 지침상 다양한 치료 옵션을 선택할 수 있는 만큼, 의료진과 환자가 암 치료뿐만 아니라 뇌 건강까지 고려한 치료 방향을 논의하는 데 도움이 될 수 있다. 나는 개인적으로 암 치료는 종양 전문의와 외과의뿐만 아니라 신경과 전문의를 포함해 좀 더 통합적으로 접근해야 한다고 본다. 만약 환자가 인지 기능 저하나 치매 우려가 크거나, 치료 종료 후 6~12개월이 지나도 인지 기능 장애나 일상생활 적응에 어려움을 겪는다면, 뇌 영상 촬영 및 신경심리 검사를 포함한 신경과적 평가를 진행하는 것이 큰 도움이 될 수 있다.

무엇보다도 의사가 어떤 표현을 사용하든 케모 브레인(항암 치료로 인한 인지 기능 저하)이나 인지 능력 감소가 있다고 해서 반드시 인지 장애cognitive impairment에 해당하지는 않는다는 점을 분명히 하고 싶다. 실제로 많은 암 환자들이 치료 중이거나 치료 후에 인지 기능이 저하되는 경험을 하지만, 대부분의 경우 그 변화가 심각한 수준까지 이르지는 않는다. 다시 말해, 인지 장애 진단 기준에 해당할 정도로 기능이 저하하거나, 치매로 진단될 정도의 변화는 거의 발생하지 않는다. 안타깝게도, 일부 의료진은 이러한 중요한 차이를 간과하고, 인지 기능 저하가 조금이라도 나타나면 '**장애**'라는 용어를 사용하곤 한다. 그러나 인지 기능의 변화가 객관적으로 측정 가능한 수준이든, 환자가 스스로 느끼는 주관적인 변화든, 이를 무조건 '장애'라고 표현하는 것은 적절하지 않다. 우리는 이러한 용어 선택에 더욱 신중할 필요가 있다. 실제로 인지 장애가 아닌데도 '인지 장애'가 있다고 진단해버리면 환자의 삶의 질에 부정적인 영향을 미칠 뿐만 아니라 스트레스와 불안을 증가시킨다. 자존감에 악영향을 끼치는 것은 말할 것도 없다. 가장 중요한 사실은, **케모 브레인을 겪는다고 해서 치매로 진행되지는 않는다**는 점이다. 이 증상이 때때로 힘들고 두렵게 느껴지겠지만, 우리의 뇌는 회복할 수 있는 강한 능력을 가지고 있다. 만약 회복이 더딘 것 같다면, 신경과 전문의 등 뇌 건강 전문가의 도움을 받는 것도 좋은 방법이다. 특히 케모 브레인 증상이 장기간 지속되거나, 가족력이 있어 치매가 걱정된다면, 신경과 또는 노인의학과 전문의와 상담하는 것이 좋다. 혈액 검사, 인지 기능 평가, 특정 뇌 영상 검사 등을 통해 더 정확한 진단을 받을 수 있으며, 이에 따라 적절한 대처 방안을 찾을 수 있다.

케모 브레인 관리 방법

케모 브레인을 겪고 있고 그로 인해 일상생활에 불편함을 느낀다면, 전문가의 도움을 받아보는 것도 좋다. 심리학자나 심리 치료사, 신경심리학자, 언어 치료사, 작업 치료사, 직업 상담사 등과 상담하면 더 정확한 평가를 받을 수 있고, 현재 겪고 있는 문제를 효과적으로 관리하는 방법을 추천받을 수 있다. 케모 브레인 완화에 도움이 되는 것으로 입증된 방법에는 다음과 같은 것들이 있다.

- **인지 재활 훈련:** 뇌 기능을 향상하는 활동을 통해 새로운 정보를 받아들이고 과제를 수행하는 법을 배우는 과정이다. 뇌가 작동하는 방식을 이해하고, 점진적으로 난이도가 높아지는 활동을 반복하며 연습하는 것이 포함된다. 또한 다이어리나 플래너 같은 도구를 활용해 일정과 정보를 체계적으로 관리하는 것도 도움이 된다.
- **운동 및 신체 활동 유지:** 운동은 신체뿐만 아니라 뇌 건강에도 긍정적인 영향을 준다. 기분을 좋게 만들고, 정신을 맑게 하며, 피로감을 줄이는 데 도움이 된다.
- **명상:** 집중력과 인지 능력을 높이는 동시에, 스트레스를 줄이는 데 효과적이다.
- **충분한 휴식과 수면:** 몸과 뇌가 적응하고 회복할 수 있도록 충분한 휴식을 취하는 것이 중요하다.
- **알코올, 카페인 및 각성제 피하기:** 정신 상태나 수면 패턴을 방해할 수

있는 술, 카페인, 기타 각성제의 섭취를 줄이는 것이 좋다.
- **주변에 도움 요청하기**: 가족, 친구, 암 치료팀과 현재 겪고 있는 어려움을 솔직하게 공유하는 것이 중요하다. 이들의 이해와 지지는 당신의 마음을 편안하게 하고, 회복 과정에 집중하는 데 도움이 된다.

유방암이나 난소암 병력이 있다면 호르몬 대체 요법을 사용할 수 있을까?

위에서 소개한 방법들은 의학계에서 널리 인정받고 있지만, 케모 브레인 완화와 암 치료로 인한 인위적 폐경의 장기적 영향을 관리하는 데 호르몬 대체 요법HRT의 역할은 여전히 뜨거운 논쟁거리다. 대부분의 전문가들은 유방암이나 난소암을 경험한 여성들의 갱년기 증상 관리에서는 비호르몬 치료를 먼저 고려해야 한다고 본다. 비호르몬 약물 치료에 대해서는 10장에서 이야기했으니, 4부에서는 다양한 라이프 스타일 개선 방법을 소개할 예정이다. HRT에 대해 전문가 단체들의 입장은 유방암 또는 난소암 병력이 있는 여성에게 전신적 HRT(경구 또는 경피 패치)의 안전성을 뒷받침하는 충분한 데이터가 부족하다는 것이다.[15] 특히 에스트로겐 수용체 양성 유방암 환자의 경우, HRT가 재발 위험을 높일 가능성이 있다. 하지만 에스트로겐 수용체 음성 유방암 환자라도 암이 다시 성장할 위험이 커질 수 있다.[16] 그럼에도 심각한 갱년기 증상을 겪고 있고 생활 습관 변화나 비호르몬 치료로도 효과를 보지 못한 경우, HRT를 예외적으로 고려할 수 있다. 북미폐경학회 North American Menopause Society에서도 "특별한 경우에 한해" 이러한 선택이 가능할 수 있다고 명시하고 있다.[17, 18] 또한 "조기 폐경을 유발하는 난소 절제술(난소 제거 수술)을 받은 폐경 전 여성의 경우, HRT를 고려할 수 있다. 이는 에스트로겐이 조기 폐경 여성의 건강에 미치는 여러 가지 긍정적인 영향을 감안한 것"이다.[19] 한편, 대부분의 여성에게는 저용량 질용 에스트라디올 vaginal estradiol과 DHEA(체내에서 에스트로겐과 테스토스테론으로 전환될 수 있는 호르몬)가 비교적 안전하고 효과적인 치료법으로 여겨진다.[20] 이들은 혈중 에스트로겐 농도를 유의미하게 증가시키지 않으면서도 질 건조증과 요로 생식기 증상 완화에 도움을 줄 수 있다.

이 모든 점을 종합해보면, 의료진과 충분히 논의하여 포괄적이고 개별화된 치료 계획을 세우는 것이 중요하다는 사실을 알 수 있다. 이를 통해 자신의 건강 관리와 증상 완화를 우선하면서도, 개인의 위험 감수 성향을 고려한 신중한 결정을 내릴 수 있어야 한다. 이러한 논의는 치료 옵션의 복잡성을 이해하고, 자신의 필요에 맞게 최적화된 치료법을 선택하는 데 큰 도움이 될 것이다. 나는 향후 뇌에 작용하는 새로운 형태의 에스트로겐 치료제, 즉 선택적 에스트로겐 수용체 조절제 SERMs의 발전을 기대하고 있다. 앞서 논의했듯이, SERMs는 뇌에 선택적으로 에스트로겐을 공급하면서도 생식기관에는 중립적이거나 보호 효과를 내도록 설계될 수 있다.[21] 이러한 치료법이 충분히 검증되면, 유방암이나 난소암을 경험한 여성들을 포함한 모든 여성에게 더욱 안전한 선택이 될 것이다.

유방암이나 난소암 가족력이 있다면?

2013년, 앤젤리나 졸리는 유방암 및 난소암 위험이 높은 유전적 돌연변이(BRCA-1 유전자 변이)를 가지고 있음을 공개했다. BRCA-1 유전자 변이는 전체 유방암의 약 12퍼센트, 난소암의 약 10~15퍼센트를 차지하는 것으로 알려져 있다.• 졸리는 암 진단을 받지는 않았지만, 예방적 차원에서 유방과 난소를 절제하는 수술을 선택했다. 이를 통해 유방암과 난소암 위험을 일반적인 수준으로 낮출 수 있었다. 그녀의 의료적 결정은 전 세계적으로 많은 여성에게 깊은 인상을 남겼고, 이후 많은 여성이 유전 상담과 유방암 검진을 예약하고, 자신이 어떤 선택을 해야 할지 고민하는 계기가 되었다.

비슷한 상황을 겪어본 사람이라면 그 고민이 얼마나 깊을지 잘 알 것이다. 만약 난소를 제거해 조기 폐경이 온다면 HRT를 안전하게 사용할 수 있을까? 또한 난소 절제술 후 유전자 변이가 있거나 유방암 가족력이 있는 여성도 가능한 한 빨리 HRT를 시작하는 것이 좋을까, 아니면 두 경우 모두 해당될까?

HRT는 당연히 선택 가능한 치료법이다. 여러 연구에 따르면, 유전자 변이나 유방암 가족력이 있는 여성이더라도, **본인**이 암에 걸린 적이 없다면 HRT를 사용할 수 있다.[22] 같은 원리가 예방적 수술을 선택한 유전자 변이 보유자들에게도 적용된다.[23] 따라서 만약 본인이나 주변 사람이 이런 상황에 처해 있고, 어떤 치료를 받을지 고민하고 있다

• 한국, 일본, 중국인 등 동양인에서 유방암은 약 2~3퍼센트, 난소암은 약 5~8퍼센트로, 서양인에 비해 훨씬 낮은 경향이 있다.

면, HRT도 고려할 수 있는 선택지라는 점을 아는 것이 도움이 될 수 있다. 다만 비호르몬 치료 및 생활 습관 개선도 갱년기 증상 관리와 뇌 건강 유지에 중요한 역할을 하므로 동일하게 신중히 검토해야 한다. 궁극적으로는 개별적인 상황을 종합적으로 평가한 후 의료진과 충분히 논의하여 최적의 결정을 내리는 것이 중요하다.

두려움을 넘어, 함께 나아가며

이 분야에 몸 담고 있으면서 건강을 유지할 수 있다는 것, 의료보험이 있고 병원에 갈 수 있다는 것, 적절한 질문을 던지고 복잡하고 불확실한 정보를 이해하며, 나 자신과 가족을 위해 신중한 결정을 내릴 수 있는 교육을 받았다는 것이 얼마나 큰 축복인지 깨닫는다.

나는 이런 특권을 나만의 것이 아니라, 나와 함께하는 모든 여성에게 도움이 될 수 있도록 쓰기로 결심했다. 세상 어딘가에, 혹은 바로 옆방에 나와 같은 능력을 가진, 가족을 사랑하는 여성이 분명히 있다. 그녀는 암 진단을 기다리거나, 수술이 필요할지도 모른다는 이야기를 듣거나, 치료를 마친 후 새로운 길을 모색하고 있을지도 모른다. 병원비를 감당할 수 있을지, 치료를 위해 회사를 쉬었다가 해고될 위험은 없는지 걱정하고 있을 수도 있다. 혹은 자신의 아이들이 자라는 모습을 끝까지 지켜볼 수 있을지조차 몰라 불안해하고 있을지도 모른다.

미국 여성 여덟 명 중 한 명은 살면서 유방암을 진단받는다. 아홉 명 중 한 명은 난소 절제술을 받으며, 그중 상당수가 암과 관련이 있다. 네

명 중 한 명은 치료로 인해 조기 폐경을 경험한다.

이러한 현실을 살아가는 여성들은 진정한 전사라고 나는 믿는다. 그들은 삶을 바라보는 태도가 다르고, 눈빛 속에도 깊은 강인함이 스며 있다. 자신의 존재를 가장 본질적인 수준에서 마주했고, 두려움과 낙인, 그리고 폐경이 된 여성과 암 생존자들에게 충분한 지원을 제공하지 않는 의료 시스템의 한계에 맞서 싸워왔다. 이미 이 힘겨운 여정을 지나온 많은 분은 우리와 공유할 지혜를 가지고 있을 것이다. 나는 내가 가진 시간, 지식, 그리고 목소리를 최대한 활용해, 모든 여성의 경험을 존중하고 그 목소리가 묻히지 않도록 노력할 것이다. 이를 위해 나는 여성 건강을 위한 임상 연구 프로그램을 시작했다. 이 책을 통해 더 많은 여성이 이러한 도전에 대해 알게 되고, 해결책을 찾을 수 있도록 돕고 싶다. 더 많은 사람이 도움이 필요한 이들과 어려운 상황에 처한 이들을 향해 새로운 연민을 느끼게 되기를, 나아가 그들을 돕고자 하는 책임감과 의무감을 가지게 되기를 바란다.

궁극적인 목표는 더 나은 해결책과 더 나은 돌봄을 제공하는 것이다. 지금까지 우리는 암 환자를 위한 호르몬 치료의 위험성과 이점, HRT의 올바른 사용법과 피해야 할 점, 비호르몬 약물 치료를 포함한 현실적인 대안을 살펴보았다. 4부에서는 암 생존자들이 건강한 삶을 유지하며 회복의 여정을 이어갈 수 있도록 돕는 다양한 방법을 소개할 것이다. 이 방법들은 호르몬이나 약물에 의존하지 않고, 생활 방식과 주변 환경을 뇌 건강에 유익한 방향으로 최적화하는 데 초점을 맞춘다. 간단히 살펴보면, 케모 브레인 완화에 도움이 되는 것으로 입증된 생활 방식과 행동 조절 방법에는 적절한 영양 관리와 보충제 섭취, 특정 운동 프로그램, 인지행동치료CBT, 최면 요법, 이완 기법 등이 있다.

기억하자. 매일의 선택이 가진 힘은 생각보다 크다. 이것이 내가 정말 강조하고 싶은 중요한 개념이다. 당신도 마음 깊이 새겨두기를 바란다.

12장

젠더 정체성 지지 요법과 크로스섹스 치료

생물학적 성과 사회적 성●

이전 장에서는 두 개의 X 염색체를 가지고 있으며 유방과 난소 같은 생식기관을 가진 사람들, 즉 시스젠더 여성 cisgender women을 의미하는 '**여성**'이라는 용어를 사용했다. 이러한 조합은 오랫동안 '여성'이라는 성 sex을 생물학적으로 정의하는 기준이 되어왔다. 여성과 남성, XX와 XY로 구분되는 이분법적 성 개념이 사회에 깊이 뿌리박혀 있는 가

● 생물학적 성인 Sex는 남성·여성 등 신체적·생리적 특징에 기반하고, 사회적 성인 Gender는 사회·문화적 역할과 정체성에 기반한다.

운데, 젠더에 대한 이해는 시간이 흐르면서 점차 발전해왔다. 의학에서도 여성의 생식기관을 가지고 있다는 것이 반드시 젠더 정체성을 결정짓는 것은 아니라고 인정한다. 어떤 사람들은 출생 시 지정된 성$_{sex}$과 일치하지 않는 젠더 정체성을 가지며, 젠더를 연속적인 스펙트럼으로 인식한다. 이러한 개념의 확장은 LGBTQ(레즈비언, 게이, 양성애자, 트랜스젠더, 퀴어 또는 퀘스처닝)에서 LGBTQIA+(인터섹스, 무성애자 포함)●로 커뮤니티의 정의를 더욱 확장하는 계기가 되었다.

미국 인구의 약 0.5퍼센트는 '트랜스젠더'이며, 약 2퍼센트는 '인터섹스'로 파악된다. 이들은 적절한 의료 서비스를 받는 데 상당한 어려움을 겪는 경우가 많다.[1] 특히 많은 의료진이 트랜스젠더 관련 의료에 대한 전문 교육을 받지 못했기 때문에,[2] 트랜스젠더의 약 절반은 자신의 건강 관리 요구 사항을 직접 의료진에게 설명해야 하는 상황에 놓이기도 한다. 여기에 호르몬 치료까지 포함되면 상황은 더욱 복잡해진다. 현재 젠더 정체성을 지지하는 치료$_{gender\text{-}affirming\ therapy}$를 전문으로 하는 의료진들은 대부분 **신체**적인 변화에 초점을 맞춘 호르몬 및 외

● **L**(Lesbian, 레즈비언): 여성 동성애자
G(Gay, 게이): 남성 동성애자. 넓게는 동성애자를 통칭
B(Bisexual, 바이섹슈얼): 남성과 여성 모두에게 성적 끌림을 느끼는 사람
T(Transgender, 트랜스젠더): 출생 시 지정된 성별과 다른 성 정체성을 가진 사람
Q(Queer, 퀴어): 성소수자를 포괄하는 개념
Q(Questioning, 퀘스처닝): 성 정체성이나 성적 지향을 탐색 중인 사람
I(Intersex, 인터섹스): 남성과 여성의 생물학적 특징을 모두 가지거나, 전통적인 성 구분에 맞지 않는 신체적 특성을 가진 사람
A(Asexual, 무성애자): 성적 끌림을 느끼지 않거나 성적 관계에 관심이 없는 사람
+: 위에 포함되지 않은 다양한 성 정체성과 성적 지향을 포괄하는 개념

과적 치료를 제공하지만, 환자의 인지적·정신적 건강까지 체계적으로 관리할 준비가 되어 있는 경우는 드물다.

이제 우리는 호르몬이 뇌 건강에 미치는 영향을 탐구하는 과정에서, 젠더 정체성 지지 요법Gender-Affirming Therapy, GAT 중 호르몬 치료를 받는 트랜스젠더 개인의 경험을 살펴볼 것이다. 특히 출생 시 여성으로 분류되었지만 남성 또는 남성적 젠더로 전환한 트랜스젠더 남성transgender men에 초점을 맞춘다. 이들은 치료 과정에서 폐경과 유사하거나, 폐경과 직접적으로 연관된 호르몬 변화로 인해 뇌와 신체에서 다양한 변화를 경험할 가능성이 있다. 그러나 이러한 변화는 시스젠더 여성cisgender women에서 발생하는 호르몬 변화보다 연구가 훨씬 부족하며, 이에 대한 신뢰할 만한 정보도 찾기 어렵다. 또한 출생 시 남성으로 분류되었지만 여성 또는 여성적 젠더로 전환한 트랜스젠더 여성transgender women의 경우도 유사한 어려움을 겪을 수 있다. 이 장에서는 이들의 경험도 함께 다룰 것이다.

나는 심리학자나 사회학자가 아니므로 성전환의 감정적·사회적 측면에 대해서는 해당 분야 전문가들의 의견을 존중한다. 하지만 호르몬 변화가 개인의 건강과 인지 기능에 어떤 영향을 미칠 수 있는지 이해하는 것에는 깊은 관심을 가지고 있다. 이 책이 포괄적이고 다양한 경험을 아우르는 내용을 담아야 한다는 개인적인 신념과 더불어, 젠더 정체성 지지 요법이 뇌에 미치는 영향을 논의하는 또 다른 이유는, 트랜스젠더 남성의 치료 과정에서 흔히 테스토스테론 투여와 함께 에스트로겐 억제제가 사용되기 때문이다. 이러한 치료는 폐경과 유사한 증상을 유발하거나, 심지어 폐경 자체를 촉진할 가능성이 있다. 이러한 치료가 뇌와 신체에 미치는 영향을 더 깊이 이해하는 것은 트랜스젠더 의료 발전을 도울 뿐 아니라, 다양한 호르몬 변화 과정에 있는 모든 사람의 경험을 더욱더 포괄적으로 이해하는 데 기여할 것이다.

젠더 정체성이란 무엇인가?

어떤 사람들은 트랜스젠더 정체성이 정확히 무엇인지 알지 못하거나 동성애와 혼동하기도 한다. 여기에서 한 가지 중요한 점을 짚고 넘어가자. 성적 지향Sexuality은 '내가 누구에게 끌리는가'에 대한 것이고, 젠더 정체성Gender Identity은 '나는 젠더적으로 누구인가'에 대한 것이다. 즉 자신의 젠더 정체성과 성적 지향은 별개의 개념일 수 있다.

조금 더 깊이 들어가보자. 시스젠더 여성은 출생 시 여성으로 분류되었으며, 본인의 생식기관과 젠더 정체성이 일치하는 사람들이다. 시스젠더 남성도 마찬가지로 출생 시 남성으로 분류되었으며, 자신의 생물학적 성과 젠더 정체성이 일치하는 사람들이다. 반면, 트랜스젠더는 출생 시 분류된 성과 다른 젠더 정체성을 가지고 있다. 의학적으로는 출생 시 분류된 성 또는 사회적으로 표현되는 성과 자신이 느끼는 젠더 정체성이 일치하지 않는 상태를 **'성 불일치**Gender Dysphoria[3]라고 한다. 성 불일치는 단순히 신체적인 특성만을 의미하는 것이 아니라 더 넓은 개념이다. 트랜스젠더는 신체 불일치Body Dysphoria와 사회적 불일치Social Dysphoria를 경험할 수 있으며, 어떤 경우에는 하나의 요소가 더 강하게 나타나기도 한다. 자신의 정체성과 맞지 않는 신체로 살아가는 불편함[4]은 심리적 고통을 유발할 수 있으며, 스트레스, 불안, 우울증 위험을 증가시킬 수 있다.

젠더 정체성 지지 요법

트랜스젠더는 자신의 젠더 정체성을 확립하기 위해 다양한 방식의 젠더 확립 과정을 거칠 수 있다. 예를 들어 이름과 대명사를 바꾸거나, 공식 문서에서 성별 표기를 변경하는 사회적·법적 확립이 있다. 또한 2차 성징 억제 치료나 호르몬 요법을 포함하는 의료적 확립, 그리고 성별 확립을 위한 수술적 방법을 선택하는 경우도 있다. 하지만 모든 트랜스젠더가 이러한 과정을 전부 거치는 것은 아니다. 이는 매우 개인적이고 주관적인 결정이며, 각자의 필요와 상황에 따라 선택하는 과정이다.

이 장에서는 의료적 젠더 정체성 지지 요법Gender-Affirming Therapy, GAT, 또는 크로스섹스 치료Cross-Sex Therapy에 초점을 맞춘다. 이는 트랜스젠더와 논바이너리* 들이 사춘기 진행 속도를 조정하거나, 사춘기 이후 자신의 젠더 정체성과 신체적 특징을 맞추기 위해 점점 더 많이 선택하는 방법이다. 의료적 GAT에는 호르몬 치료나 수술을 포함한 성별 전환 과정이 포함된다. 일반적으로 GAT의 목표는 출생 시 분류된 성의 신체적 특징을 줄이고, 젠더 정체성에 맞는 신체적 변화를 유도하는 것이다. 이 과정에서 가장 흔히 사용되는 방법은 호르몬 치료이

● nonbinary, 전통적인 남성과 여성의 이분법적 성별 구분에 속하지 않는 성 정체성

며, 수술을 선택하는 트랜스젠더 개인은 상대적으로 적다. 이는 사회적·의료적·경제적 요인뿐만 아니라 개인적인 선호에 따른 결정이기도 하다. 이러한 의료적 조치와 지원은 트랜스젠더 개인들의 삶의 질[5]과 정신 건강을 개선하는 데 중요하다.

GAT는 전환하려는 성별에 따라 두 가지 주요 유형으로 나뉜다.

남성화 호르몬 치료

남성화 호르몬 치료(또는 트랜스마스큘린, 여성 → 남성 Female-to-Male 호르몬 치료)는 트랜스젠더 남성, 트랜스마스큘린* 및 일부 인터섹스가 주로 선택하는 젠더 확립 치료GAT이다. 이 치료의 목적은 여성적이거나 중성적인 2차 성징을 남성적인 특징으로 변화시켜, 신체를 남성 젠더 정체성과 좀 더 일치하도록 만드는 것이다. 이 치료를 받으면 목소리가 낮아지고, 체모가 증가하며, 지방과 근육의 분포가 남성적인 패턴으로 변화하는 등의 효과가 나타난다. 사춘기 이전에 치료를 시작하는 경우, 가슴과 외음부의 발달을 예방할 수 있다. 반면, 사춘기 이후에 시작하면 이미 형성된 신체적 특징을 되돌릴 수는 없으므로, 이를 해결하기 위해 수술이나 추가 치료를 고려할 수 있다.

남성화 치료에서 가장 중요한 역할을 하는 것은 테스토스테론이다. 이 호르몬은 근육 주사, 경피 패치, 젤, 삽입형 펠릿,** 알약 등 다양한

- Transmasculine, 출생 시 여성으로 분류되었지만 남성적인 젠더를 표현하거나, 남성 또는 남성에 가까운 정체성을 가진 사람
- ●● 피부 아래 삽입해 장기간 일정하게 호르몬을 방출하는 고형 제제

형태로 제공된다. 또한 체내 에스트로겐과 프로게스테론 생성을 억제하기 위해 항에스트로겐 치료를 병행하기도 한다. 이 과정에서 사용하는 약물 중 일부는 성선 자극 호르몬 방출 호르몬 길항제GnRH Antagonists로, LH(황체 형성 호르몬)와 FSH(난포 자극 호르몬)의 분비를 **억제**하여 난소에서 에스트로겐과 프로게스테론이 생성되는 것을 차단한다. 또한 앞서 다룬 암 치료제와 유사한 에스트로겐 차단제 및 아로마타제 억제제를 사용할 수도 있다. 일부 트랜스젠더 남성들은 좀 더 완전한 신체 변화를 위해 가슴 절제술(유방 절제술), 자궁 절제술, 난소 절제술을 선택하며, 이후 재건 수술을 받기도 한다. 이러한 변화는 트랜스젠더 남성의 호르몬 환경에도 영향을 미치며, 치료 과정에서 고려해야 할 중요한 요소가 된다.

남성화 호르몬 치료를 시작한 후, 대개 1년 이내에 체모가 증가하고, 두피 모발이 줄어들며, 근육량과 근력이 증가하는 변화가 나타난다.[6] 치료를 시작한 지 2~6개월 내에 월경 주기가 멈추지만, 배란이 완전히 중단되는 것은 아니다. 즉 피임하지 않으면 트랜스젠더 남성도 임신할 가능성이 있으며, 때가 되면 갱년기를 겪는다. 젠더의 유연성을 존중하는 새로운 방식을 찾아가는 과정에서 생리학적 성과 젠더 정체성이 반드시 일치하지 않을 수도 있다는 사실과 마주하게 된다. 중요한 점은 난소를 지닌 채 태어나고 월경을 경험한 사람이라면 결국 갱년기를 겪게 된다는 것이다.

여기에서 우리는 **이중** 전환double transition이라는 현상을 마주하게 된다. 하나는 젠더 정체성을 위한 전환이고, 다른 하나는 폐경으로의 전환이다. 이 두 과정은 서로 맞물려 진행될 수 있으며, 때로는 더 복잡한 문제를 야기할 수도 있다. 트랜스젠더 남성의 경우, 갱년기가 자연스럽게, 충분한 시간을 거쳐 찾아올 수도 있고, 수술로 인해 급격하게 발생할 수도 있다. 특히 난소 적출술(자궁과 함께 난소를 제거하는 수술 포함)을 받은 경우 수술 직후 폐경이 시작되며, 이는 인위적 폐경을 경험하는 시스젠더 여성과 동일한 건강상의 위험을 초래할 수 있다. 이 책에서 반복해서 강조한 바와 같이, 폐경 전에 난소를 제거하면 심장 질환과 골다공증의 위험이 높아질 뿐만 아니라, 불안과 우울증, 나이가 들면서 인지 기능 저하의 위험도 증가할 수 있다. 안타깝게도, 트랜스젠더 남성들은 자연적이든 인위적이든, 갱년기가 어떤 과정인지 정보를 충분히 제공받지 못하는 경우가 많다. 나는 이 책이 갱년기 과정에서 어떤 일이 일어나는지 명확하게 이해하는 데 도움이 되고, 예상되는 증상과 부작용을 완화할 수 있는 방법을 찾는 데 작은 길잡이가 되기를 바란다.

여성화 호르몬 치료

여성화 호르몬 치료(또는 트랜스페미닌, 남성 → 여성Male-to-Female 호르몬 치료)는 트랜스젠더 여성뿐만 아니라 트랜스페미닌* 인터섹스들이 주로 선택하는 젠더 확립 치료이다. 이 치료는 신체를 여성화하는 데 초점을 맞추며, 일반적으로 경구, 경피, 또는 주사 형태의 에스트로겐 제제가 사용된다. 치료 과정에서 **GnRH** 유사체GnRH analogs가 함께 처

- Transfeminine, 출생 시 남성으로 분류되었지만 여성적인 젠더 표현을 하거나, 여성 또는 여성에 가까운 정체성을 가진 사람

방되는 경우가 많다. 앞서 언급한 GnRH 길항제와 달리, 이 약물은 체내 에스트로겐과 프로게스테론의 생성을 촉진하는 역할을 한다. 동시에, 항안드로겐 약물을 사용하여 테스토스테론을 억제하기도 한다.

성별 확립 치료가 뇌 기능에 영향을 줄까?

이제까지 주요 젠더 확립 치료 유형에 대해 살펴보았으니, 이제 다시 내 전문 분야인 뇌 건강으로 돌아가보자. 남성화 및 여성화 치료가 뇌에 어떤 영향을 미칠까?

외부에서 호르몬을 투여하면서 동시에 체내 호르몬 생성을 급격히 감소시키면, 이는 몸 전체, 그리고 뇌에도 영향을 미친다. 호르몬이 외모와 각 성적 특징에 미치는 영향은 명확하게 드러나지만, GAT가 뇌에 미치는 영향을 다룬 임상 연구는 아직 충분히 진행되지 않았다. 트랜스젠더를 대상으로 한 연구는 아직 초기 단계이며, 현재까지 이루어진 소수의 연구들조차 대부분 트랜스젠더 여성을 대상으로 진행되었다. 반면, 트랜스젠더 남성을 대상으로 한 뇌 연구는 거의 전무한 상황이다. 이는 이 책에서 여러 차례 논의한 적 있는 의료 시스템 내 편견과 소외 문제를 다시금 부각시키는 현실이기도 하다. 또한 기존 연구들은 대부분 20~30대 초반의 젊은 트랜스젠더들을 대상으로 진행되었으며, 경우에 따라서는 그보다 더 어린 연령층을 대상으로 한 경우도 많다. 이러한 한계가 있음을 인지하고, 현재까지 밝혀진 연구 결과들을 바탕으로 살펴보자.

이 책의 초반에서도 언급했듯이, 시스젠더를 대상으로 한 연구에서는 남성과 여성의 뇌에 몇 가지 차이가 있음을 보여준다. 대표적인 차이로는 남성의 뇌가 전반적으로 더 크며, 여성의 뇌는 더 유기적으로 연결되어 있다는 점이 자주 인용된다. 이러한 연구 결과들은 GAT가 뇌에 미치는 영향을 탐구하는 과정에서 흥미로운 논점이 될 수 있다.

일부 연구에서는 MRI 촬영을 통해 트랜스젠더(주로 트랜스젠더 여성)의 GAT 치료 전후 뇌를 관찰했다. 연구진은 여성화 GAT 이후 회백질의 두께 변화를 관찰하고, 동시에 뇌의 근거리 및 원거리 영역 간 연결성 변화를 측정했다. 그 결과는 주목할 만했다. 항테스토스테론 약물로 6개월에서 1년간 치료한 후, 트랜스젠더 여성의 특정 뇌 영역은 실제로 크기가 감소한 반면[7, 8] 영역 간 연결성은 증가했다.[9] 다시 말해, GAT는 트랜스젠더 여성의 뇌가 시스젠더 여성의 뇌와 유사한 구조적 특성을 갖도록 했으며,[10] 이는 시스젠더 남성의 뇌보다 일반적으로 크기가 더 작고 상호 연결성이 높은 특징을 보였다. 이러한 전환에 대한 연구는 상대적으로 적지만, 트랜스젠더 남성에게서도 거울처럼 대칭적인 현상이 관찰되었다. 이 경우, 테스토스테론과 항에스트로겐 약물을 투여하면[11] 뇌에 정반대의 영향을 미쳐 전반적인 뇌 부피가 증가했고, 특히 시스젠더 남성에게서 더 큰 것으로 알려진 여러 영역에서 두드러진 증가를 보였다. 전반적으로 GAT는 사람의 뇌를 젠더 정체성에 부합하는 성별의 특성과 어느 정도 일치하도록 변화시키는 것[12]으로 나타났다. 이러한 결과는 GAT가 신체를 변화시키는 것만큼 확실하게 뇌도 변화시킨다는 것[13]을 시사하며, 이는 신체와 성별 정체성 간의 불일치를 완화하는 데 도움이 될 수 있다. 그러나 놀라운 점은 이러한 변화가 동시에 개인의 기분, 에너지 수준, 수면 패턴, 인지 기능, 나아가 장기적인 건강에까지 영향을 미칠 수 있다는 것인데, 이에 대해서는 다음에서 자세히 살펴보겠다.

호르몬 변화는 건강에 어떤 영향을 미칠까?

임상적 관점에서 볼 때, GAT는 원하는 신체적 변화 외에도 여러 장단점이 있다. 예컨대 테스토스테론 치료를 받는 트랜스젠더 남성[14]은 대체로 에너지, 집중력, 식욕, 성욕이 증가하고 수면 필요량이 감소했다고 보고한다. 이는 긍정적인 변화이다. 반면 좋지 않은 소식은 치료가 안면 홍조, 브레인 포그, 우울 삽화,* 갱년기의 다른 뇌 관련 증상을 유발할 수 있다는 점이다. 이러한 변화는 난소를 제거했을 때 더욱 심해질 수 있는데, 사춘기 때 수술하는 경우에도 발생할 수 있다. 또한 남성화 GAT는 질 위축과 건조증을 유발할 수 있다. 이 경우 국소 에스트로겐 크림과 윤활제가 도움이 될 수 있다(9장 참조). 장기적으로 이러한 치료는 골다공증과 다낭성 난소증후군의 위험을 증가시킬 수 있는데, 이를 치료하지 않으면 가임력 저하와 자궁내막암 위험 증가로 이어질 수 있다. 이러한 위험성들은 자연 폐경 연령 이전에 받는 난소 절제술과 관련된 위험성과 마찬가지로 인지하고 대처하는 것이 중요하다.

트랜스젠더 여성의 경우, 항테스토스테론과(또는) 에스트로겐 치료 후에 다소 반대되는 변화를 경험할 수 있는데,[15] 여기에는 성욕 감소, 기분 변화, 수면 변화, 체온 민감도 변화 등이 포함된다. 이 또한 갱년기 뇌 증상과 크게 다르지 않다. 장기적인 효과를 연구한 일부 연구에

- depressive episode, 일정 기간 동안 지속적으로 우울한 기분과 감정적 변화를 경험하는 상태

따르면, GAT를 받는 트랜스젠더 여성은 시스젠더 남성에 비해 심장 질환과 유방암 위험이 더 높을 수 있다.

GAT가 인지 능력에 미치는 영향

호르몬 변화가 뇌 건강에 미치는 영향에 대해 우리가 이해하게 된 바를 고려하면, GAT가 인지 기능에도 영향을 미칠 수 있는지 당연히 궁금하다. 하지만 GAT의 장기적 위험과 이점에 대한 연구와 정보는 여전히 부족하며, 이 주제에 대한 소수의 기존 연구들도 대부분 젊은 트랜스젠더(주로 트랜스젠더 여성)로 한정되어 있다. 수백 명의 젊은 성인 트랜스젠더 남성과 여성의 데이터를 결합한 가장 광범위한 연구에 따르면, 단기적으로는 뚜렷한 부정적 영향이 없는 것으로 나타났다.[16] 오히려 테스토스테론 치료를 받은 트랜스젠더 남성은 시공간 수행 능력이 다소 향상되었고,[17] 에스트로겐 치료를 받은 트랜스젠더 여성은 언어 기억력이 약간 개선되었다. 앞 장에서 언급했듯이, 성별 간 인지적 차이가 확실히 존재하는지는 아직 결론이 나지 않았지만, 이러한 결과는 개인이 인지하는 젠더의 인지적 강점과 일치한다(시스젠더 여성은 시스젠더 남성보다 언어 기억력이 더 우수한 경향이 있고, 시스젠더 남성은 시스젠더 여성보다 시공간 능력이 더 뛰어날 수 있다).

그러나 30세 이상의 트랜스젠더, 특히 트랜스젠더 남성에게 GAT가 어떤 영향을 미치는지 사실상 알려져 있지 않다는 점은 이해하기 어렵다. 우리는 GAT와 폐경이 결합되어 각 개인은 물론 집단의 인지 및 정신 건강에 어떤 영향을 미칠 수 있는지에 대한 신뢰할 만한 정보를 아직 충분히 수집하지 못했다. 특히 폐경 이전부터 이미 많은 트랜스젠더 개인들이 불안과 우울을 경험하는 비율이 더 높다는 점을 고려하면, 이 두 가지 요소를 함께 살펴보는 것은 매우 중요하다. 트랜스젠더들의 전환 과정을 세심하게 이끌고 보호하는 데 필요한 연구가 진행되는 동안, 현재로서는 GAT가 인지 기능에 미치는 전반적인 영향을 평가하기 위한 추가 데이터를 기다리고 있다.

이 기다림의 과정 속에서 예방적 관리의 중요성은 더욱 커진다. 연구 데이터가 축적되기를 기다리는 동안 트랜스젠더에게도, 그리고 모든 사람에게도 동일한 조언을 하고 싶다. 우리는 이제 호르몬이 뇌 기능에 얼마나 중요한 역할을 하는지, 그리고 폐경이 이러한 기능에 어떤 영향을 미칠 수 있는지 점점 더 깊이 이해하고 있다. 그렇기 때문에 이 변화의 과정을 개척해나가며 우리 스스로 세심하게 돌보고 관리해야 한다. 내가 할 수 있는 가장 중요한 조언은 단순하다. 뇌를 가장 소중한 친구처럼 여기고, 어느 순간에도 아낌없는 존중과 관심을 기울이자. 이 책은 과학적으로 검증된 방법을 통해 뇌와 정신 건강을 최우선으로 돌볼 수 있도록 돕기 위해 쓰였다. 우리 사회와 의료계가 최전선에서 발견되는 최신 연구들을 점진적으로 반영해나가는 동안, 이 책에서 다룬 도구들을 활용해 우리의 뇌 건강을 스스로 지켜나가는 것은 결국 우리의 몫이다.

4부

활력 있는 삶을 위한 라이프 스타일과 건강 관리

13장

좋은 컨디션을 유지하는 운동 습관

라이프 스타일의 효과

지금까지 우리는 갱년기 증상을 완화하고 이 여정을 도울 수 있는 처방약에 대해 알아보았다. 하지만 많은 여성이 처방약 대신 자연요법, 식이요법, 운동으로 관리하기를 선호한다. 다행히도 다양한 생활 방식 변화와 자기 관리 방법을 활용한다면 충분히 관리할 수 있다. 중요한 점은 이러한 방법들이 HRT나 다른 약물 치료를 병행하는 경우에도 마찬가지로 큰 도움이 된다는 것이다.

생활 방식과 관련하여, 갱년기는 새로운 건강 습관을 선택하고 현재의 긍정적인 습관을 지속하기에 좋은 시기이다. 이런 맥락에서 뇌를 근육처럼 생각해보자. 근육을 단련하듯이 뇌를 강화하는 습관을 실천할 수 있다. 뇌를 운동시키고, 적절히 영양을 공급하며, 제대로 관리할 수 있다. 그렇게 하면 어느 연령에서든 뇌는 훨씬 더 좋은 컨디션을 유지할 것이다. 영양이 풍부한 식단을 유지하고, 유해한 물질을 피하며, 스트레스를 잘 관리하면 큰 변화를 가져올 수 있다. 운동, 수면, 근거 있는 정보로 다져진 건강한 마음가짐 역시 마찬가지다. 당신이 몸과 뇌를 잘 돌본다면, 몸과 뇌도 당신을 지켜줄 것이다.

이러한 생활 방식을 적극적으로 실천하면 뇌가 갱년기에 **적응**하는 방식에 긍정적인 영향을 줄 수 있으며, 더 가볍고 맑은 기분으로 이 시기를 보낼 수 있다. 갱년기를 앞둔 시기가 힘들게 느껴진다면, 당신에게는 자신의 생활 방식, 환경, 그리고 신념을 조절할 수 있는 힘이 있다는 것을 기억하면 도움이 된다. 이러한 요소들은 갱년기를 어떤 방식으로 경험하는지에 중요한 영향을 미칠 수 있다. 호르몬 변화가 수면, 집중력, 체성분에 영향을 주듯이, 일상적인 습관 역시 호르몬 수치와 그 효과의 강도를 좌우할 수 있다.

나는 갱년기를 '극복'하거나 '이겨내야 할' 무언가로 여기며 해야 할 일을 나열하려는 것이 아니다. 기억하자, 폐경은 적이 아니다. 그렇다고 해서 폐경이 뇌에 아무런 영향을 주지 않게 하거나, 이를 기적적으로 뛰어넘을 수 있다고 주장하는 프로그램을 권하려는 것도 아니다. 그런 것은 과학이 아니라 공상일 뿐이다. 이 책에서 다룰 생활 습관들은 철저한 연구와 검증을 거친 것들이니, 지속적인 실천과 꾸준함이 뒷받침된다면 실질적인 변화를 기대할 수 있다. 자, 함께 시작해보자!

건강한 갱년기를 위한 운동

대다수 사람들의 운동량이 적정 수준에 한참 못 미친다는 사실은 그리 놀라운 일이 아니다. 미국 질병통제예방센터CDC에 따르면, 성인 중 주당 2시간 30분 정도의 신체 활동을 하는 사람은 40퍼센트에도 미치지 않는다. 좀 뜨끔할 수도 있지만, 40대 이상 여성들이 가장 불규칙적으로 운동하는 인구 집단이라고 한다. 많은 여성이 운동을 전혀 하지 않는다. 이러한 신체 활동 감소는 결국 대가를 치르게 된다. 갱년기 즈음에 신체 활동이 줄어드는 것보다 더 나쁜 것은 없다.

신체 활동을 해야 좋은 이유는 무수히 많다. 갱년기에 접어들고 있다면, 그 이유는 더욱 많아진다. 신체 활동은 안면 홍조의 빈도와 강도를 직접적으로 줄이고, 기분을 개선하며, 수면을 향상하는 긍정적인 호르몬 변화를 일으킬 수 있다. 또한 체력을 높이고 삶의 질을 향상하며 인지 기능도 강화한다. 이 사실만으로도 당신은 움직이고 싶어질지도 모른다. 하지만 이게 다가 아니다. 갱년기를 더 힘들게 하거나 폐경과 동시에 나타나기 쉬운 대사 문제나 인슐린 저항성과 같은 건강 상태는 운동을 통해 완화하거나 심지어 **되돌릴 수도** 있다. 규칙적인 신체 활동은 심장병, 뇌졸중, 고혈압, 제2형 당뇨병, 골다공증, 비만, 대장암, 유방암, 불안, 우울증, 심지어 치매까지 포함하는 수많은 만성질환 목록의 위험을 낮출 수 있다! 이런 효과를 내는 약이 있다면 우리 모두 복용하고 있을 것이다. 대신 우리가 좋아하는 운동들을 조합해서 선택하면 어떨까?

이렇게 생각해보자. 우리 몸에서는 모든 것이 연결되어 있으며, 부정할 수 없는 도미노 효과가 작용한다. 운동은 혈당 수준을 안정화해 더 많은 에너지를 제공하는데, 이것만으로도 기분이 좋아질 것이다. 더 활력 있고 긍정적인 마음가짐은 운동을 꾸준히 지속하도록 돕고, 결국 체중 관리에도 긍정적인 영향을 줄 수 있다. 체중 관리는 자신감을 높이면서 안면 홍조를 막는 훌륭한 방법이다. 안면 홍조 횟수가 줄어들면 수면의 질이 향상되어 스트레스 관리에 도움이 된다. 운동의 효과는 이런 식으로 계속된다. 이러한 상호작용이 시간이 지나면서 우리 몸과 삶 속에서 긍정적인 흐름을 만들어내며, 악순환을 승리의 순환으로 바꿀 수 있다. 운동은 갱년기에서 주도권을 되찾는 강력한 도구가 될 수 있으며, 마치 거칠게 내달리는 야생마에게 휘둘리던 상황에서 이제는 스스로 고삐를 잡고 안정적인 속도로 달릴 수 있게 되는 것과 같다.

두말할 나위가 없다. 규칙적인 운동 습관 수립은 더 건강하고 순조로운 갱년기를 보내면서 평생의 건강을 준비하려는 이들에게 현실적인 목표이다. 운동이 가져다주는 수많은 이점들은 여러 측면에서 분명하게 나타나는데, 이 중 몇 가지를 다음에서 강조하여 설명하고자 한다.

건강한 체중과 신진대사 촉진

갱년기에 접어들면서 많은 여성이 알 수 없는 체지방 증가를 경험한다. 베수비오 화산의 불길에 버금가는 안면 홍조로 수면이 방해받고, 그 결과 스트레스 수준이 치솟는 것만으로도 충분히 힘든데, 이제는 한때 편안하던 청바지마저 나를 힘들게 한다. 좌절감과 혼란을 느끼는 것은 당연하다. 하지만 고민하지 말자. 우리는 범인을 잡았다.

체지방 증가는 연합 공격이다. 노화, 갱년기, 신체 활동 감소가 한꺼

번에 닥치면, 대사율과 근육량이 감소할 수 있다.[1] 중년 여성들은 불과 몇 년 사이에 체중이 평균 2~3킬로그램 증가하는 경향이 있다.[2] 허리둘레도 약 2.2센티미터(약 1인치) 늘어난다. 그러나 일반적인 통념과는 달리, 노화는 체중 증가를 유발할 수 있지만[3] 폐경 자체는 그렇지 않다. 다만 복부 지방은 증가시킬 수 있다. 어떻게 그럴까? 변동하는 에스트로겐 수치가 체내 지방 저장을 유발할 수 있는데, 특히 복부가 지방의 저장고가 된다. 이 현상이 불편해 보일 수 있지만, 이런 현상에는 이유가 있다. 난소의 에스트라디올 생산이 감소함에 따라, 우리 몸은 에스트로겐의 대체물인 에스트론을 생산하기 위해 복부 지방 조직에 의존한다. 실제로 나이가 들어도 에스트로겐 생산을 지속하기 위해 복부 지방이 필요하다. 그러나 익히 알다시피, 적당한 체지방은 호르몬 건강 유지에 도움이 되지만, 너무 많으면 다른 문제를 일으킬 수 있다. 이러한 변화는 사과형 체형을 초래할 수 있으며, 보통 내장 지방의 축적을 동반한다. 내장 지방은 내부 장기 주변에 쌓이는 은밀한 지방으로, 심장병과 대사 장애의 위험을 증가시킨다. 또한 에스트로겐 감소는 피로, 관절통, 체력 저하를 유발할 수 있어, 소파에서 일어나는 것보다 누워 있는 것이 훨씬 더 달콤하게 느껴진다.

다행히도 좋은 소식이 있다. 대부분의 여성들에게 체중과 허리둘레 증가는 **일시적**인 현상이며,[4] 갱년기 이후 몇 년이 지나면 증가는 둔화된다. 가장 중요한 것은, 이 모든 게 피할 수 없는 운명은 아니라는 점이다. 사실, 운동이 주는 많은 이점 중 하나는 대사를 촉진하고 체중을 안정화하는 것이다. 또한 여러 연구에 따르면, 규칙적으로 신체 활동을 하는 갱년기 전후 여성들은 체성분을 크게 개선할 수 있어,[5] 낮은 체질

량지수BMI, 줄어든 복부 지방, 더 높은 신진대사로 이어져 나이에 관계없이 칼로리를 더 쉽게 소모할 수 있다.

심장병과 당뇨병 위험 감소

50세 이상 여성의 사망 원인 1위는 여전히 심장 질환이다. 심장 질환은 혈관을 보호하는 에스트로겐의 역할이 약해지는 것[6]과 중년기에 '나쁜' LDL(저밀도 지단백) 콜레스테롤이 증가하는 현상이 맞물린 결과일 수 있다. 갱년기 동안 복부 지방 축적은 인슐린 저항성과 제2형 당뇨병(다시 심장 질환의 위험 요인이 된다)의 위험을 증가시킬 수 있다.

하지만 주목할 점은 운동이 이러한 위험을 줄이거나 심지어 되돌릴 수 있다는 것이다. 단 12주의 훈련만으로도[7] 갱년기 여성의 체중을 개선하고, 허리둘레를 감소시키며, 중성지방과 총 콜레스테롤을 낮출 수 있다. 동시에 모든 연령대에서 건강한 혈압을 유지하도록 돕는다.[8] 더욱이 60세 이전에 규칙적인 운동 습관을 유지하는 여성들은 70~80대에 심장 질환 발생 위험이 훨씬 낮다.[9] 결론적으로, 신체 활동은 심장 건강을 증진하며, 심장에 좋은 것은 뇌에도 좋다. 나머지 신체 부분은 두말할 필요가 없다!

안면 홍조 감소

운동이 갱년기 관련 증상을 최소화하고 잠재적으로 예방할 수 있다는 사실이 전 세계적으로 주목받고 있다. 북미폐경학회North American Menopause Society와 영국 왕립산부인과학회the UK's Royal College of Obstetricians and Gynaecologists 같은 권위 있는 학회에서는 안면 홍조를 막기 위한 효과적인 중재 방법으로 규칙적인 운동을 권장한다. 이는 운동이 체온 조절 능력을 향상해 발한 반응이 과도하게 일어날 가능성을 줄이기 때문이다. 앞서 언급했듯이, 운동은 체중과 체지방량 조절에도 도움이 된다. 이러한 이중 효과는 안면 홍조의 횟수와 강도를 극적으로 감소시킬 수 있다! 임상 시험에서 과다 체지방을 가진 여성들이 연구 기간 동안 운동을 통해 체중을 감량한 결과, 단 1년 만에 안면 홍조의 빈도와 강도가 의미 있게 감소하거나 때로는 완전히 사라졌다고 보고했다.[10]

또한 규칙적으로 운동하는 여성들은 안면 홍조가 발생하더라도 발한량과 불편감이 크게 감소한다. 3,500명의 라틴 아메리카 여성을 대상으로 한 연구에서, 규칙적으로 중강도 운동을 하는 여성들은 운동량이 적은 여성들에 비해 심한 안면 홍조를 경험할 가능성이 28퍼센트 더 낮았다.[11] 400명 이상의 호주 여성을 대상으로 한 표본 연구에서는 매일 운동하는 여성들이 신체 활동이 거의 없는 여성들에 비해 안면 홍조를 49퍼센트 더 적게 겪었다.[12] HRT가 안면 홍조를 약 75퍼센트 감소시킬 수 있다는 점을 고려하면, 이는 상당히 인상적인 결과이다. 무엇보다도 반가운 소식은, 지금까지 규칙적으로 운동하지 않았더라도 이제부터 시작하면 앞서 소개한 모든 혜택을 누릴 수 있다는 점이다. 여러 연구에 따르면, 평생 처음 운동을 시작하고 이를 지속하는 비활동적인 여성들도 단 3개월 만에 안면 홍조가 현저히 감소하는 경향을 보였다.[13]

수면 개선

운동을 하는 여성들이 더 잘 자는 것은 사실이다. 비활동적인 시간이 길어질수록 수면의 질이 떨어지며, 심한 경우 갱년기를 겪는 여성들의 주요 걱정거리인 불면증으로 이어질 수도 있다. 반면에 신체적으로 활동적인 폐경 전후 여성들은 야간 각성 빈도가 줄어들고,[14] 수면의 질이 개선되며,[15] 불면증으로 인한 고통도 덜하다.[16]

안정된 기분과 삶의 만족감

운동을 하면 우리 몸의 천연 진통제인 **엔도르핀**이 자연스럽게 퍼지면서 자동으로 기분이 올라간다. 그리고 세로토닌이 분비되어 이완시키고 '행복하게' 만든다. 이러한 항우울 효과는 스트레스 호르몬 감소와 연관 있으며, 누구에게나 필요하다. 그 결과, 신체 활동이 더 많은 중년 여성들은 지속적으로 더 나은 삶의 질,[17] 더 높은 삶의 만족감을 느끼며, 갱년기 전후 과정 중 모든 기간에서 우울증과 불안 증상이 감소한다. 거의 2천 명의 중년 여성을 대상으로 한 11개 임상 시험의 통합 분석에서, 규칙적인 운동은 단 12주 만에 우울 증상[18]과 함께 스트레스 및 관련 불면증을 크게 감소시켰다. 중강도와 저강도 운동 모두 효과가 탁월했다. 모든 사람이 고강도 운동을 선호하거나 할 수 있는 것은 아니므로 이는 정말 좋은 소식이다.

기억력 향상과 치매 위험 감소

운동은 근육을 만들고, 스트레스를 없애고, 엔도르핀을 분비시킬 뿐만 아니라 기억력도 향상한다. 예를 들어 수천 명의 고령자를 대상으로 한 연구에서, 규칙적으로 신체 활동을 하는 사람들은 비활동적인 사람들에 비해 치매 발병 위험이 35퍼센트 더 낮았다.[19] 주목할 점은 이러한 활동들 대부분이 체육관이 아니라 걷기, 자전거 타기, 계단 오르기, 집안일 하기와 같이 평상복 차림으로 하는 활동이었다는 것이다.

우리의 목적에 맞춰, 최근의 한 연구는 약 200명의 중년 여성을 44년간 추적 관찰했다. 그 결과, 중년기에 심폐 체력 수준이 가장 높았던 여성들은 비활동적인 여성들에 비해 노년기 치매 발병 위험이 무려 30퍼센트 더 낮은 것으로 나타났다.[20] 치매 전문가로서 지금까지 어떤 약물도 이러한 효과를 달성하지 못했기에 30퍼센트의 치매 발병률 감소가 얼마나 놀라운 것인지 단언할 수 있다. 당연히 우리의 뇌 영상 연구에서도 신체적으로 활동적인 중년 여성들이 비활동적인 여성들보다 뇌 활동이 활발하고,[21] 덜 위축되며, 알츠하이머성 혈전도 덜 쌓이는 것으로 나타났다. 이러한 놀라운 결과들은 활동적인 중년 여성들이 또렷한 사고력과 기억을 오래 유지하는 데 도움을 준다.

건강한 뼈와 부상 위험 감소

운동의 가장 큰 장점 중 하나는 골밀도에 미치는 기적 같은 효과이다. 근육을 강화할 때 뼈도 함께 강화된다. 신체 활동은 갱년기 이후 골 손실을 효과적으로 늦추어[22] 골절과 골다공증의 위험을 낮춘다. 낙상과 부상 가능성을 줄이는 것은 갱년기와 그 이후에도 우리의 이동성을 개선하고 통증 가능성을 감소시킨다.

수명 연장

지금부터 말할 내용은 과장이 아니다. 활동적으로 지내면 실제로 당신의 생명을 연장할 수 있다. 아래의 통계로 당신을 놀라게 하려는 의도는 아니다. 하지만 솔직히 말해서, 운동하지 않고 앉아 있거나 누워 있는 시간이 길수록 안타깝지만 사망 위험이 높아진다.

예를 들어 여성건강연구Women's Health Initiative에서 50~79세의 갱년기 이후 여성 92,000명 이상을 대상으로 한 조사를 보면, 신체적으로 가장 활동적인 여성들은 비활동적인 여성들에 비해 사망 위험이 크게 낮은 것으로 나타났다.[23] 구체적으로, 하루에 5시간 이상 신체 활동을 한 여성들은 하루 8시간 이상을 비활동적으로 보낸 여성들에 비해 심장 질환으로 사망할 가능성이 27퍼센트 더 낮았고,[24] 암으로 사망할 가능성은 21퍼센트 더 낮았다. (아, 물론 수면 시간은 포함되지 않는다) 더 놀라운 증거는 34~59세의 젊은 여성들을 대상으로 한 간호사 건강 연구 Nurses' Health Study[25]에서 나왔다. 이 여성들이 70~80대가 되었을 때, 신체적으로 활동적이었던 여성들은 대부분 비활동적이었던 여성들에 비해 호흡기 질환으로 인한 사망 위험이 77퍼센트 더 낮았고,[26] 심장 질환으로 인한 사망 위험은 31퍼센트 더 낮았으며, 암으로 인한 사망 위험은 13퍼센트 더 낮았다. 자, 이제 몸을 움직일 시간이다.

어떤 운동이 가장 좋을까?

모두가 나를 위한 시간을 충분히 확보하는 데 어려움을 겪는다. **더 힘들게**가 아닌 **더 똑똑하게** 운동할 방법이 있을까? 갱년기 연령대의 여성들에게 특히 좋은 특정 운동이 있을까? 고령 여성들은 어떨까? 운동에 관해서는 얼마나 강하게, 얼마나 자주, 얼마나 오래, 그리고 어떤 종류의 운동이 효과가 있는지에 대한 질문이 가장 많다.

운동 빈도

- **폐경 이전:** 이 단계에서의 목표는 주당 45~60분씩 4~5회 운동하는 것이다. 연구에 따르면 이러한 방식이 호르몬 건강[27]과 심지어 가임력 유지에도 특히 효과적이다. 기억하자, 가임 기간이 길수록 폐경 시기는 더 늦어진다.
- **폐경 이후 65세 무렵까지:** 이 시기에는 처방을 주당 3~5일, 회당 30~60분으로 조정하며, 운동의 지속 시간과 강도는 나이, 증상의 정도, 전반적인 건강 상태와 체력 수준에 따라 조절한다. 물론 가능하다면 운동을 추가해도 좋다.
- **70세 이후:** 매일 최소 15분씩 하는 것이 좋지만, 많은 여성이 그 이상도 충분히 할 수 있고, 실제로 그렇게 하고 있다.

운동 강도

나이가 들수록 운동 효과를 보려면 운동 강도를 더 높여야 한다는 속설이 끊임없이 회자된다. 이 주제에 대해 정밀하게 진행된 연구는 정확히 그 반대 결과를 보여준다. 특히 폐경 후 여성들의 경우, 강한 강도의 운동보다는 **중강도** 운동이 더 좋다. 기억하자, 우리의 목표는 보디빌딩 선수가 되는 게 아니라 전반적인 건강 증진이다.

중년기에 운동 강도와 건강의 관계는 거꾸로 된 U자 모양을 보인

[그림 9] 중년 여성의 운동 강도와 건강 개선 효과

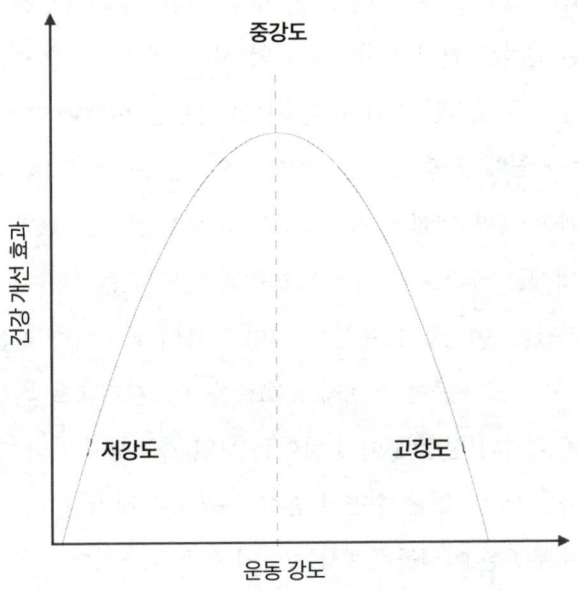

다. [그림 9]에서와 같이, 저강도 운동도 어느 정도의 건강상 이득을 주지만, 중강도 운동이 최대 효과를 제공한다. 운동 강도를 고강도 범위로 높이면 놀랍게도 오히려 효과가 감소하는 것으로 나타난다. 연구 결과, 규칙적인 중강도 운동[28]은 중년기 이후 여성의 심장 질환, 뇌졸중, 당뇨병, 암 위험을 가장 낮추는 것으로 나왔다. 또 하나의 장점은 수면의 질이 좋아질 수 있다는 것이다.[29]

부트캠프,• 복싱, 실내 자전거(스피닝), 고강도 인터벌 트레이닝이 화

• 신병 훈련소라는 뜻으로 고강도 다이어트 목적의 운동을 말한다.

제가 되고 있지만, 왜 중강도 운동이 그토록 효과적인지 궁금할 수 있다. 우선, 위의 고강도 프로그램들은 여성의 생리학적 특성은 물론이고 폐경에 대한 인식도 전혀 없이 개발되었다는 점을 짚고 넘어가자. 이 고강도 운동들은 구체적인 집단을 대상으로 방향을 설정한 다음, 그 프로그램이 **모든 사람에게** 좋다고 홍보한다. 하지만 사실은 그렇지 않다. 게다가 연구에 따르면, **남성**에게는 고강도 운동이 분명한 효과를 보이는 반면, **여성**에게는 중강도의 유산소 운동과 근력 운동[30]이 더 효과적인 것으로 나타났다. 여성들 대부분은 이미 코르티솔 수치가 높은 상태이며, 여기에 고강도 운동이 스트레스 호르몬인 코르티솔을 더욱 증가시키면서 운동 효과가 성별에 따라 차이를 보일 가능성이 있다. 고강도 운동은 회복하는 데 더 많은 수면과 휴식을 필요로 하지만, 이는 이미 수면과 휴식이 부족한 여성들에게서는 얻기 힘든 요소이다.

중강도 운동이 무엇인지 확인해보자. 여유롭게 산책하는 것을 말하는 것이 아니다(물론 시간이나 에너지가 그것뿐이라면, 그래도 아무것도 안 하는 것보다는 낫다). 중강도는 심박수를 올리고 약간의 땀을 흘리게 하는 모든 운동을 말한다. 이를 달성하기 위해서는 혈액 순환이 잘 되어 볼이 붉어질 정도로 빠르게 움직여야 한다. 대화할 때 약간 숨이 차고, 숨을 가쁘게 헐떡일 정도는 아니지만 큰 소리로 노래하는 것이 어려울 정도여야 한다.

분명히 말하자면, 더 무거운 덤벨을 포기하라거나 팔굽혀펴기는 필요 없다는 것이 아니다. 이런 운동들을 모두 할 수 있고, 그 이상도 할 수 있는 사람들이 많다. 내가 말하고자 하는 것은 우리의 목적에 가장 적합한 방식은 중강도로 더 자주 운동하는 것이다. 이런 패턴을 유지하면 **꾸준히** 운동할 수 있을 뿐만 아니라, 필요한 만큼의 효과를 **충분히** 얻을 수 있다.

어떤 유형의 운동을 해야 할까?

최대의 효과를 얻기 위해 전문가들은 유산소 운동, 근력 운동, 그리고 유연성과 균형을 위한 운동에 집중할 것을 권장한다.

유산소 운동

운동 효과를 극대화하고 싶다면, 유산소 운동부터 시작하는 것이 좋다. 유산소 운동은 오랫동안 현존하는 운동 중 가장 효과적인 것으로 인정받아왔다. 심박수를 높이고, 혈류와 혈액 순환을 개선하며, 산소와 영양분을 전신에 공급한다. 이는 결과적으로 동맥에 혈전이 쌓이는 것을 막아 심장을 보호하는 동시에, 머리를 맑게 하고 정신을 또렷하게 해준다. 이것만으로도 충분한데, 유산소 운동은 안면 홍조를 막는 데에도 가장 효과적인 방법이다.[31]

다시 말하지만, 이러한 이점을 얻기 위해 크로스핏에 등록하거나 마라톤 준비를 할 필요는 없다. 걷기, 하이킹, 또는 일립티컬 머신˚ 모두 효과가 있다. 여러 임상 시험에서 빨리 걷기와 같은 단순한 활동만으로도 3개월 만에 건강을 크게 개선할 수 있다는 결과가 나왔다.[32] **빨리 걷기**란 약속에 늦은 것처럼 서두르며 걷는 것을 의미한다. 여러 연

- elliptical machine, 관절 부담을 줄이면서 유산소 운동과 근력 운동을 동시에 할 수 있는 운동 기구

구에서는 주 3회 30분씩 빠르게 걷는 것[33]이 중년 여성의 불면증, 짜증, 피로를 줄이는 데 효과적인 것으로 나타났다. 또한 체중과 허리둘레를 개선하고 중성지방과 총 콜레스테롤을 낮추었다. 게다가 걷기는 뇌 위축을 늦춰[34] 브레인 포그와 기억력 감퇴를 효과적으로 예방하는 것으로 밝혀졌다. 실제로 하루 6,000보 이상 걷기[35]는 40세 이상 여성의 심장 질환과 당뇨병 위험을 감소시키는 효과가 있다. 목표를 9,000~10,000보로 늘리면 치매 위험도 낮출 수 있다.[36]

적절한 속도로 할 수 있는 운동으로는 시속 11~13킬로미터로 자전거 타기, 일정한 보폭으로 일립티컬 머신 이용하기, 줄넘기, 수영, 물속에서 하는 운동, 테니스, 그룹 피트니스 수업 참여, 춤추기, 계단 오르기 등이 있다. 이러한 것들로 자신만의 독특한 맞춤형 루틴을 조합해서 실천할 수 있다. 또한 발로 해야 하는 모든 운동은 골밀도를 유지하고 골다공증을 예방하는 데 도움이 된다.

체육관에 가거나 오래 걸을 시간이 부족한 사람들은 정원 가꾸기, 집 청소, 심부름하기는 물론 아이들이나 손주들을 돌보는 것과 같은 일상적인 활동에도 누적 효과가 있음을 잊지 말자. 이러한 활동들은 앞서 설명한 운동만큼의 효과를 내지는 못할 수 있지만, 여러 연구에 따르면 하루 1시간 정도의 저강도 신체 활동을 하는 것이 갱년기 증상과 전반적인 삶의 질에 긍정적인 영향을 미친다[37]고 확인되었다.

근력 운동

최신 연구에 따르면, 여성이 최상의 운동 효과를 얻으려면 중강도 유산소 운동과 체중 부하 운동을 병행하는 것이 중요하다. 유산소 운동이 신진대사를 증진하고 안면 홍조를 줄여줄 수 있다면, 근력 운동은 특히 불안을 줄이고[38] 기분을 밝게 하는 데 효과적이다.

프리웨이트, 웨이트 머신, 또는 저항 밴드를 사용한 트레이닝은 근육량을 늘리는 데 도움을 주어 골 형성을 자극하고 대사를 촉진한다. 팔굽혀펴기와 턱걸이 같은 체중 운동뿐만 아니라 무릎 올리기, 플랭크, 런지, 스쿼트도 근육을 만들고, 뼈 건강에 도움을 주며, 코어 근력과 균형 감각을 개선한다. 15회 반복 시 근육이 타는 듯한 느낌이 들 정도의 무게나 저항 수준을 선택하고, 점차 익숙해지면 무게나 저항 수준을 늘려가면 된다.

유연성 및 균형 운동

유연성과 균형 감각을 키우기에 적합한 운동에는 요가, 매트 필라테스, 태극권, 스트레칭 등이 있다. 이 모든 운동은 신체 조정 능력을 향상하고, 균형을 유지하는 데 도움을 주며, 장기적으로 낙상과 관절염을 예방하는 데 효과적이다. 요가와 필라테스는 코어를 단련하면서 특별한 호흡법을 운동에 통합하여 이완과 호르몬 균형을 촉진한다. 연구에 따르면, 특히 이러한 종류의 운동이 스트레스를 해소하고 수면의 질을 향상할 수 있다고 한다.

'마음-몸' 기법에 대해서는 16장에서 더 자세히 다루겠지만, 균형과 유연성의 중요성을 강조하기 위해 한 가지 섬뜩한 테스트를 해보자. 한 발로 10초 이상 서 있을 수 있는가?

균형 감각이 부족하면 노년기에 쉽게 허약해질 위험이 커지며,[39] 전반적인 건강이 악화되고 있다는 중요한 신호로 해석할 수도 있다. 특히 70세 미만의 여성이라면 이 테스트를 무리 없이 통과할 수 있어야 한다. 10초를 무리 없이 해냈다면 이제 1분으로 늘려보자. 70세 이상이면서 이 과제를 쉽게 완수한다면, 동년배들보다 훨씬 좋은 건강 상태를 유지하고 있는 것이다. 하지만 나이에 상관없이 한 발로 10초간 균형을 잡지 못한다면,[40] 향후 10년 이내에 건강이 급격히 악화될 위험이 두 배 이상 높아질 수 있다. 이것만으로도 요가 수업에 등록할 충분한 이유가 되지 않는다면, 도대체 무엇이 더 필요할까?

규칙적인 운동을 위한 동기 부여

많은 임상 시험을 포함한 대부분의 연구에 따르면, 이러한 지침을 따를 경우 단 12주 만에 노력의 결실을 거두기 시작할 수 있다고 한다. 하지만 대부분의 사람들이 운동의 효과를 알고 있음에도 실제로 지지부진한 태도를 보인다. 가장 흔한 장애물은 돈, 시간, 그리고 동기 부여이다.

흔히 규칙적인 운동을 하려면 체육관에 등록하거나 비싼 운동 기구에 많은 돈을 써야 한다고 착각한다. 하지만 솔직히 말해 그럴 필요가 전혀 없다. 걷기, 하이킹, 달리기, 또는 자전거 타기는 무료로 즐길 수 있는 운동 방법이다. 짐볼, 덤벨, 저항 밴드와 같은 작은 운동 기구들은 다양한 운동에 활용할 수 있고 매우 효율적이며 심지어 저렴하다. 장비가 전혀 필요 없는 운동 루틴들도 있는데, 이러한 것들 중 많은 것을 온라인과 유튜브에서 무료로 찾을 수 있다.

시간 부족은 해결하기 까다로운 문제이다. 여성들이 운동하지 못하는 가장 흔한 이유일 수도 있다. 여자들의 하루 일과는 일, 가족, 아이들, 수많은 다른 책임들로 가득 차 있어 운동을 위한 시간을 내기가 쉽지 않다. 물론 충분히 현실적인 어려움이 있지만, 우리가 진짜 집중해야 할 것은 더 많은 에너지, 숙면, 기분 개선, 선명한 사고, 스트레스 감소, 줄어든 열감 등 다양한 긍정적인 변화들이다. 따라서 중요한 것은 운동이 가능한지 여부가 아니라, 어떻게 실천할 것인가이다. 운동을 우선순위로 두든, 일상 속에서 자연스럽게 움직임을 늘릴 수 있는 작은 방법들을 찾든, 도움이 될 만한 몇 가지 팁을 소개한다.

- **매일 운동할 시간 정하기:** 일정에 하루 운동 시간을 정해두고, 달력에 적어 최대한 지킨다.
- **운동 시간 나누기:** 60분을 한 번에 내기 어렵다면, 20분씩 세 번으로 나눠서 해보자.
- **짧은 운동도 효과적임을 기억하기:** 20분 이상 시간이 나지 않더라도 20분이라도 운동하자. 짧은 운동이라도 하지 않는 것과는 엄청난 차이가 있다.
- **시간이 부족할 때 플랭크하기:** 정말 바쁘다면 플랭크 자세로 최대한 오래 버텨보자. 10분간 플랭크를 하면 한 시간 동안 스쿼트를 한 것만큼 힘들 수 있다.
- **가족과 함께 운동하기:** 운동하는 동안 가족을 돌봐야 한다면, 함께할 수 있는 방법을 찾아보자. 가족과 산책하거나, 공놀이를 하거나 자전거를 타거나 줄넘기를 하는 것도 좋은 방법이다. 실내에 작은 트램

펄린을 마련하는 것도 괜찮다. 내 딸이 어릴 때 내가 요가를 하면 딸이 내 위로 정글짐처럼 기어오르곤 했다. 딸은 나의 프리웨이트●가 되어주었고, 나는 집에서 가장 인기 있는 놀이터가 되었다!

- **무료 온라인 운동 클래스 활용하기:** 인터넷에서 무료 운동 영상을 찾아보자. 여유 있다면 개인 트레이너와 함께 나에게 맞는 운동 루틴을 만들어보는 것도 방법이다. 요즘은 줌이나 스카이프를 활용한 온라인 트레이닝도 많아 이동 시간을 줄일 수 있어 더욱 편리하다.
- **운동 기록을 남겨 동기 부여하기:** 운동을 꾸준히 하기 위해 진행 상황을 기록하자. 스마트 기기가 있으면 도움이 되지만, 꼭 웨어러블 기기가 필요한 것은 아니다. 단순히 운동한 횟수, 시간, 운동 종류, 운동 후 느낌 등을 적는 것만으로도 충분히 동기 부여가 된다. 간단한 만보기도 목표를 유지하는 데 도움이 될 것이다.

결국 가장 중요한 것은 꾸준함이다. 많은 사람이 자신에게 맞지 않는 운동을 시작했다가, 제대로 시작도 하기 전에 포기하곤 한다. 원하는 변화가 금방 나타나지 않거나, 너무 과한 목표에 지쳐버릴 수도 있다. 하지만 여기서 한 가지 명심해야 할 것이 있다. 50대인데도 25살처럼 보이는 유명 연예인들, 특히 결코 닿을 수 없는 불가능한 기준을 제시하는 연예인들은 잊어버리자. 그들은 카메라 앞에 서기 위해 개인 트레이너, 스타일리스트, 성형외과 의사, 요리사 등 수많은 전문가의

● 덤벨이나 바벨, 케틀벨 등 일정한 중량을 가진 도구로 자신이 원하는 근육 부위에 자극을 주어 근력을 키우는 무산소 운동 방법의 한 종류

도움을 받고 있다. 그러니 남의 기준이 아니라, 나에게 맞는 건강과 운동의 의미를 찾아야 한다.

솔직히 말해, 운동 자체를 좋아하지 않는 사람도 있다. 만약 당신이 그렇다면, 몸을 움직이는 것 자체를 즐길 수 있는 방법을 찾는 것이 무엇보다 중요하다. 어떤 사람은 경쟁을 즐겨서 스포츠를 좋아하고, 어떤 사람은 함께하는 재미로 운동 클래스를 찾는다. 혼자만의 시간을 원한다면 조용히 산책하는 것도 좋고, 단순히 신나는 활동을 원한다면 춤추는 것도 방법이다. 헬스장이 맞지 않는다면, 공원에서 요가를 하거나 자전거를 타고 바람을 맞으며 달리는 게 더 즐거울 수도 있다. 반대로 헬스장이 좋지만 혼자 가는 게 어색하다면, 그룹 운동에 참여하거나 운동 친구를 만들어보자. 만약 혼자 하는 게 더 편하다면, 하루 6천 보 이상 걷는 것을 목표로 산책을 하거나 음악을 틀어놓고 자유롭게 춤을 춰도 좋다. 방법은 얼마든지 있다. 중요한 건 나에게 맞는 방식으로 건강을 지켜나가는 것. 현실적인 목표를 세우고, 스스로를 채찍질하기보다 사랑하는 마음으로 내 몸을 돌봐야 한다. 창의적으로 접근하고, 남이 아닌 나만의 방식으로 건강을 관리하자.

14장

갱년기 뇌에 좋은 식단과 영양

건강한 식생활이란

우리는 종종 **제대로 된** 영양 섭취보다는 허리둘레 감소에만 집중하고 있다. 완전히 거꾸로 생각하고 있다! 우리가 무엇을 먹을지 신중하게 선택하는 것은 인생의 모든 단계에서 건강과 행복을 좌우하는 핵심 요인이며, 특히 뇌 건강에도 매우 중요한 영향을 미친다.

뇌과학자로서 특별히 관심 가지는 분야는 '뇌 영양학'이다. 음식이 뇌 건강에 미치는 영향은 다음 세 가지 측면에서 매우 중요하다. 첫째, 우리의 뇌는 정상적인 기능을 위해 특정한 영양소들이 반드시 필요하다.[1] 둘째, 우리 뇌세포의 대부분은 실제로 우리가 섭취하는 음식으로 만들어진다. 매 끼니, 하루하루 먹는 음식들과 특히 그 안에 포함된 영양소들이 바로 우리 뇌를 구성하는 근간이 된다. 마지막으로, 뇌세포는 다른 장기의 세포들과는 매우 다른 특별한 방식으로 만들어진다. 다른 신체 부위의 세포들은 계속 새롭게 만들어지고 교체되지만, 뇌신경 세포의 대부분은 한번 손상되면 **다시 만들어지지 않는다.** 태어날 때 가지고 태어난 뇌세포가 평생 동안 우리와 함께하는 것이다.[2] 이러한 점을 고려하여, 건강한 자연식품으로 이루어진 식사와 기름진 패스트푸드 햄버거 중 선택해야 할 때, 잠시 멈추고 생각해보기 바란다. 과연 어떤 음식으로 소중한 우리의 뇌를 채우고 싶은지 말이다.

여성의 건강이라는 문제에서 현명한 영양 섭취는 체성분과 에너지 수준에 영향을 미친다는 것이 이미 입증되었을 뿐만 아니라, 노화, 질병, 그리고 예상했듯이, 갱년기를 이겨내는 강력한 동맹군이 될 수 있다. 여기서 핵심은 영양이 풍부한 음식으로 식단을 채우는 데 집중하여 **똑똑하게** 먹는 것이다. 이러한 음식들은 특히 비타민, 미네랄, 섬유질, 복합 탄수화물, 저지방 단백질, 건강한 지방과 같이 우리에게 유익한 영양소가 풍부하다. 영양가가 풍부하고 맛있는 음식은 염증을 줄여주고 스트레스에 대한 회복력을 높여줄 수 있다. 또한 기분을 밝게 하고 머리를 맑게 할 수 있다. 수면의 질을 높이고, 기분을 개선하며, 신체 기능을 최적화하는 데 도움이 된다. 게다가 특정 식품들이 호르몬 건강에 긍정적인 영향을 미쳐 여성의 월경 주기를 편안하게 하고, 갱년기 증상의 시작을 지연시키며, 그 성가신 증상들의 빈도와 강도를 줄일 수 있다는 증거가 있다. 하지만 반대의 경우가 있는 것도 사실이다. 좋지 않은 식단은 실제로 증상을 악화하고, 갱년기 증상의 시작을 앞당기며, 짜증을 유발하고 피곤하게 하고, 기력을 떨어뜨리며 브레인 포그를 느끼게 할 수 있다. 특히 갱년기에는 특정 음식이 특정 증상을 유발하는 것을 더욱 뚜렷이 느낄 수 있다. 예를 들어 혈당 수치를 급격히 올리는 음식들은 갑자기 에너지를 고갈시키고 짜증을 유발할 수 있다. 알코올을 마시면 강한 열감을 느끼고, 지속 시간이 늘거나 증상이 매우 심해지기도 한다. 또한 정제된 음식, 가공식품, 방부제가 많이 들어간 식품들은 기분과 집중력을 한꺼번에 무너뜨리는 데 아주 유용하다.

따라서 일반적인 뇌 건강을 넘어 특히 갱년기의 뇌 건강에 도움이 되는 음식과 영양소가 무엇인지, 그리고 정반대의 효과가 있어 피해야 하는 음식과 영양소가 무엇인지 아는 것이 중요하다. 동시에, 무엇을 먹을지만큼이나 **어떻게** 먹을지도 중요하다. 갱년기가 더 많은 주목을 받으면서, 갱년기 증상을 다스릴 수 있다고 주장하는 다이어트가 여기저기서 등장하고 있다. 이런 것에 휩쓸리지 않도록 조심해야 한다. 이것들은 갱년기와는 거의 관련이 없고 당신의 주머니만 노릴 수도 있다. 마케터들은 우리가 더 날씬한 배를 꿈꾸면서도 그 목표를 달성할 에너지는 부족한 순간을 놓치지 않고 파고든다. 어떤 이들은 하루 800칼로리 이하로 섭취하라고 권장하기까지 하는데, 이는 지속 불가능할 뿐만 아니라 무모한 조언이다. 수십 년간의 연구로 우리가 배운 한 가지 확실한 사실은 극단적인 다이어트는 결국 처참하게 실패한다는 것이다. 이런 방식은 원하는 결과를 가져다주지 않을 뿐만 아니라, 오히려 우리의 몸, 뇌, 그리고 호르몬의 섬세한 균형을 무너뜨릴 위험이 크다. 그러니 이제 열흘짜리 오이 클렌징, 최근 유행 다이어트, 단기간 몸 만들기 같은 속임수들에 가차 없이 의심의 눈초리를 보내도 좋다. 이제부터 갱년기 영양학의 실제 과학적 근거를 함께 살펴보자.

'세상에서 가장 건강한' 지중해식 식단

어떤 식단이 정말 효과가 있는지 알아보는 가장 좋은 방법은 과학과 전통을 함께 살펴보는 것이다. 과학은 특정 식단이 왜 효과적인지를 설명해주고, 전통은 그 식단이 오랜 세월 검증되었는지를 알려준다. 만약 과학과 전통이 만나 같은 결론을 내린다면, 우리는 올바른 길을 가고 있는 것이다.

그 대표적인 예가 바로 지중해식 식단이다.

오랫동안 세계에서 가장 건강한 식단 중 하나로 손꼽혀온 지중해식 식단[3]은 뇌, 심장, 장 건강, 그리고 호르몬 균형을 보호하는 효과가 확실히 입증되었다. 이 식단을 따르면 심장병, 뇌졸중, 비만, 당뇨, 암, 우울증, 치매 등의 위험이 다른 식단에 비해 현저히 낮아진다. 특히 여성 건강에서 지중해식 식단은 놀라운 효과를 발휘한다. 혈압과 콜레스테롤 수치를 안정시키고,[4] 혈당 조절에도 긍정적인 영향을 미친다.[5] 실제로 지중해식 식단을 유지하는 여성은 가공식품과 육류, 단 음식, 설탕이 든 음료를 많이 섭취하는 서구식 식단을 따르는 여성보다 심장마비와 뇌졸중 위험이 25퍼센트 낮다.[6] 그뿐만 아니라 중년기에 지중해식 식단을 실천한 여성은 나이가 들었을 때 우울증에 걸릴 위험이 40퍼센트 이상 낮아진다.[7] 유방암 발병률도 **절반** 수준으로 줄어든다.[8]

더 좋은 소식은, 지중해식 식단을 실천한 여성들은 갱년기 증상도 훨씬 덜 겪는다는 것이다. 갱년기 증상을 경험하는 6,000명 이상의 여성들을 대상으로 한 연구에 따르면, 이 식단을 따른 여성들은 열감(홍조)과 야간 발한 증상이 20퍼센트 감소했다.[9] 게다가 이 식단은 폐경 시점을 **늦출 수도 있다**.[10] 1만 4천 명의 여성들의 식단을 분석한 연구에서는 콩류(완두콩, 강낭콩 등)와 생선을 꾸준히 섭취한 여성들은 폐경이 평균 3년 정도 늦춰지는 경향이 있었다. 반면, 이런 건강한 식재료 섭취가 적고, 흰쌀이나 파스타 같은 정제 탄수화물과 가공식품을 많이 먹은 여성들은 오히려 폐경이 빨리 찾아오는 것으로 밝혀졌다. 이러한 연구 결과들은 서구식 식단을 주로 섭취하는 여성들이 조기 폐경을 겪을 확률이 높고, 그 증상도 더욱 심하게 경험할 가능성이 크다는 사실과도 맞닿아 있다.

그렇다면 지중해식 식단은 어떻게 이런 놀라운 건강 효과를 발휘하는 걸까?

한눈에 봐도, 저칼로리이면서도 식이섬유, 건강한 지방, 그리고 복합 탄수화물이 풍부하다는 점이 눈에 띈다. 이러한 영양소들은 앞서 언급한 영양 밀도가 높은 식품의 핵심 요소들이다. 또한 정제당과 가공식품을 포함하지 않는 것도 건강한 식단의 중요한 특징 중 하나다. 영양학적으로 볼 때, 지중해식 식단은 식물성 식품을 중심으로 하되, 지나치게 제한적이지 않은 균형 잡힌 식단이다. 신선한 채소와 과일, 통곡물, 콩류, 다양한 견과류와 씨앗류가 중심을 이루고, 여기에 소량의 해산물, 달걀, 가금류가 포함된다. 반면, 유제품과 붉은 고기 섭취는 최소한으로 조절된다. 조미료로는 엑스트라 버진 올리브 오일이나 아마씨유 같은 정제되지 않은 식물성 오일을 사용하며, 현지에서 조달할 수 있는 식초나 신선한 레몬즙을 함께 곁들인다. 음식의 맛을 내는 데에는 소금 대신 허브와 향신료를 풍부하게 활용하는 것이 특징이다. 식사에는 종종 한 잔의 레드 와인을 곁들이며, 식사 후에는 향긋한 에스프레소로 마무리하는 경우가 많다. 이 두 가지 모두 강력한 항산화 성분을 함유하고 있어 건강에 긍정적인 영향을 미친다. 디저트로는 수제 페이스트리나 고급 재료로 만든 젤라토 같은 음식이 있지만, 매일 먹기보다는 주말이나 특별한 날에 즐기는 문화가 자리 잡고 있다. 이처럼 지중해식 식단은 항산화제, 폴리페놀, 식이섬유, 심장 건강에 좋은 불포화 지방이 풍부하면서도, 음식의 다양성과 유연성을 유지할 수 있어 '절제하는 느낌' 없이 지속할 수 있는 건강한 식습관을 제공한다.

그렇다고 해서 지중해식 식단이 완벽하다는 것은 아니다. 전문가들은 작은 변화를 주는 것만으로도 이 식단을 더욱 건강하게 만들 수 있다고 말한다. 이렇게 발전된 형태가 바로 '그린 지중해식 식단Green Mediterranean Diet'이다. 기존 지중해식 식단에서 육류 섭취를 더욱 줄이고, 대신 식물성 단백질을 적극적으로 활용하며, 지중해 지역에서는 흔히 먹지 않던 녹차, 아보카도, 콩류 같은 영양 밀도가 높은 식품을 추가하는 방식이다. 이러한 변화는 기존 지중해식 식단의 장점을 더욱 극대화하며,[11] 특히 복부 지방(앞에서 다룬 '사과형 체형') 감량, 대사 건강 개선, 혈압과 나쁜 콜레스테롤LDL 수치 감소, 인슐린 감수성 개선, 그리고 만성 염증 감소에 긍정적인 영향을 미치는 것으로 보인다. 또한 두 식단 모두 학습과 기억을 담당하는 뇌의 해마hippocampus 위축 속도를 늦추는 효과가 있지만, 그린 지중해식 식단이 노화와 질병 예방에 더 효과적인 것으로 보인다.¹² 꼭 이 식단을 완벽하게 따라야 하는 것은 아니지만, 기존 지중해식 식단을 조금 더 '건강하게' 변형한 방식을 시도해보는 것을 추천한다. 이제, 그런 지중해식 식단이 어떤 방식으로 구성되는지 함께 살펴보자.

본격적으로 들어가기 전에, 지중해식 식단에 대한 흔한 오해 중 하나를 짚고 넘어가고 싶다. 많은 사람이 지중해식 식단이 비싸고, 특정한 사람들만 실천할 수 있는 식단이라고 생각하지만, 이는 사실이 아니다. 가장 중요한 것은 **진짜** 지중해식 식단이 무엇인지 제대로 이해하는 것이다. 값비싼 재료나 고급 와인, 치즈로 가득한 '지중해식'이라는 이름만 붙인 메뉴들에 현혹되지 않는 것이 핵심이다. 진정한 지중해식 식단은 전혀 비싼 식단이 아니다. 이 식단의 기본은 현지에서 생산된 와인과 제철 식재료, 단백질 공급원으로 활용되는 콩류와 통곡물이다. 앞서 언급했듯이, 고기와 유제품은 원래부터 자주 섭취하는 것이 아니라 가끔 즐기는 정도였으며, 이는 가격적인 면에서도 더 경제적이다. 만약 건강한 식사를 비용 부담 없이 유지하는 방법이 궁금하다면, 나의 첫 책 『브레인 푸드 *Brain Food*』에서 다양한 팁을 소개한 적이 있다. 하지만 여기에서는 갱년기 증상과 호르몬 건강에 도움이 되는 특정 식품과 영양소에 초점을 맞출 것이다. 대부분의 경우, 이 책에서 소개하는 식품들은 주변 마트에서 쉽게 구할 수 있을 것이다. 하지만 일부 식재료는 구하기 어렵거나 가격이 부담스러울 수도 있다. 그럴 경우, 비슷한 영양소를 가진 다른 식품으로 대체하면 된다. 중요한 것은 정해진 식단을 엄격하게 따르기보다는 식습관 자체를 건강한 방향으로 바꾸는 것이다. 다양한 식물성 자연식품을 중심으로 하고, 동물성 식품의 섭취를 조절하며, 즉석식품과 가공식품을 멀리하는 것만으로도 영양 상태는 빠르게 개선될 수 있다.

식물성 식단 추가하기

"음식이 곧 보약이다"라는 말은 익숙할 것이다. 하지만 진짜로 약이 되는 것은 **식물**이다. 식물성 식품에는 비타민, 미네랄, 그리고 강력한 항산화 및 항염 효과가 있는 식물성 영양소(파이토뉴트리엔트)가 풍부하게 함유되어 있어, 질병을 예방하고 염증을 줄이며, 몸 전체의 회복력을 높이는 데 도움을 준다. 특히 식물은 여성 건강에서 핵심적인 역할을 하는 섬유질의 가장 풍부한 공급원이다. 사실, 내가 전할 수 있는 가장 핵심적인 영양 가이드 중 하나는 **섬유질을 충분히 섭취하는 것**이다.

섬유질은 혈당과 인슐린 수치를 조절하고 소화 기능을 개선함은 물론, 잘 알려지지 않은 중요한 역할이 하나 더 있다. 바로 에스트로겐 균형을 조절하는 능력이다. 섬유질은 **성호르몬 결합 글로불린**Sex Hormone Binding Globulin, SHBG이라는 분자의 작용을 도와[13] 혈액 내 에스트로겐과 테스토스테론 수치를 조절하는 역할을 한다. 즉 우리 몸의 호르몬 균형을 우리에게 유리한 방향으로 조정하는 역할을 한다. 그 결과, 섬유질을 충분히 섭취하면 갱년기 증상, 특히 열감(홍조)이 줄어들고 증상의 강도도 완화되는 경향이 있다. 섬유질이 만들어내는 이러한 균형은 모든 여성에게 중요하지만, 특히 유방암을 경험한 여성들에게 더욱 필수적이다. 실제로 여성 건강 식습관 연구Women's Healthy Eating and Living Study에 따르면, 초기 유방암 치료를 받은 여성들이 고섬유질 식단을 1년 동안 유지했을 때,[14] 열감 증상이 현저하게 감소한 것으로 나타났다. 이 연구는 수많은 연구 중 하나일 뿐이며, 섬유질 섭취의 긍정적인 효과를 뒷받침하는 연구 결과는 지속적으로 보고되고 있다. 그렇다면 얼마나 많은 섬유질을 섭취해야 할까? 기본적인 지침은 1,000칼로리당 약 14g의 섬유질을 섭취하는 것이다. 예를 들어, 하루 2,000칼로리를 섭취하며 건강한 체중을 유지하려면 하루에 28g의 섬유질을 섭취하는 것이 이상적이다.

식물성 식품을 더 많이 섭취해야 하는 또 하나의 중요한 이유는 지구상에서 가장 강력한 항산화제를 풍부하게 함유하고 있다는 것이다. 항산화제는 체내 활성산소를 제거해 염증을 줄이고 세포 노화를 늦추는 역할을 한다. 특히 활성산소는 난자의 성숙과 배란을 방해하고 뇌세포에도 악영향을 미친다. 따라서 항산화제를 충분히 섭취하면 이러한 부정적인 영향을 늦추고, 폐경 시기를 조금 더 늦출 수도 있다. 가장 강력한 항산화제에는 비타민 C, 비타민 E, 베타카로틴, 희귀 미네랄인 셀레늄이 있다. 또한 리코펜, 안토시아닌 같은 파이토뉴트리언트(식물성 영양소)도 포함되어 있는데, 이 성분들은 블루베리, 토마토, 포도에 아름다운 빨간색과 푸른색을 부여하는 색소이기도 하다. 항산화제가 풍부한 식품을 떠올릴 때 블루베리가 가장 먼저 생각날 수도 있지만, 사실 블랙베리, 고지베리(구기자), 아티초크 같은 식품이 더 강력한 항산화 효과를 자랑한다. 계피, 오레가노, 로즈마리 같은 향신료와 허브도 뛰어난 항산화 효과가 있으며, 감귤류 과일(오렌지, 레몬, 자몽 등)은 비타민 C의 대표적인 공급원이다. 셀레늄의 경우, 브라질너트가 가장 잘 알려진 공급원이지만, 쌀, 귀리, 렌틸콩에서도 충분히 얻을 수 있다.

과일과 채소

옛날 만화에서 뽀빠이가 깡통 시금치를 먹고 순식간에 근육을 키워 세상을 구하는 장면을 기억하는가? 물론 시금치 하나만으로 기적이 일어나지는 않지만, 채소를 충분히 섭취하는 것이 건강을 지키는 강력한 방법임은 틀림없다.

특히 서구식 식단에서 가장 부족하게 섭취하는 식품이 녹색 채소인데, 아이러니하게도 우리 건강을 위해 가장 필수적인 식품이기도 하다. 오늘날 미국 성인 10명 중 1명만이 최소 권장량의 과일과 채소를 섭취하고 있다. 반면, 2명 중 1명은[15] 매년 **90kg** 이상의 붉은 고기와 가금류를 섭취하고 있으며, 여기에 매일 소비되는 가공식품까지 더해진다. 이런 식습관과 운동 부족이 맞물리면서, 2030년까지 미국 성인의 절반이 비만이 될 것으로 예상되고 있다. 이미 심장병, 뇌졸중, 제2형 당뇨병의 발병률이 여러 나라에서 사상 최고치를 기록하고 있다. 그런데 이런 건강 문제에서 여성들이 더 큰 비중을 차지하고 있다는 점[16]이 특히 주목할 만하다.

많은 만성 질환이 식습관과 밀접한 관련이 있는 만큼, 건강을 위해 음식 선택을 최적화하는 것은 너무나도 당연한 일이다. 이를 위해 대부분의 전문가들은 "무지개를 먹으라"고 조언한다. 즉 매 끼니마다 다양한 색상의 과일과 채소를 섭취하는 것이 건강에 유익하다는 뜻이다.

기본적으로 점심과 저녁 식사에서 채소가 접시의 절반을 차지하도록 구성하는 것이 이상적이다. 특히 짙은 녹색 잎채소와 십자화과 채소는 호르몬 균형과 신경 건강을 유지하는 데 탁월한 효과를 발휘한다. 아래 목록을 참고해보자.

- **잎이 많은 녹색 채소:** 케일, 콜라드 그린(배추과 채소), 시금치, 양배추, 근대 잎, 물냉이, 로메인 상추, 스위스 차드, 루콜라, 엔다이브
- **십자화과 채소:** 콜리플라워, 브로콜리, 양배추, 케일, 콜라드 그린, 겨자 그린, 가든 크레스, 청경채, 방울 양배추

이러한 '슈퍼 채소'들을 충분히 섭취하는 여성들[17]은 비만이나 과체중이 될 가능성이 낮고, 갱년기 증상도 훨씬 적게 경험한다. 반면, 채소 섭취를 줄이고 대신 패스트푸드, 가공식품, 공장식 축산 고기와 유제품으로 식단을 채운 여성들은 갱년기 증상이 더 심하게 나타나는 경향이 있다. 예를 들어 갱년기 여성 1만 7천 명 이상을 대상으로 한 1년간의 임상 연구에서 식이섬유가 풍부한 채소, 과일, 콩류를 충분히 섭취한 그룹[18]은 그렇지 않은 그룹보다 홍조 증상이 19퍼센트 감소한 것으로 나타났다. 또한 폐경 후 여성 393명을 대상으로 한 또 다른 연구에서는 잎채소와 십자화과 채소를 자주 먹은 여성들[19]이 갱년기 증상이 심하지 않고, 더 좋은 에너지가 유지되는 경향이 있는 것으로 밝혀졌다. 더 나아가, 십자화과 채소를 꾸준히 섭취하면 유전자 손상을 줄여 유방암 예방 효과를 높이는 데 도움이 될 수 있다. 실제로 유방암을 경험한 여성들 중 이러한 채소를 자주 섭취한 그룹은 심한 갱년기 증상

을 겪을 확률이 50퍼센트나 낮았다.[20]

여기서 끝이 아니다. 양파, 비트, 호박, 당근 같은 혈당지수가 낮거나 중간 정도인 채소들도 훌륭한 선택이며, 과일 역시 여성 건강에 꼭 필요한 식품이다. 일부 다이어트에서는 과일의 당 함량 때문에 섭취를 제한할 것을 권장하기도 하지만, 연구에 따르면 많은 과일이 여성 건강에 특히 유익하므로 무조건 피할 필요는 없다. 실제로 6천 명의 여성을 약 9년간 추적한 연구에서는 딸기, 파인애플, 멜론, 살구, 망고 등의 과일을 꾸준히 섭취한 여성들이 그렇지 않은 여성들보다 홍조 증상이 20퍼센트 적었으며,[21] 감정 기복도 안정적이었다. 비타민 C가 풍부한 감귤류(오렌지, 라임, 레몬, 자몽, 금귤 등) 역시 다양한 갱년기 증상을 완화하는 데 도움을 주는 것으로 나타났다. 과일을 먹어야 하는 또 다른 이유도 있다. 1만 6천 명 이상의 여성을 오랜 기간 추적한 연구에서는 플라보노이드가 풍부한 블루베리와 딸기를 자주 섭취한 여성들이 그렇지 않은 여성들보다 인지 기능이 더 우수했던 것으로 밝혀졌다.[22] 하루 1~2회 신선한 과일을 섭취하는 것만으로도 충분한 효과를 기대할 수 있다. 만약 당분이 걱정된다면 베리류, 사과, 레몬, 오렌지, 자몽, 수박처럼 혈당지수가 낮은 과일을 우선 섭취하고, 포도나 망고처럼 혈당지수가 높은 과일은 적당히 조절하여 먹는 것이 좋다.

통곡물, 전분 및 콩류

대부분의 사람들이 과일과 채소가 건강한 식단의 필수 요소라는 점에는 동의하지만, 곡물, 감자, 콩류에 대해서는 의견이 엇갈린다. 많은 사람이 탄수화물을 경계해야 한다고 배워왔지만, 모든 탄수화물이 똑같은 작용을 하지는 않는다. 실제로 탄수화물은 섬유질, 전분, 당 함량에 따라 단순 탄수화물과 복합 탄수화물로 나뉜다. 섬유질이 당분보다 더 많이 함유된 음식을 일반적으로 복합 탄수화물이라고 하는데, 이 탄수화물은 혈당 부하glycemic load가 낮아 우리 몸에 더 순하게 작용한다. 이러한 탄수화물은 체내에서 천천히 분해되면서 자연적인 당을 서서히 방출하여 에너지원으로 활용되며, 인슐린 수치를 급격히 상승시키지 않는다. 대표적인 복합 탄수화물에는 현미, 밀 베리wheat berries, 강력분 오트밀steel-cut oats 같은, 껍질이 그대로 남아 있는 통곡물, 그리고 고구마 같은 덩이줄기 채소와 대부분의 콩류가 포함된다. 이러한 탄수화물은 흔히 '좋은 탄수화물'로 불리며, 특히 여성 건강에 긍정적인 영향을 미치는 것으로 밝혀졌다. 복합 탄수화물을 충분히 섭취하면 심장병,[23] 제2형 당뇨병,[24] 우울증,[25] 치매 위험이 현저히 감소하며,[26] 수면의 질도 개선된다.[27]

반면에 혈당지수가 높은 탄수화물High-Glycemic Carbs이 있다. 이 탄수화물들은 설탕 함량이 높고, 대부분 정제당을 포함하며, 섬유질이 거의 없거나 전혀 없는 것이 특징이다. 흔히 '나쁜 탄수화물'로 불리며, 혈당 수치를 급격히 상승시키고, 체내 인슐린 시스템에 부담을 준다. 이렇게 빠른 속도로 당이 공급되면 췌장이 과부하 상태에 빠지고, 장기적으로 인슐린 저항성이 생길 위험이 커진다. 인슐린 저항성은 만성 염증을 유발하고, 신진대사 장애, 당뇨병, 심장병 등의 위험을 높이는 주요 원인 중 하나다. 그뿐만 아니라 인슐린 저항성은 에스트로겐 생성에도 부정적인 영향을 미칠 수 있어, 특히 갱년기 여성들에게 치명적일 수 있다. 흔히 '나쁜 탄수화물'로 꼽히는 식품은 포장된 간식, 설탕이 많이 들어간 쿠키, 상업용 페이스트리, 캔디 같은 눈에 띄는 고당분 음식뿐만 아니라 탄산음료, 가당 음료, 가공된 곡물도 포함된다. 대표적인 고혈당 탄수화물에는 흰 식빵, 일반 샌드위치용 빵, 흰쌀, 시중에서 판매되는 파스타, 베이글, 롤빵 등이 있다.

이제 답이 나왔다. 여성 건강을 위해 꼭 먹어야 할 것은 통곡물과 콩류이고, 피해야 할 것은 정제 곡물이다. 고구마와 껍질째 먹는 감자는 환영하지만, 가공 감자 제품과 패스트푸드 감자튀김은 멀리해야 한다. 이제 감이 올 것이다.

글루텐을 피해야 하는 사람들도 건강한 탄수화물을 충분히 섭취할 수 있다. 예를 들어 현미, 홍미, 흑미 같은 다양한 쌀, 야생 쌀(사실 씨앗에 가깝다), 퀴노아(역시 씨앗), 아마란스, 메밀, 기장, 수수, 테프● 등이 훌륭한 선택지다. 하지만 조심해야 할 점이 있다. 시중에는 '건강한 대체식'처럼 보이지만, 사실 또 다른 가공식품일 뿐인 글루텐프리 제품이 많다. 건강한 선택을 한다는 착각에 빠지지 않도록 주의하자.

천연 감미료

흰 설탕과 인공 감미료는 이제 과감히 끊는 것이 좋다. 대신 정제

● teff, 단백질과 칼슘이 풍부한 벼과 곡물

되지 않은 천연 감미료는 완전히 다른 차원의 선택이다. 생꿀, 메이플 시럽, 스테비아, 코코넛 슈가 같은 감미료는 일반적인 흰 설탕보다 비타민과 미네랄이 풍부하며, 신체에 더 부드럽게 작용해 혈당을 급격히 올리지 않는다. 나처럼 가끔은 달콤한 간식이 꼭 필요하다면, 카카오 함량 80퍼센트 이상의 다크초콜릿을 강력히 추천한다. 더 좋은 선택은 **날것 그대로** 로raw 다크초콜릿이다. 가장 순수한 형태의 로raw 다크초콜릿은 강력한 슈퍼푸드로, 건강상의 이점이 상당하다. 혈당 부하가 낮아 급격한 혈당 상승 없이 만족감을 주며, 강력한 항산화제 역할을 하는 테오브로민theobromine이 풍부하다. 또한 항염 작용을 하는 **플라보놀** flavonol과 에스트로겐을 보호하는 **카테킨** catechin이 포함되어 있어, 건강한 간식으로 손색이 없다. 이를 직접 만들어보고 싶다면, 내가 가장 좋아하는 간단한 레시피를 소개하겠다. 단 세 가지 재료만으로 만드는 다크초콜릿 가나슈. 먼저 무가당 다크초콜릿 칩 1/4컵과 정제되지 않은 코코넛 오일 1/3컵을 함께 녹인다. 여기에 생카카오 파우더 1큰술과 메이플 시럽 1큰술을 넣고 잘 저어준다. 혼합물을 밀폐 용기에 담아 냉동실에서 약 3시간 동안 굳히면 완성된다. 이 디저트는 에너지를 공급할 뿐만 아니라 강력한 항산화 효과까지 있어 건강에 좋다. 달콤한 맛을 즐기면서도 죄책감 없이 먹을 수 있는 완벽한 선택이다.

에스트로볼롬® 건강하게 키우기

식물성 식품을 많이 섭취하면 또 하나의 놀라운 이점이 있다. 이 사실은 널리 알려지지 않았지만, 여성 건강에 매우 중요한 역할을 한다. 우리 몸에는 **장내 미생물군**microbiome이라는 수조 개의 박테리아가 존재하는데, 주로 소화관에 자리 잡고 있다. 지금은 장내 미생물이 영양소 흡수, 장 건강, 면역력 조절 등 우리 몸의 다양한 기능을 조절하는 중요한 역할을 한다는 사실이 널리 알려져 있다. 그러나 이 장내 미생물들이 우리의 소중한 에스트로겐 대사에도 중요한 역할을 한다는 사실은 잘 알려져 있지 않다.

바로 '에스트로볼롬'이다. 에스트로볼롬은 에스트로겐을 대사하는 특별한 장내 박테리아 군집[28]으로, 여성 호르몬 균형을 조절하는 중요한 역할을 한다. 에스트로겐은 몸 전체를 순환하며 중요한 기능을 수행한 후, 마지막으로 장으로 이동한다. 여기서 에스트로겐은 혈류로 재흡수되거나, 노폐물과 함께 배출될지 결정되는 과정을 거친다. 이 과정을 담당하는 것이 바로 에스트로볼롬이다. 에스트로볼롬은 **베타글루쿠로니다제**beta-glucuronidase라는 효소를 생성하는데,[29] 이 효소는 에스트로겐을 활성형으로 분해하여 재흡수할지, 배출할지를 결정한다. 즉 에스트로볼롬이 건강하게 유지될 때, 우리 몸의 에스트로겐 균형도 자연스럽게 조절된다. 그뿐만 아니라 에스트로볼롬은 복합 탄수화물을 분해하고, 항산화제를 효과적으로 활용하는 능력도 있다. 이로써 식물성 식품이 여성 호르몬과 직접적으로 연결되는 이유가 설명된다.

장 건강을 잘 유지하면 전체적인 건강도 좋아진다. 건강한 장내 환

- estrobolome, 에스트로겐 대사에 관여하는 장내 미생물군

경은 비만,[30] 심장병, 치매, 우울증, 암, 그리고 갱년기 증상까지도 완화하는 데 도움을 준다. 반대로, 장내 미생물 균형이 깨지면 문제는 심각해진다. 혹시 **디스바이오시스**dysbiosis라는 말을 들어본 적 있는가? 이는 장내 유익균보다 해로운 박테리아가 더 많아져 균형이 무너지는 상태를 뜻한다. 디스바이오시스가 발생하면 소화 장애, 만성 염증이 증가하며, 에스트로볼롬 또한 제대로 기능하지 못하게 된다. 그 결과, 에스트로겐 수치도 불안정해지고, 혈류 내에서 균형이 무너진 호르몬이 배출되며, 다양한 건강 문제가 발생할 가능성이 높아진다. 결국, 장내 미생물을 건강하게 유지하는 것이 여성 호르몬 균형을 유지하는 핵심 열쇠다.

장내 디스바이오시스의 원인은 무엇일까? 디스바이오시스의 원인은 여러 가지가 있지만, 만성적인 스트레스와 항생제의 과다 사용이 영향을 미치는 것은 분명하다. 그러나 가장 큰 원인은 잘못된 식습관이다. 에스트로볼롬과 장내 미생물은 모두 식물성 식품을 먹고 자란다. 많이 먹을수록 더 좋다. 다양한 식물성 식품을 섭취하면 장내 미생물들이 생존하는 데 필요한 영양소를 충분히 공급받을 수 있다. 가공식품을 피하고 육류와 유제품 섭취를 줄이는 것 또한 장 건강에 긍정적인 영향을 미친다. 실제로 식이섬유가 풍부하고 동물성 지방이 적은 식단[31]을 따르는 사람들은 건강한 장내 미생물군을 보유하고 있는 것으로 나타났다. 한 가지 기억할 점이 있다. **단 2주간** 가공식품을 섭취하기[32]만 해도 장내 미생물 다양성이 40퍼센트 감소할 수 있고, 동시에 에스트로겐 균형을 조절하는 유익균들이 위험에 처하면서 전반적인 건강에도 악영향을 미친다. 오늘날 우리의 식단은 식이섬유가 부족하고 품질 낮은 영양소가 많은 방향으로 흘러가고 있는데, 이는 싫든 좋든 우리의 건강을 심각하게 위협한다. 다행히 이를 회복하는 확실한 방법이 있다. 바로 식물성 식품을 더 많이 섭취하는 것이다. 장 건강을 되찾으려면 **프리바이오틱스**prebiotics, **프로바이오틱스**probiotics, 그리고 잘 알려지지 않은 '**쓴맛 나는 식물들**Bitters'을 포함한 음식을 섭취하는 것이 중요하다.

- **프리바이오틱스**: 소화되지 않는 탄수화물로, 장내 미생물들이 가장 좋아하는 영양소이다. 마늘, 양파, 아스파라거스, 비트, 양배추, 리크(서양 대파), 아티초크, 강낭콩, 완두콩, 렌틸콩 등이 있다.
- **프로바이오틱스**: 장내 미생물을 활성화하는 살아 있는 유익균이다. 프로바이오틱스 보충제도 도움이 될 수 있다. 특히 락토바실러스Lactobacillus, 람노서스Rhamnosus, 비피도박테리움Bifidobacterium 등 최소 3가지 균주를 포함한 제품 중 선택하는 것을 권장한다. 사우어크라우트(독일식 발효 양배추), 김치, 무가당 요거트, 천연 발효 오이피클 등이 있다.
- **비터스**Bitters: 이름 그대로 쓴맛이 나는 식물군으로, 소화를 자극하고 장내 미생물에 긍정적인 영향을 주는 영양소가 포함되어 있다. 최대 효과를 누리기 위해서 레몬즙이나 식초와 함께 섭취하면 좋다. 민들레 잎, 엔다이브(유럽 상추), 라디키오(붉은 잎채소), 루콜라(알싸한 잎채소) 등이 있다.

식물성 에스트로겐을 주목해야 하는 이유

에스트로겐은 아주 오래된 호르몬으로, 인간을 비롯한 다양한 생명체에서 생성된다. 사실 에스트로겐은 인간뿐 아니라 많은 동물과 식물에서도 생성된다. 과학자들은 현재까지 약 300여 종의 식물이 **파이토에스트로겐**을 생성한다는 사실을 밝혀냈다. 이들의 화학적 구조는 난소에서 생성되는 에스트로겐과 유사하며,[33] 기능적으로도 비슷한 작용을 한다. 하지만 식물성 에스트로겐이 여성 건강에 미치는 영향에 대해서는 여전히 논란이 많다. 어떤 사람들은 파이토에스트로겐이 체내 에스트로겐 수치를 높여 가임력에 긍정적인 영향을 준다고 주장하는 반면, 다른 사람들은 일부 암 발병 위험을 높일 수 있다며 경계한다(이로 인해 콩이 오해를 받기도 했다). 또 어떤 이들은 파이토에스트로겐이 여성 건강에 거의 영향을 미치지 않는다고 주장하기도 한다. 인터넷에서는 에스트로겐 우세를 피하기 위해 파이토에스트로겐을 아예 섭취하지 말아야 한다는 의견까지 등장했다. 이 주제만으로도 책 한 권을 쓸 수 있을 만큼 논쟁이 많지만, 더 빠르고 명확한 답변이 필요할 것 같아 다음 Q&A에서 핵심을 정리해보았다.

어떤 음식에 파이토에스트로겐이 포함되어 있을까?
파이토에스트로겐은 크게 세 가지 종류로 나뉜다.

- **이소플라본**Isoflavones: 대두, 두부, 템페(발효 콩 식품), 라임콩, 병아리콩, 렌틸콩 등

- **리그난**Lignans: 아마씨, 참깨 같은 씨앗류, 말린 살구, 대추, 복숭아, 베리류 같은 과일, 마늘, 겨울호박, 그린빈(완두콩과 비슷한 채소) 같은 채소 및 밀, 호밀 같은 곡류와 피스타치오, 아몬드 같은 견과류
- **쿠메스탄**Coumestans: 알팔파 새싹 같은 발아 씨앗에 포함

파이토에스트로겐은 인체에 어떤 영향을 미칠까?

파이토에스트로겐은 난소에서 생성되는 에스트로겐과 분자 구조가 유사하며, 동일한 수용체에 결합할 수 있어서 기능적으로도 유사한 작용을 한다. 하지만 그 강도는 훨씬 약하다. 체내에서 가장 강력한 에스트로겐인 에스트라디올과 비교하면, 파이토에스트로겐의 결합력은 약 1000분의 1 수준에 불과하다.[34] 그만큼 효과가 미미하지만, 특정 양을 함께 섭취하면 활성도가 높아질 수 있다. 다만, 이러한 효과는 파이토에스트로겐을 지속적으로 섭취할 때만 나타난다. (참고로, 파이토에스트로겐을 섭취한다고 해서 체내에서 자체적으로 생성하는 에스트로겐이 억제되지는 않는다)

파이토에스트로겐은 위험할까?

오히려 파이토에스트로겐은 호르몬 건강을 보호하는 역할을 한다. 이 화합물들에는 독특한 성질이 있어서 에스트로겐처럼 작용하거나 반대로 항에스트로겐 역할을 하기도 하며, 상황에 따라 선택적으로 작용한다. 실제로 유방암 치료에 사용되는 선택적 에스트로겐 수용체 조절제SERMs와 매우 유사한 기능을 한다.[35] 정확한 작용 메커니즘이 완전히 밝혀지지는 않았지만, 파이토에스트로겐은 혈중 에스트로겐 수

치에 맞춰 조절되는 경향이 있으며,36 장내 미생물군인 에스트로볼롬과도 협력하여 작용하는 것으로 보인다. 체내 에스트로겐 수치가 충분히 높은 경우, 식물성 에스트로겐은 에스트로겐 수용체를 부드럽게 차단하여 과도한 호르몬 노출로부터 신체를 보호한다. 반대로 체내 에스트로겐 수치가 낮을 때는 이를 보완하는 역할을 하지만, 난소에서 생성되는 에스트로겐보다 훨씬 약한 효과를 발휘한다.

파이토에스트로겐, 특히 콩은 암을 유발할까?

콩은 세계에서 가장 논란이 많은 식품 중 하나다. 한쪽에서는 슈퍼푸드라고 찬양하는가 하면, 다른 한쪽에서는 암을 유발하는 위험한 식품으로 여긴다. 그러나 아시아 여성들은 콩을 꾸준히 섭취하면서도 서구 여성들보다 유방암 발병률이 **4배나 낮다**.37 물론 유전적 요인과 문화적 차이도 영향을 미치지만, 콩을 식단의 일부분으로 꾸준히 섭취하는 집단에서 유방암 발병률이 낮다는 연구 결과가 다수 존재한다. 또한 이러한 여성들은 갱년기 홍조, 골다공증, 심장병 발병 위험도 낮은 경향을 보인다. 적어도 이 사실만으로도 콩이 위험한 식품은 아니라는 점을 시사한다.

전반적으로 콩이나 콩에 함유된 파이토에스트로겐이 암을 유발한다는 근거는 없다. 수년 동안 전문가 단체들은 콩과 기타 에스트로겐 유사 식물의 섭취를 피할 것을 권장했지만, 이후 더욱 정밀한 연구가 진행되면서 미국암연구소AICR와 미국암학회ACS는 2013년 공식 입장을 수정했다. 현재 콩은 유방암 환자를 포함한 여성들에게 안전한 식품으로 간주되고 있다.38 광범위한 연구 결과에 따르면, 콩은 유방암 재발 위험을 높이지 않으며,[39] 일부 연구에서는 사망률을 감소시키는 효과까지 나타났다. 또한 콩은 자궁내막암, 난소암, 기타 암에도 부정적인 영향을 미치지 않는다.

다만, 콩 알레르기가 있는 사람은 콩과 그 유래 식품을 피해야 한다. 그리고 어떤 종류의 콩을 섭취하는지가 매우 중요하다. 아시아에서 전통적으로 섭취하는 콩 제품은 가공되지 않았거나 발효된 것이 많고, 비교적 깨끗한 형태다. 반면, 서구에서 유통되는 콩 제품 대부분은 유전자 변형GMO 콩으로,[40] 농약과 방부제에 오염된 경우가 많다. 더 큰 문제는 가공된 콩기름, 대두 레시틴, 분리 대두 단백질이 가공식품, 시리얼, 라떼, 심지어 유아용 분유에까지 첨가되어 건강에 전혀 도움이 되지 않는다는 점이다. 이런 가공된 콩 제품을 슈퍼푸드라고 착각해서는 안 된다. 갱년기 건강을 위해 콩을 섭취하고 싶다면, 유기농 콩이나 발효된 형태의 콩을 선택하는 것이 좋다. 예를 들어, 신선한 풋콩(에다마메), 미소(된장), 템페(발효 콩 제품) 같은 식품이 더 건강한 선택이 될 수 있다.

파이토에스트로겐 섭취는 어떤 이점이 있을까?

연구 결과가 항상 일관되지는 않지만, 임상 시험에서는 콩과 이소플라본 섭취가 갱년기 홍조 빈도를 줄이는 데 도움이 될 가능성이 있는 것으로 나왔다.[41] 최근 북미폐경학회NAMS에서 발표한 연구에 따르면, 콩이 풍부한 식물성 식단을 섭취한 여성들은 중등도에서 심한 홍조 증상이 최대 84퍼센트까지 감소했다.[42] 이는 하루 평균 5회 발생하던 홍조가 하루 1회 미만으로 줄어든 것에 해당한다. 이 연구에서는 폐경 후 홍조를 경험하는 여성들을 무작위로 두 그룹으로 나누었다. 한 그룹은 식물성 식단을 섭취하되, 매일 반 컵(약 100g)의 익힌 콩을 샐러드나 수프에 추가하는 방식으로 식단을 조정했다. 반면, 다른 그룹(대조군)은 기존 식단을 유지하며 아무런 변화도 주지 않았다. 12주 동안 진행된 연구에서, 콩이 포함된 식물성 식단을 섭취한 여성들 중 절반 이상에서 홍조 증상이 **완전히 사라졌다**. 또한 대부분의 참가자들이 삶의 질, 기분, 성욕libido, 전반적인 에너지 수준이 향상되었다고 보고했다. 비록 소규모 연구이기는 하지만, 그 결과가 상당히 인상적이며 충분히 고려해볼 만한 가치가 있다.

필수 지방산에 집중하기

탄수화물과 마찬가지로, 모든 지방이 동일하게 작용하는 것은 아니다. 수년간 식단에서 지방 섭취를 전반적으로 줄이라는 조언이 이어졌지만, 실제로 중요한 것은 지방의 총량보다 '어떤 종류의 지방을 섭취하느냐'이다. 지방은 크게 세 가지 유형으로 나뉘며, 각각 신체에 미치는 영향이 다르다.

- **불포화 지방**Unsaturated fat
  - 단일 불포화 지방: 올리브 오일, 아보카도 등에 함유되어 있다.
  - 다중 불포화 지방: 생선, 갑각류, 다양한 견과류 및 씨앗류뿐만 아니라 일부 채소, 곡류, 콩류에 함유되어 있다.

- **포화 지방:** 유제품, 육류, 코코넛 오일 같은 특정 오일에 풍부하게 함유되어 있다.
- **트랜스 지방:** 수소 첨가 공정을 통해 불포화 지방이 가공되면서 포화 지방과 유사한 성질을 가진다. 흔히 가공식품에 포함되어 있고, 건강에 가장 해로운 지방이다. 일부 국가에서는 건강에 미치는 심각한 영향 때문에 트랜스 지방 사용을 금지하고 있다. 트랜스 지방에 대한 자세한 내용은 뒤에 나오는 '피해야 할 음식'에서 다루겠다.

오메가-3, 여성 건강을 위한 필수 영양소

여성을 대상으로 한 여러 연구에서 다중 불포화 지방이 여성 건강에 긍정적인 영향을 미치며,[43] 심장병, 비만, 당뇨병, 치매[44] 위험을 낮추는 효과가 있다는 사실이 밝혀졌다. 이러한 여성 친화적인 지방에는 다양한 종류가 있는데, 그중에서도 가장 대표적인 것이 오메가-3와 오메가-6 지방산이다. 오메가-3는 특히 항염증 및 항산화 효과가 뛰어나다. 충분히 섭취하지 않으면[45] 월경통이 심해지고, 가임력에 문제가 생길 가능성이 있으며, 산후 우울증과 갱년기 우울증[46]의 위험이 높아질 수 있다. 오메가-3 지방산에는 몇 가지 종류가 있다.

- **ALA**alpha-linolenic acid: 식물성 식품에서만 발견된다.
- **EPA**eicosapentaenoic acid**와 DHA**docosahexaenoic: 주로 생선과 해산물에서 발견되지만, 해조류와 미세조류에도 포함되어 있다.

ALA, EPA, DHA는 모두 체내에서 자체적으로 합성할 수 없기 때문에 반드시 음식으로 섭취해야 하는 필수 지방산으로 분류된다. 그러나 ALA만이 진정한 의미에서 필수 지방산으로 여겨진다. 그 이유는 체내에서 ALA가 EPA와 DHA로 전환될 수 있기 때문이며, 전환 과정에서 상당량 손실되므로 충분히 섭취하는 것이 중요하다.

대부분의 여성 건강 관련 영양 지침에서는 하루 최소 1,100mg의 오메가-3 섭취를 권장한다. 이 양은 비교적 쉽게 충족할 수 있는데, 예를 들어 아마씨유는 훌륭한 오메가-3 공급원이다. 아마씨를 갈아서 압착한 오일 한 스푼(약 15ml)에는 무려 7,200mg의 ALA가 함유되어 있어 하루 섭취량을 충분히 충족할 수 있다. 이 밖에도 아마씨 가루, 햄프씨드, 호두, 아몬드, 올리브, 올리브 오일, 아보카도, 대두(콩), 브로콜리, 완두콩, 각종 잎채소 등이 좋은 오메가-3 공급원이다. 특히 채식주의자나 비건, 또는 생선을 섭취하지 않는 사람들에게는 DHA와 EPA가 이미 합성된 형태로 존재하는 몇 안 되는 식물성 식품인 해조류와 미세조류가 중요한 오메가-3 공급원이다.

심장을 건강하게 하는 단일 불포화 지방

단일 불포화 지방은 심장 건강을 보호하는 효과로 잘 알려져 있다. 아몬드, 피스타치오, 브라질너트, 캐슈너트, 헤이즐넛 같은 견과류뿐만 아니라, 아보카도와 올리브 같은 지방이 풍부한 과일, 참깨와 해바라기씨 같은 일부 씨앗에도 다량 함유되어 있다. 8만 6천 명 이상의 여성을 대상으로 한 연구에서 견과류를 자주 섭취한 여성들[47]은 심장병과 뇌졸중 위험이 훨씬 낮은 것으로 나타났다. 일주일에 한 번, 껍질이 남아 있는 견과류나 씨앗 한 줌(약 28g)을 섭취하면 효과를 기대할 수 있다. 단, 데치거나 껍질을 제거한 견과류나 향이 첨가된 제품, 소금이나 설탕이 첨가된 견과류, 양념된 견과류는 피해야 한다. 이런 간식들을 건강식으로 생각하기 쉽지만, 실제로는 가공된 식품으로 화학 첨가물과 당분이 다량 함유되어 있다.

포화 지방은 식물성으로 섭취하는 것이 더 유익하다

포화 지방은 육류와 유제품 같은 동물성 식품뿐만 아니라 코코넛, 아보카도, 캐슈너트, 마카다미아 너트 같은 식물성 식품에서도 얻을 수 있다. 최근 연구에 따르면, **식물성** 포화 지방은 호르몬 균형을 돕는 등 여성 건강에 유익한 영향을 미치는 반면, 동물성 포화 지방은 동일한 효과를 보이지 않는다. 이러한 차이는 식물성 지방이 동물성 지방보다 혈중 지질 수치에 미치는 영향이 상대적으로 부드럽기 때문일 수 있다. 예를 들어 무작위 임상 시험에서 유제품 버터는 LDL 콜레스테롤 수치를 유의미하게 증가시킨 반면,[48] 올리브 오일과 코코넛 오일은 같은 영향을 미치지 않았다. 여기서 말하는 식물성 지방은 마가린이나 가공된 식물성 스프레드가 아니라, 원재료 그대로의 천연 식물성 지방이다.

또한 동물성 지방을 너무 많이 섭취하면 호르몬 관련 암 위험이 증가할 수 있다. 간호사 건강 연구 Nurses' Health Study에 따르면, 붉은 고기와 고지방 유제품을 많이 섭취한 여성들은[49] 그렇지 않은 여성들보다 유방암 발병 위험이 3배 더 높은 것으로 나타났다. 이러한 이유는 동물성 지방이 식이섬유와 반대로, 에스트로겐 균형을 조절하는 SHBG Sex Hormone Binding Globulin 분자에 부정적인 영향을 미치기 때문일 가능성이 있다. 반면, 일부 동물성 지방을 엑스트라버진 올리브 오일이나 아마씨유 같은 항산화 성분이 풍부한 식물성 지방으로 대체했을 때,[50] 여성의 유방암, 심장병, 당뇨병 위험이 낮아진다는 연구 결과가 보고되고 있다.

호르몬 건강의 열쇠, 콜레스테롤

많은 사람이 콜레스테롤을 부정적으로 인식하지만, 사실 콜레스테롤은 건강한 세포막을 형성하고 충분한 에스트로겐을 생성하는 등 신체의 여러 기능에 필수적인 역할을 하는 지방이다. 그러나 특정 유형의 콜레스테롤이 너무 많아지면 건강에 문제를 일으킬 수 있다. 이제 다양한 콜레스테롤을 알아보자.

- **HDL**High-Density Lipoprotein, **고밀도 지단백**: 일명 '좋은' 콜레스테롤로 간주된다.
- **LDL**Low-Density Lipoprotein, **저밀도 지단백 그리고 VLDL**Very Low-Density Lipoprotein, **초저밀도 지단백**: '나쁜' 콜레스테롤로 간주된다. LDL과 VLDL 수치가 높으면 동맥 내 혈전(죽상경화반)이 형성될 가능성이 커지며, 이는 심장병과 관련된 다양한 문제를 유발할 수 있다.

콜레스테롤 수치를 측정하는 것은 심장병과 뇌졸중 위험을 평가하는 효과적인 방법이다. 이를 확인하는 방법은 두 가지가 있다. 첫 번째 방법은 총 콜레스테롤 수치를 측정하는 것으로, 일반적으로 200mg/dL 이하가 이상적이다. 두 번째이자 더 나은 방법은 콜레스테롤 비율을 계산하는 것이다. 이 방법은 HDL과 LDL의 비율을 분석하여 건강 상태를 좀 더 명확하게 평가할 수 있도록 한다. 예를 들어, 총 콜레스테롤이 200mg/dL이고 HDL이 50mg/dL이라면, 콜레스테롤 비율은 4(200÷50=4)가 된다. 일반적으로 4.5 이하가 양호한 상태로 간주되며, 2~3이면 가장 이상적인 상태다.

콜레스테롤 수치가 기준치를 초과했다면, 콜레스테롤을 낮추는 것이 중요하다. 콜레스테롤은 약 80퍼센트가 간에서 생성되며, 나머지 20퍼센트는 음식 섭취를 통해 들어온다. 전통적으로 의사들은 콜레스테롤 수치를 낮추기 위해 콜레스테롤이 많은 음식, 특히 달걀 섭취를 줄일 것을 권장했지만, 최근 연구에서는 음식을 통한 콜레스테롤 섭취가 혈중 콜레스테롤을 증가시키는 주된 요인이 아니라는 사실이 밝혀졌다.[51] 오히려 트랜스 지방과 동물성 포화 지방이 혈중 콜레스테롤 수치를 더 큰 폭으로 증가시키는 것으로 나타났다. 따라서 이러한 지방을 줄이거나 피하는 것이 중요하며, 콜레스테롤 자체가 없는 식물성 식품을 더 많이 섭취하는 것도 효과적인 방법이다. 특히 일부 식물성 식품은 LDL을 낮추면서 동시에 좋은 HDL 생성을 촉진하는 효과가 있다. 이러한 식품에는 아보카도, 레몬, 오렌지, 콩류, 렌틸콩, 귀리, 현미 같은 통곡물이 있다. 또한 버터나 동물성 지방 대신 올리브 오일이나 코코넛 오일 같은 식물성 기름을 사용하여 요리하고 음식에 풍미를 더하는 것도 도움이 된다.

저지방 단백질

단백질이라고 하면 보디빌더와 덤벨을 떠올리기 쉽지만, 사실 단백질은 그보다 훨씬 더 중요한 역할을 한다. 다량 영양소 중 하나인 단백질은 신체에서 필수적인 구성 요소로, 새로운 세포를 생성하고 손상된 세포를 회복하는 데 사용될 뿐만 아니라, 여러 호르몬의 주요 성분이 되기도 한다. 또한 단백질은 뼈를 튼튼하게 유지하는 데 중요한 역할을 하며, 골 리모델링 bone remodeling 과정을 통해 골다공증 위험을 낮추는 데 기여한다. 그뿐만 아니라 충분한 단백질을 섭취하면서 규칙적으로 운동하면 근육량을 유지하고 회복하는 데 도움이 된다. 따라서 갱년기에 적절한 단백질을 섭취하면 신진대사를 원활하게 유지하면서 건강한 체중을 관리하는 데도 긍정적인 영향을 미칠 수 있다.

탄수화물과 지방처럼 단백질도 여러 종류가 있는데, 우리가 우선 섭취해야 할 것은 고품질의 저지방 단백질이다. 포화 지방 함량이 낮아 칼로리가 적은 저지방 단백질은 생선, 가금류(닭고기, 칠면조), 저지방 육류 같은 동물성 식품뿐만 아니라 다양한 식물성 식품에서도 얻을 수 있다. 이제 식물성 식품이 충분한 단백질을 제공하지 못할 것이라는 흔한 우려에 대해 살펴보자.

단백질은 아미노산이라 불리는 분자들이 사슬처럼 연결되어 형성된다. 자연에서 발견되는 아미노산은 총 20가지이며, 우리 몸은 이를 이용해 단백질을 합성한다. 이 중 9가지 아미노산은 **필수 아미노산**으로 분류되는데, 이는 우리 몸에서 자체적으로 생성할 수 없기 때문에 반드시 음식으로 섭취해야 한다는 의미이다. 동물성 단백질은 이 9가지 필수 아미노산을 모두 포함하고 있으며, 일반적으로 한 끼 분량에서 충분한 양을 제공하므로 완전 단백질로 불린다. 반면, 식물성 단백질 역시 필수 아미노산을 포함하고 있지만, 보통 한 가지 이상의 아미노산이 제한적인 양으로 들어 있는 경우가 많다. 예를 들어, 채소와 콩류는 시스테인과 메티오닌의 함량이 낮고, 곡류, 견과류, 씨앗류는 라이신이 부족한 경향이 있다. 이 때문에 식물성 식품은 종종 불완전 단백질로 분류되지만, 다양한 식물성 식품을 조합해서 먹으면 필수 아미노산을 충분히 섭취할 수 있다. 대표적인 예가 쌀과 콩의 조합이다. 이처럼 다양한 식물성 식품을 함께 섭취하면 부족한 아미노산을 보완할 수 있다. 게다가 일부 식물성 식품은 동물성 식품보다 단백질 함량이 높은 경우도 있다. 예를 들어 완두콩은 콩류에 속하는데, 한 컵 분량의 완두콩에는 우유 한 컵보다 더 많은 단백질이 들어 있다. 또한 스피룰리나(일종의 청록색 조류)는 단 두 스푼만으로 8g의 **완전 단백질**을 제공하며, 비건 치즈 대용품으로 널리 사용되는 영양 효모 nutritional yeast 역시 반 스푼 안에 8g의 완전 단백질을 함유하고 있다. 물론 이러한 식품을 억지로 섭취할 필요는 없지만, 중요한 것은 식물성 식품이 충분한 단백질 공급원이 될 수 있다는 점을 이해하는 것이다. 다시 처음으로 돌아가서, 동물성 식품을 섭취하는 경우, 생선, 계란, 가금류(닭고기, 칠면조)는 쉽게 구할 수 있는 저지방 단백질 공급원이다. 다음은 1회 분량당 단백질 함량이 높은 식물성 식품이다.

- **세이탄:** 100g당 25g
- **두부, 템페, 풋콩(에다마메):** 100g당 12~20g

- **렌틸콩:** 익힌 렌틸콩 1컵(약 170g)당 18g
- **콩류**(강낭, 병아리콩 등): 익힌 콩 1컵(약 170g)당 15g
- **스펠트밀과 테프:** 익힌 곡물 1컵(약 250g)당 10~11g
  (퀴노아보다 단백질 함량이 높음)
- **퀴노아:** 익힌 퀴노아 1컵(약 185g)당 8~9g
- **완두콩:** 익힌 완두콩 1컵(약 160g)당 9g
- **스피룰리나:** 2큰술당 8g(완전 단백질)
- **햄프씨드:** 3큰술당 9g
- **오트밀:** 마른 귀리 1/2컵당 5g

철분

식물 중심 식단을 고려할 때 자주 제기되는 또 하나의 우려는 철분 섭취이다. 식물성 식품에는 **비非헴철** non-heme iron이라는 형태의 철분이 포함되어 있는데, 이는 육류에 포함된 **헴철** heme iron보다 체내 흡수율이 낮다. 따라서 문제는 단순히 식품에 함유된 철분의 양이 아니라, 우리 몸이 이를 얼마나 효과적으로 흡수할 수 있는지에 달려 있다. 귀리, 대두, 콩류, 잎채소 같은 다양한 식물성 식품이 충분한 철분을 공급할 수 있다. 일부 식물성 식품에는 육류보다 더 많은 철분이 있다. 예를 들어 시금치 3컵 또는 렌틸콩 1컵에는 약 226g, 즉 스테이크보다 더 많은 철분이 함유되어 있다. 그러나 이러한 식물성 철분은 체내에서 즉각적으로 활용되기 어려울 수 있다. 식물성 철분의 흡수율을 높이는 한 가지 방법은 비타민 C가 풍부한 식품과 함께 섭취하는 것이다. 예를 들어 귀리에 베리를 뿌려 먹거나 샐러드에 레몬즙을 살짝 더하면? 완성! 철분 흡수율 올리기 미션 성공이다!

비타민 B12

비타민 B12는 식물성 식품에서 얻을 수 없는 유일한 비타민이다. 따라서 B12가 포함된 유연한 식단을 유지하거나 보충제를 섭취할 필요가 있다. 적절한 식단을 유지하더라도 50세 이상의 많은 사람에게서 비타민 B12 결핍 위험이 있을 수 있다. 미국 국립보건원NIH에 따르면, 50세 이상 성인의 최대 43퍼센트가 B12 결핍을 겪고 있다. 비타민 B12에 대한 자세한 내용은 15장에서 살펴보겠다.

칼슘이 풍부한 식품

나이가 들수록 뼈 건강을 위해 더 많은 칼슘과 비타민 D가 필요하다는 것은 널리 알려진 사실이다. 하지만 많은 사람이 오해하는 것과 달리, 칼슘 섭취를 반드시 유제품으로 해야 할 필요는 없다. 시금치, 순무, 케일, 청경채, 갓잎 같은 다양한 채소뿐만 아니라, 대두, 두부, 강낭콩, 완두콩 같은 콩류에도 칼슘이 풍부하게 들어 있다. 씨앗류도 훌륭한 칼슘 공급원이다. 예를 들어 전유* 기준 1컵에는 약 280mg의 칼슘이 함유되어 있는데, 익힌 시금치 1컵이나 타히니(참깨 페이스트) 2큰술에도 같은 양의 칼슘이 들어 있다. 또한 식물성 우유(아몬드 우유, 두유, 귀리 우유 등)를 선택하면 유제품을 대체하면서도 비슷한 양의 칼슘을 섭취할 수 있다.

비타민 D는 음식물만으로는 충분히 섭취하기 어려운 영양소다. '햇빛 비타민sunshine vitamin'이라는 별명이 붙은 이유도 바로 여기에 있다. 비타민 D는 햇빛에 노출될 때 우리 몸이 콜레스테롤을 이용해 자체적으로 합성하는 방식으로 생성된다. 따라서 비타민 D 수치를 확인해 보고 부족하다면, 오랫동안 꿈꿔온 휴양지를 예약할 좋은 핑계가 생긴 셈이다! 그렇지 않다면 비타민 D가 강화된 식품을 섭취하거나 보충제를 챙겨 먹는 것도 방법이다. (자세한 내용은 다음 장에서 다룬다)

유제품에 함유된 성장 인자가 종양 성장에 영향을 미칠 수 있다는 가설이 있지만, 이에 대한 연구는 아직 충분히 이루어지지 않았다. 유제품이 유방암 발병에 미치는 영향에 대해서는 아직 명확한 결론이 내려지지 않았지만, 만약 유제품을 섭취한다면 성장 호르몬이 포함되지 않은 유기농 제품을 선택하는 것이 중요하다. 또한 염소젖이나 양젖은 소젖보다 더 소화하기 쉬운 것으로 알려져 있다.

- whole milk, 우유에서 지방을 제거하지 않은 상태로, 약 3.5퍼센트의 유지방을 함유한 우유

수면을 돕는 멜라토닌

믿기 어렵겠지만, 일부 식품에는 수면 유도 호르몬인 멜라토닌이 함유되어 있다. 특히 피스타치오는 전 세계에서 가장 멜라토닌이 풍부한 식품으로, 한 줌만 먹어도 멜라토닌 보충제를 섭취한 것과 비슷한 효과를 기대할 수 있다. 이 바삭한 간식은 멜라토닌뿐만 아니라 식이섬유, 비타민 B6, 필수 아미노산도 풍부하게 포함되어 있다. 또한 멜라토닌은 포르토벨로 버섯을 비롯한 일부 버섯류, 발아 씨앗, 렌틸콩에서도 발견된다. 곡류 중에서는 밀, 보리, 귀리가 멜라토닌을 함유하고 있으며, 과일 중에서는 포도, 다크 체리, 딸기가 좋은 공급원이다. 예를 들어 발아 렌틸콩과 구운 버섯, 피스타치오를 곁들인 저녁 샐러드에 딸기 셔벗을 디저트로 즐긴다면, 에스트로볼롬이 좋아할 뿐만 아니라, 그날 밤 양떼를 세지 않아도 쉽게 잠들 수 있을지도 모른다.

피해야 할 음식

누군가 나에게 "뇌 건강을 위한 최고의 식단 팁이 무엇인가요?"라고 묻는다면, 나는 한치의 고민 없이 항상 같은 대답을 한다. **"가공식품을 먹지 마세요."** 미국, 캐나다, 영국에서는 하루 섭취 칼로리의 거의 50퍼센트가 가공식품에서 비롯되며, 이 중 상당수는 **초가공식품**ultra-processed foods에 해당한다. 즉 우리가 매일 먹는 음식의 절반 가까이가 본래 상태에서 **상당히** 변형되었으며, 가장 해로운 형태의 소금, 설탕, 지방, 첨가제, 보존제, 인공색소, 합성 향료가 다량 포함되어 있다. 다량의 화학 성분이 첨가되어 있는 초가공식품은 여러 단계의 가공 과정(압출, 성형, 분쇄 등)을 거치며 본래의 원재료와는 전혀 다른 형태로 변형된다. 대표적인 초가공식품에는 흰 식빵, 포장된 페이스트리, 각종 간식류, 공장에서 대량 생산된 과자류 및 디저트, 공장에서 튀긴 음식, 조리가 완료된 즉석식품, 패스트푸드, 탄산음료 및 설탕이 첨가된 음료, 가공육(햄, 소시지, 베이컨, 핫도그 등), 가공 치즈, 마가린, 쇼트닝, 라드, 인스턴트 라면과 수프, 냉동 식품, 통조림, 병에 든 소스, 스프레드, 크리머, 감자칩, 초콜릿, 사탕, 아이스크림, 가당 시리얼, 냉동 닭튀김, 버거, 치킨 너겟, 햄거버, 핫도그 등이 포함된다. 불행히도 이 목록은 한 권의 책을 채울 만큼 길어질 수 있다. 어떤 매장에서 쇼핑하느냐에 따라 초가공식품이 대부분을 차지하는 경우도 있으며, 오히려 최소 가공식품이나 원재료 그대로의 식품을 찾기가 더 어려울 수도 있다. 17장에서 이러한 식품 속 유해 성분을 식별하고 피하는 구체적인 방법을 자세히 살펴볼 예정이다.

지금은 단순히 이렇게만 이해하면 된다. 초가공식품을 많이 섭취할수록 식단의 전반적인 영양 품질이 낮아지고, 건강에도 부정적인 영향을 미친다. 세계암연구기금World Cancer Research Fund과 미국암연구소American Institute for Cancer Research에 따르면, 초가공식품은 전 세계 암의 약 3분의 1을 유발할 가능성이 있다.[52] 특히 짠맛이 강한 가공식품과 가공육[53]은 심장병, 뇌졸중, 당뇨병으로 인한 사망자의 약 45퍼센트와 직접적인 연관이 있는 것으로 밝혀졌다. 세계보건기구WHO는 800건 이상의 연구를 분석한 결과, 가공육이 담배 흡연이나 석면 노출과 마찬가지로 발암성이 있다[54]는 결론을 내렸다. 가공육은 소금에 절이거나, 훈제, 발효, 숙성 등의 과정을 거쳐 보존성을 높이고 풍미를 강화한 육류를 의미한다. 슈퍼마켓, 델리 코너, 샌드위치 가게에서 쉽게 찾을 수 있는 대부분의 런치 미트●가 이에 해당하며, 대표적인 예로 시판하는 삶은 햄, 로스트비프, 칠면조, 닭고기, 볼로냐 소시지, 핫도그 등이 있다.

알코올, 카페인, 매운 음식 섭취 줄이기

갱년기의 식탁을 가꾸어나가는 일은 미각의 지평을 새롭게 넓혀나가는 여정과도 같다. 매운 음식, 술, 커피, 차, 에너지 드링크에 포함된 카페인이 갱년기 증상을 악화시킬 수 있다는 사실은 이미 널리 알려져 있다. 하지만 모든 여성의 반응이 다르므로 스스로 탐정이 되어 자신의 입맛과 몸의 반응을 살펴보는 것이 중요하다. 이러한 음식이 특정 증상을 유발하거나 악화시키는지 주의 깊게 관찰하고, 줄이거나 피하는 실험을 해보는 것이 도움이 된다.

대체로 매운 음식은 체내 열감을 증가시키거나 홍조 증상을 더욱 심하게 만들 수 있다. 술도 홍조 증상을 악화시키는 대표적인 요인이다. 많은 사람이 술이 수면을 돕는다고 생각하지만, 오히려 한밤중에 깨게 만드는 원인일 수도 있다. 물론 레드 와인은 하루 약 150ml 정도

● lunch meat, 샌드위치용 가공 육류, 즉 햄, 칠면조, 로스트비프 등

로 적당히 마시면 심장 건강에 긍정적인 효과를 줄 수 있지만, 유방암 위험을 낮추기 위해서는 반드시 절제해야 한다.

이제 카페인에 대해 이야기해보자. 아침에 커피 한 잔이 주는 활력을 사랑하는 사람이 많겠지만, 카페인은 홍조를 악화시키는 동시에 수면에도 부정적인 영향을 미칠 수 있다. 카페인이 체내에서 완전히 배출되는 데 최대 12시간이 걸릴 수 있으므로, 하루 한 잔만 마시고 정오 전에 즐기는 것이 좋다. 한 가지 흥미로운 사실이 있다. 일반적인 인식과 달리, 갓 내린 에스프레소는 아메리카노보다 갱년기 증상에 미치는 영향이 덜할 수 있다. 이는 에스프레소의 추출 시간이 짧아 카페인 함량이 희석된 아메리카노보다 낮기 때문이다. 이 정보가 도움이 되었다면 나중에 감사 인사를 해도 좋다!

진짜 중요한 것은 물

가장 건강한 음료가 무엇이냐고 묻는다면 답은 단 하나, 바로 **물**이다. 물은 뇌 건강에 필수적이기에 나는 『브레인 푸드 *Brain Food*』에서 한 챕터를 할애해 이 중요한 영양소를 다룬 바 있다. 그뿐만 아니라 적절한 수분 섭취는 호르몬 건강과 갱년기 증상 관리에도 매우 중요한 역할을 한다. 다음은 그 이유를 간략히 정리한 내용이다.

- **탈수 증상 완화:** 물이 부족하면 어지럼증,[55] 혼란, 피로, 심한 브레인 포그를 유발할 수 있는데, 갱년기 여성에게 특히 흔하다.

- **수분과 호르몬 균형:** 체내 호르몬 생성과 균형 유지에 도움을 준다.
- **체온 조절과 홍조 완화:** 적절한 수분 섭취는 체온을 조절하여 갱년기 열감을 줄이는 데 기여한다.
- **질 윤활과 폐경 후 건강:** 질 건조증을 예방한다.
- **소화, 혈액순환, 노폐물 배출 지원:** 원활한 신체 기능을 유지하고 염증을 줄이는 데 필수적이다.
- **관절 건강 유지:** 관절을 보호하고 불편함과 뻣뻣함을 완화하는 역할을 한다.
- **피부와 모발 보습 효과:** 피부와 머릿결의 수분을 유지해 탄력을 높이고 건조함을 줄이는 데 도움을 준다.

이 말이 이상하게 들릴 수도 있지만, 물의 종류와 품질이 실제로 중요하다. 물이라고 해서 다 같은 물이 아니다. 단순히 **습기**를 공급하는 액체가 필요한 것이 아니라, 우리 몸과 뇌, 그리고 호르몬 시스템이 제대로 기능하려면 특정 조건을 갖춘 '진짜 물'이 필요하다. 즉 천연 미네랄, 염분, 전해질을 함유한 자연 상태의 물이 필수적이다. 수분을 제대로 공급하는 가장 좋은 방법은 샘물spring water, 미네랄 워터 또는 전해질이 보존된 정수된 수돗물을 마시는 것이다. 반면, 증류수, 클럽 소다, 셀처(탄산수)는 **실제 자연 상태의 물**이 제공하는 미네랄과 전해질 같은 필수적인 수분 보충 영양소를 함유하고 있지 않기 때문에 적절한 수분 공급원이 될 수 없다. 더구나 콜라 같은 탄산음료는 애초에 물로 간주될 수 없으며, 배란 관련 불임 위험을 증가시키는 것으로 알려져 있다.[56]

수분을 충분히 섭취하는 또 하나의 현명한 방법은 물을 직접 마시는 것뿐만 아니라 **'물을 먹는 것'**이다. 수분이 풍부한 과일이나 채소 약 28g를 섭취하면, 물뿐만 아니라 식이섬유, 파이토뉴트리언트(식물성 영양소), 항산화제까지 함께 얻을 수 있다. 예를 들어 무, 수박, 오이, 딸기, 토마토, 물냉이, 사과, 셀러리, 멜론, 상추, 복숭아, 콜리플라워 같은 식품은 빠르게 갈증을 해소하는 데 도움이 된다.

간헐적 단식이 도움이 될까?

비만이 만연하면서 체중 감량을 위한 거대한 산업이 형성되었다. 최근 주목받고 있는 방법 중 하나가 간헐적 단식이다. 간헐적 단식은 일정한 시간 간격을 두고 식사와 단식을 번갈아 시행하거나, 특정 시간대에 칼로리 섭취를 제한하는 방식이다. 이는 다른 다이어트보다 체중 감량과 유지에 효과적일 수 있으며,[57] 염증을 줄이고 심장병 위험을 낮추는 데도 도움이 될 수 있다. 이러한 이유로 간헐적 단식은 갱년기 여성에게도 종종 추천된다.

하지만 이에 대한 나의 견해는 다르다. 우선 실험실 동물을 대상으로 한 시간 제한 식이 time-restricted feeding에 대한 연구는 탄탄하게 진행되었지만, **인간을 대상**으로 한 간헐적 단식의 건강상 이점에 대한 과학적 증거[58]는 생각보다 제한적이다. 현재까지의 연구는 소규모 표본을 대상으로 진행되었으며, 주로 당뇨병 여부와 관계없이 과체중인 사람 또는 훈련된 운동선수 집단에 초점을 맞추고 있다. 또한 과학적 근거와 무관하게 유행처럼 번진 여러 간헐적 단식 방법이 존재하며, 일부는 단순한 개인적인 식이 철학에 기반을 두고 있을 뿐이다. 이러한 방식 중 상당수는 비논리적인 주장과 다름없으며, 과학적 근거 없이 특정 시간대에 무엇을 먹어야 하는지에 대한 엄격한 규칙을 적용하는 경우도 많다. 특히 간헐적 단식에 대한 연구는 남성을 대상으로 한 연구가 여성보다 많고, 갱년기 동안의 효과를 다룬 연구는 거의 전무하다. 심지어 동물 실험에서조차 갱년기의 간헐적 단식에 대해서는 거의 연구되지 않았으므로, 언론에서 떠도는 헤드라인만 맹신하기보다는 신중하게 접근해야 한다.

세계 여러 지역에서는 오랜 세월 이어져 왔고, 과학적으로도 타당하며 심지어 실천하기 쉬운 형태의 '단식'이 존재한다. 바로 수면이다. 세계에서 가장 건강한 식습관을 가진 집단은 대체로 저녁을 가볍게 먹고 이른 시간에 식사를 마친 후, 밤새 음식 섭취를 피하며 수면에 집중한다. 그리고 보통 10~12시간이 지난 다음 아침이 되어야 본격적인 식사를 시작한다.

결국 어떤 목표를 가지고 있든 성공적인 식단의 핵심은 지속 가능하고 건강에 도움이 되는 식습관을 형성하는 것이다. 특정한 시간에 음식을 먹는 것만큼이나 중요한 것은, 어떻게 음식과 관계를 맺고 섭취하는지를 신중하게 고민하는 태도이다. 단순히 식사 시간을 조절하는 것보다는 현명한 식품을 선택하고 하루 동안 '마음을 챙기며 먹는 것'이 더욱 중요할 수 있다. 마음 챙기며 먹기 mindful eating라는 개념은 더 넓은 의미의 마음 챙김 mindfulness에서 비롯되었으며, 이는 수 세기 동안 다양한 문화와 종교에서 실천해온 개념이다. 이 방식은 단순히 배를 채우는 것이 아니라, 신체적·감각적·감정적인 경험을 통해 음식을 온전히 즐기는 것을 의미한다. 이러한 접근 방식은 **만족감을 높이는 동시에 몸에 필요한 영양을 공급하는 선택**을 하도록 유도한다. 대부분의 현대인은 바쁘고, 식사를 하면서도 종종 키보드 위에 손을 올린 채 급하게 음식을 삼킨다. 그러나 잠시 속도를 늦추고 음식에 집중해본다면, 우리는 **실제로** 배가 고픈지, 혹은 이미 충분히 먹었는지를 더 명확하게 인식할 수 있다. 이러한 연습은 소화 불량이나 속쓰림 같은 문제를 줄이는 데도 도움이 된다. 예를 들어, 17초 만에 매운 칼조네를 삼켜버린 후 위산 역류를 경험한 적이 있다면 몸이 보내는 신호를 좀 더 세심하게 살펴볼 필요가 있다. 또한 서구 사회에서는 과식하는 경향이 강한데, 음식 섭취의 순간순간을 더 신중하게 인식하는 것만으로도 식단의 질을 향상할 수 있다. 의식을 가지고 식사를 하는 방식은 식욕을 더욱 효율적으로 조절하고, 스트레스성 폭식을 줄이며, 필요할 경우 체중 감량에도 도움이 될 수 있다.

결론적으로, 갱년기 동안의 식단 선택에서 가장 중요한 것은 균형 잡힌, 영양이 풍부하고 지속 가능한 접근법을 따르는 것이다. 유행성 다이어트나 극단적인 식단 제한에 휘둘리기보다는, 자연식품을 중심으로 충분한 수분을 섭취하고, 다양한 식물성 식품을 포함한 균형 잡힌 식단을 유지하는 것이 중요하다. 과일, 채소, 통곡물, 저지방 단백질, 건강한 지방을 고르게 섭취하면 호르몬 건강을 지원하고 전반적인 건강을 유지하는 데 필요한 영양소를 충분히 공급할 수 있다. 물론 섭취량과 칼로리에 주의를 기울이는 것도 필요하지만, 무엇보다도 신체의 배고픔과 포만감을 인식하는 것이 중요하다. 지나치게 엄격하거나 너무 제한적인 접근은 오히려 음식과의 건강한 관계를 해칠 수 있으므로 피해야 한다. 갱년기의 영양 관리에는 딱 맞는 정답이 존재하지 않는다. 하지만 균형 잡힌 식사와 신중한 접근법을 실천한다면, 몸과 뇌, 그리고 호르몬을 건강하게 유지하면서 갱년기 이후에도 활력을 잃지 않는 삶을 이어갈 수 있을 것이다.

15장

호르몬 요법을 대체하는 영양제와 천연 생약 성분

식물의 힘

호르몬 대체 요법HRT은 오랫동안 갱년기 증상을 치료하는 표준 방법으로 여겨져왔지만, 그에 따른 위험성이 우려되어 시행과 중단이 반복되어왔다. 이러한 혼란과 더불어 호르몬 건강을 위한 허브 요법과 영양제에 대한 관심이 다시금 부활하면서, 이른바 '자연 요법'에 대한 수요가 급격히 증가했다. 그 결과, 현재 산업화 국가의 여성 중 절반 가까이[1]가 갱년기 증상을 완화하기 위해 식물성 영양제에 의존하고 있다.

영양제는 일반적으로 **식물 유래 성분**botanicals과 **비非식물 유래 성분**

non-botanicals으로 나뉜다. 전자는 대두 추출물, 블랙 코호시(서양승마 추출물), 인삼과 같은 식물성 성분을 포함하는 경우이며, 후자는 비타민과 미네랄 같은 영양소를 포함하는 영양제를 의미한다. 특히 식물 유래 성분은 에스트로겐과 유사한 작용을 하는지 여부에 따라 분류되며, 에스트로겐 효과가 없는 영양제는 유방암이 걱정되는 여성들에게 더 적합한 선택지로 간주된다. 고대부터 현재까지, 전 세계 모든 문화권에서는 다양한 식물을 약용 목적으로 사용해왔다. 갱년기 홍조를 완화하는 데 활용된 대표적인 허브로는 블랙 코호시, 당귀, 달맞이꽃, 인삼, 아마씨, 레드 클로버red clover, 세인트 존스 워트St. John's wort, 야생 얌wild yam 등이 있다. 또한 마카maca와 음양곽horny goat weed은 성욕을 증가시키는 용도로 사용되며, 레몬밤lemon balm, 발레리안valerian, 패션플라워passionflower는 갱년기 동안 흔히 동반되는 불면증, 불안, 피로 완화에 도움을 주는 것으로 알려져 있다. 그러나 이러한 영양제들 중 일부는 과학적으로 효과가 입증된 반면, 그렇지 않은 것들도 있다. 예를 들어 갱년기 홍조를 완화한다고 알려진 야생 얌 크림은 임상 연구에서 효과가 없는 것으로 나타났다. 반면, 파이토에스트로겐 영양제[2]는 식품에 자연적으로 존재하는 파이토에스트로겐보다 더 농축된 형태로 제공되며, 갱년기 증상 완화에 긍정적인 효과가 있는 것으로 보고되었다. 따라서 영양제를 선택할 때에는 우선 효과가 검증된 것을 고려하고, 검증되지 않은 제품은 피하는 것이 바람직하다. 각 영양제에 대한 나의 의견을 참고해보길 바란다.

많은 사람이 영양제를 건강한 식단과 생활 습관을 대체할 수 있는 '손쉬운 해결책'으로 여긴다. 하지만 이러한 접근 방식은 실망을 초래할 가능성이 크다. 영양제는 영양을 **보완하는** 역할을 할 뿐, 건강한 식단이나 생활 습관을 대체할 수 없다. 즉 영양제는 근본적인 해결책이 아니라는 점을 반드시 기억해야 한다.

또 한 가지 고려해야 할 점은 영양제는 FDA와 같은 연방 규제 기관의 엄격한 감시를 받지 않는다는 것이다. 처방약과는 달리 효능이나 안전성을 보장하는 체계적인 검증이 이루어지지 않으며, 성분의 함량이 정확한지도 확인되지 않는다. 이러한 이유로 **표준화된 제형**●을 선택하는 것이 필수적이다. 표준화된 영양제인지 확인하려면 활성 성분의 **비율**이 명확하게 표시되어 있는지 살펴보는 것이 중요하다. 예를 들어 은행Ginkgo biloba 추출물 영양제를 찾는다면 해당 제품이 활성 성분인 징코 플라본 글리코사이드ginkgo flavone glycosides를 일정 비율(일반적으로 25퍼센트) 함유하도록 표준화되어 있는지 확인해야 한다.

영양제의 품질과 오염 여부를 확인하는 또 다른 방법은 미국 약전 USP 영양제 검증 프로그램Convention Dietary Supplement Verification Program 또는 ConsumerLab.com과 같은 기관에서 테스트를 거친 제품을 선택하는 것이다. 마지막으로, 대부분의 영양제와 허브 요법은 부작용 위험이 낮지만, 일부는 처방약과 상호작용하거나 특정한 금기 사항이 있을 수 있다. 이에 대한 자세한 내용은 다음에서 다룬다.

● 일정한 기준에 맞춰 동일한 농도와 품질을 유지하도록 제조하는 것

식물 유래 성분

블랙 코호시(서양승마 추출물)

블랙 코호시Black cohosh는 북미 미나리아재비과 식물로, 갱년기 치료와 관련해 가장 광범위하게 연구된 허브 중 하나이다. 미국 원주민 여성들은 수 세기 동안 월경통과 갱년기 증상을 완화하는 데 블랙 코호시를 사용해왔다. 임상 시험에서는 이 허브가 갱년기 홍조를 감소시키는 효과가 있다고 보고되었지만,[3] 연구 결과가 일관되지는 않다. 그럼에도 불구하고 블랙 코호시는 특히 가벼운 정도에서 중등도 정도의 야간 발한[4]과 정서 안정에 효과가 있는 것으로 보인다. 독일에서는 블랙 코호시가 월경 전 불편감과 갱년기 증상 치료에 승인되어 있으며, 홍조, 심계항진, 신경과민, 예민함, 수면 장애, 어지러움, 우울 증상을 완화하는 데 사용된다.

아직 추가 연구가 필요하지만, 현재까지의 연구에서는 블랙 코호시가 에스트로겐과 유사한 작용을 하지 않는 것으로 보인다.[5] 따라서 유방암 환자들에게도 도움이 될 수 있다.

- **사용 목적:** 갱년기 홍조 완화
- **과학적 효능 입증 수준:** 중간
- **권장 복용량:** 표준화된 추출물 기준 하루 40mg. 장기적인 안전성에 대한 연구가 부족하므로, 최대 6개월까지만 사용할 것을 권장한다.
- **주의 사항:** 일반적으로 부작용이 적지만, 두통을 유발할 수 있으며, 드물게 간 손상 사례가 보고된 바 있다.

체이스트 트리 베리

이름에서 연상되는 것과는 달리,• 체이스트 트리 베리Chaste Tree Berry 는 종종 가임력을 높이고 갱년기 일부 증상을 완화하는 데 좋다. 하지만 호르몬 균형 조절 효과 가능성이 있음[6]에도 불구하고, 임상 시험에서는 갱년기 증상을 일관되게 완화한다는 결과가 나오지 않았다.[7]

- **사용 목적:** 갱년기 증상 완화
- **과학적 효능 입증 수준:** 낮음
- **권장 복용량:** 하루 200~250mg
- **주의 사항:** 일반적으로 부작용이 적지만, 경구피임약이나 파킨슨병 및 정신병 치료제와 상호작용할 수 있으므로 주의해야 한다.

당귀

당귀Dong quai는 1200년 이상 전통 중국 의학에서 월경통, 월경 불순, 갱년기 홍조를 완화하는 치료제로 사용되어왔다. 그러나 이러한 효능을 검증하기 위한 연구는 거의 이루어지지 않았으며, 현재까지 진행된 임상 시험에서도 홍조에 대한 유의미한 효과가 확인되지 않았다. 다만, 중국 의학 전문가들은 임상 시험에서 사용된 당귀 제제가 실제 임상에서 활용되는 방식과 다르다는 점을 지적하고 있다.

• 이름이 chaste(순결한)와 관련된 이유는, 이 식물이 역사적으로 성욕을 억제하는 용도로 사용되었기 때문이다.

- **사용 목적:** 갱년기 홍조 완화
- **과학적 효능 입증 수준:** 낮음
- **권장 복용량:** 하루 최대 150mg
- **주의 사항:** 와파린, 헤파린, 아스피린과 같은 항응고제(혈액 희석제)와 상호작용할 가능성이 있으므로 주의해야 한다.

달맞이꽃 오일

달맞이꽃 오일Evening primrose oil은 씨앗에서 추출되며, 오메가-6 지방산이 풍부한 것으로 알려져 있다. 이 오일은 갱년기 홍조 완화에 효과가 있다고 자주 추천되지만,[8] 실제 임상 시험에서는 위약과 비교했을 때 별다른 효과 차이가 없는 것으로 나타났다. 그럼에도 불구하고 비타민 E와 함께 복용하면 유방 압통 완화에 도움이 될 수 있다.[9]

- **사용 목적:** 갱년기 홍조 완화
- **과학적 효능 입증 수준:** 낮음
- **권장 복용량:** 하루 2~6g
- **주의 사항:** 일반적으로 부작용이 적지만, HIV 치료제인 로피나비르 Lopinavir의 효과를 증가시킬 수 있으므로 주의해야 한다.

인삼과 마카 뿌리

인삼 뿌리는 강장제 허브로 분류되는데, 이는 신체가 내·외부 스트레스에 대한 저항력을 높여 신체적·정신적 건강을 지원한다는 의미이다. 전통 의학에서는 아시아 인삼과 마카 뿌리(페루 인삼)가 집중력을 높이고, 성 기능을 개선하며, 성적 흥분을 촉진하는 효과가 있다고 알려져 있다. 무작위 대조군 시험을 체계적으로 검토한 연구에서는 인삼이 갱년기 우울증[10]과 기분 저하 증상을 개선하고, 성욕libido과 전반적인 웰빙을 지원할 수 있다는 결과가 보고되었다. 그러나 혈관 운동 증상(대표적인 예: 홍조),[11] 기억력, 집중력 개선 효과는 일관적이지 않았다.

- **사용 목적:** 기분 개선 및 성욕 향상
- **과학적 효능 입증 수준:** 중간
- **권장 복용량:** 표준화된 추출물 기준 하루 400mg. 장기적인 안전성 연구가 부족하므로, 최대 6개월까지만 사용할 것을 권장한다.
- **주의 사항:** 일반적으로 부작용이 적지만, 가장 흔한 부작용은 불면이므로 아침이나 이른 시간에 복용을 권장한다. 또한 월경 불순, 유방 통증, 심박수 증가, 혈압 변동(고혈압 또는 저혈압), 두통, 소화 문제 등의 부작용이 나타날 수 있다.

카바

카바Kava는 태평양 군도에서 유래한 후추과 식물이다. 카바 영양제는 어느 정도 불안을 완화해주는 효과가 있을 수 있지만, 갱년기 홍조 증상을 줄이는 효과는 입증되지 않았다.

- **사용 목적:** 갱년기 열감 및 불안 완화
- **과학적 효능 입증 수준:** 낮음
- **권장 복용량:** 하루 50~250mg

- **주의 사항:** 미국 FDA가 카바의 간 손상 유발 가능성을 경고했다. 소화 장애, 두통, 어지럼증 등의 부작용도 나타날 수 있다.

파이토에스트로겐

파이토에스트로겐은 곡물, 대두, 채소, 일부 허브에 함유된 에스트로겐과 유사한 성분으로, 체내에서 약한 형태의 에스트로겐처럼 작용한다. 가장 일반적인 파이토에스트로겐 영양제는 대두와 레드 클로버에서 추출한 이소플라본이며, 아마씨도 종종 추천되는 식품이다. 총 21개의 임상 시험을 검토한 결과, 파이토에스트로겐은 갱년기 홍조의 발생 빈도를 줄이고,[12] 질 건조 증상을 개선하는 효과가 있는 것으로 나타났다. 그러나 사용된 파이토에스트로겐의 종류에 따라 연구 결과가 다르게 나타났다. 이에 대한 세부 내용은 다음과 같다.

대두 이소플라본

대두 이소플라본Soy isoflavones[13]은 대두 단백질 분리물, 이소플라본이 풍부한 대두 추출물, 이소플라본 캡슐 등의 형태로 섭취할 수 있으며, 가벼운 증상부터 중등도에 이르기까지의 갱년기 전후 홍조 완화에 효과적일 수 있다. 예를 들어, 폐경 후 여성 60명을 대상으로 한 연구에서 대두 이소플라본 영양제와 호르몬 대체 요법HRT의 홍조 완화 효과를 비교한 결과, 16주 후 이소플라본을 복용한 그룹은 홍조가 50퍼센트 감소했고,[14] HRT 그룹은 46퍼센트 감소했다. 이러한 결과를 확증하기 위해 추가 연구가 필요하지만, 대두 이소플라본은 골밀도를 향상해[15] 골다공증 위험을 줄이는 긍정적인 영향을 미칠 수 있는 것으로 보인다. 그러나 야간 발한, 불면증, 우울증 완화에는 효과가 없는 것으로 보인다. 또한 대두의 효과는 유전적 요인에 따라 다르게 나타나며,[16] 서구 여성의 경우 30~50퍼센트만 유익한 효과를 경험하는 것으로 보고되었다. 대표적인 대두 아이소플라본 성분으로는 제니스테인 genistein, 다이드제인 daidzein, S-에쿠올 S-equol이 있다.

- **사용 목적:** 갱년기 홍조 완화
- **과학적 효능 입증 수준:** 중간
- **권장 복용량:** 하루 40~80mg. 장기적인 안전성 연구가 부족하므로, 최대 6개월까지만 사용할 것을 권장한다.
- **주의 사항:** 일반적으로 부작용이 적지만, 가장 흔한 부작용은 위장 장애이다. 현재 연구에 따르면, **대두 식품**은 유방암 병력이 있거나 유방암 위험이 높은 여성들에게도 안전한 것으로 간주되지만, 대두 이소플라본 영양제의 안전성은 확실하지 않다.

따라서 전문 학회에서는 대두 이소플라본 영양제의 과다 섭취 가능성을 우려하여 이를 공식적으로 권장하지 않는다.

레드 클로버 이소플라본

레드 클로버 Red clover는 갱년기 건강에 관해 가장 광범위하게 연구된 허브 중 하나이다. 체계적 분석에 따르면, 레드 클로버 이소플라본은 낮 동안의 홍조 완화에는 일관된 효과를 보이지 않지만, 폐경 후 야간 발한을 줄이는 데 도움이 되는 것으로 확인되었다. 예를 들어, 폐경 후 여성 109명을 대상으로 한 임상 시험에서 하루 80mg의 레드 클로버 이소플라본을 90일간 복용한 결과,[17] 야간 발한이 평균 73퍼센트 감소한 것으로 나타났다.

- **사용 목적:** 야간 발한 완화
- **과학적 효능 입증 수준:** 중간
- **권장 복용량:** 하루 80mg. 임상 연구에서 최대 3년간 복용해도 안전성이 유지된 것으로 보인다.
- **주의 사항:** 유방암 또는 자궁내막암 병력이 있는 환자에게 레드 클로버가 안전한지에 대한 연구는 아직 부족하다.

아마씨

아마씨Flaxseed는 리그난이라는 폴리페놀 계열의 파이토에스트로겐 전구체가 풍부하게 함유된 식품이다. 또한 오메가-3 지방산과 식이섬유도 포함되어 있어 건강에 유익하다. 리그난은 씨앗의 세포벽에 포함되어 있기 때문에, 아마씨를 제대로 활용하려면 반드시 신선하게 갈아서 섭취해야 한다. 현재까지의 연구에서는 아마씨가 홍조 완화에 효과적이라는 증거는 없지만,[18] 소화 건강을 지원하고 콜레스테롤 개선에 긍정적인 효과를 기대할 수 있다.

- **사용 목적:** 홍조 완화
- **과학적 효능 입증 수준:** 낮음
- **권장 복용량:** 하루 25g(갈아낸 아마씨 2스푼)

- **주의 사항:** 일반적으로 부작용이 적지만, 복부 팽만감, 메스꺼움, 설사 등 소화 불편감을 유발할 수 있다.

홍경천

홍경천Rhodiola은 유럽과 아시아의 고산지대에서 자라는 적응력 강한 허브로, 전통적으로 지구력을 높이고 피로 및 탈진을 예방하는 데 사용되어왔다. 홍경천에 대해서는 거의 연구되지 않았지만, 일부 연구에서는 홍경천이 스트레스 호르몬인 코르티솔의 균형을 조절하고[19] 혈당 조절을 돕는 데 유용할 수 있다는 증거가 있다. 또한 규칙적인 운동과 병행하면 갱년기 동안 지방 대사를 안정시키고, 일부 여성들의 체중 감량에 도움이 될 수 있다.

- **사용 목적:** 스트레스 완화, 피로 회복, 대사 조절
- **과학적 효능 입증 수준:** 낮음
- **권장 복용량:** 하루 100mg
- **주의 사항:** 일반적으로 6~12주 동안 복용 시 대체로 무리 없이 복용할 수 있지만, 어지럼증, 구강 건조 또는 침 분비 증가와 같은 부작용이 나타날 수 있다.

세인트 존스 워트

세인트 존스 워트St. Johns wort는 고대 그리스 시대부터 유럽 전통 의학에서 사용된, 꽃을 틔우는 식물로, 불안, 신경과민, 불면증, 우울증 치료에 활용되어왔다. 세인트 존스 워트는 호르몬 수치에 영향을 미치

지 않으면서, 가벼운 증상부터 중등도의 불안[20]과 우울 증상 완화에 효과적인 것으로 평가된다. 임상 연구에서는 세인트 존스 워트가 위약과 비교해 우울 증상을 개선하는 데 효과적이며, 선택적 세로토닌 재흡수 억제제SSRI 같은 항우울제와 유사한 효능을 보인다는 결과가 보고되었다. 이러한 연구 결과를 바탕으로, 일부 전문가 단체에서는 갱년기 및 폐경 이후 여성의 경미한 우울 증상과 기분 변화를 단기간 치료하는 보완적 선택지로 고려할 수 있다[21]고 보고 있다.

- **사용 목적:** 갱년기 전후 불안, 기분 변화, 경미한 우울 증상 완화
- **과학적 효능 입증 수준:** 높음
- **권장 복용량:** 하루 900mg, 최대 12주까지 복용 가능
- **주의 사항:** 다양한 약물과 상호작용할 수 있으므로 주의해야 한다. 특히 혈액 희석제(와파린, 헤파린, 아스피린), 디곡신(심장 박동 조절제), 항경련제(발작·간질 치료제), 항우울제(특히 SSRI, SNRI 계열), 사이클로스포린(면역 억제제), HIV 치료제, 메타돈, 경구 피임약, 일부 항암제와 함께 복용할 경우 부작용이 있거나 효과가 줄어들 수 있다.

트리뷸러스

트리뷸러스Tribulus는 '허브 비아그라'라는 별칭으로도 알려져 있으며, 전통적으로 남성의 활력을 증진하고 성 기능을 개선하는 데 사용되어 왔다.[22] 그러나 폐경 후 여성에게도 도움이 될 수 있다. 트리뷸러스에는 스테로이드 사포닌이 함유되어 있다. 이것은 에스트로겐과 구

조적으로 유사하여 체내에서 DHEA와 비슷한 약한 안드로겐으로 전환될 수 있다.

- **사용 목적:** 성욕 저하 개선
- **과학적 효능 입증 수준:** 낮음
- **권장 복용량:** 하루 250~1,500mg
- **주의 사항:** 소량 복용 시 일반적으로 안전하지만, 처방약과의 상호작용에 대한 연구가 부족하므로 주의해서 사용해야 한다.

발레리안 뿌리

발레리안 뿌리 Valerian root는 허브차나 알약 형태로 섭취할 수 있으며, 불면증과 수면 장애 완화에 도움이 될 수 있다. 단독으로 또는 레몬밤이나 패션플라워와 함께 사용하는데, 폐경 후 여성의 수면의 질을 개선하는 데 효과를 볼 수 있다.[23] 잠드는 것을 돕고, 숙면을 유지하며, 밤중에 자주 깨는 증상을 줄이는 데 유용할 수 있다. 다만, 효과가 나타나는 데 최대 4주가 걸릴 수도 있다.

- **사용 목적:** 수면 개선
- **과학적 효능 입증 수준:** 중간
- **권장 복용량:** 취침 1시간 전 400mg 복용. 주의 사항: 팅크제● 형태

● tincture, 허브나 약초 성분을 알코올(또는 때때로 글리세린)에 담가 유효 성분을 추출한 액상 형태의 농축 추출물

로는 스포이트 2~5회 분량

- **주의 사항:** 일반적으로 내약성이 우수하다. 일부 환자는 사용 다음 날 아침에 두통, 현기증, 복통 또는 피로감을 느낄 수 있다.

비식물 유래 성분

비타민 B군

비타민 B군 중 특히 비타민 B_{12}(코발라민), B_6(피리독신), B_9(엽산), B_5(판토텐산)은 세포 대사, 호르몬 생성, 심혈관 건강, 신경계 건강 유지에 필수적인 영양소로 사용되어 신체 내 요구량이 높다. 비타민 B군이 갱년기 홍조를 줄이는 데 도움을 준다는 반복적으로 입증된 연구 결과는 없지만, 스트레스를 완화하고[24] 골다공증 및 골절 위험을 낮추는 데 기여할 수 있다고 한다.

이 중에서도 비타민 B_{12}는 뇌 건강 유지에 매우 중요한 역할을 하며, 나이가 들수록 그 필요성이 더욱 커진다. 소량의 B_{12}는 장내 박테리아에 의해 생성되지만, 대부분은 음식을 통해 섭취해야 한다. 특히 엄격한 식물성 식단(비건)을 따르는 경우 동물성 식품을 전혀 섭취하지 않으므로, 폐경 여부와 관계없이 반드시 비타민 B_{12} 보충이 필요하다. 또한 50세 이상이거나 위염, 위산 감소, 크론병, 셀리악병•을 앓고 있거나, 당뇨약, 위산 억제제, 경구 피임약을 복용하는 경우, 주치의와 상의

- Celiac disease, 글루텐에 대해 자가면역 반응을 일으켜 소장에 염증이 발생하는 질환

하여 비타민 B 상태를 점검하는 것이 필요하다. 이러한 조건들은 비타민 B 흡수를 저하시킬 수 있으며, 3~4주간의 영양제 복용 후에도 혈중 수치가 개선되지 않는다면, 메틸화된 형태인 메틸코발라민과 메틸화된 엽산의 섭취를 고려할 수 있다.

- **사용 목적:** 스트레스 완화 및 인지 기능 지원
- **과학적 효능 입증 수준:** 중~높음
- **권장 복용량:** 인지 기능 향상을 위해 비타민 B_{12} 500mcg, 엽산 600~800mcg, 비타민 B_6 10~50mg을 식사와 함께 매일 섭취, 스트레스 완화를 위해서는 비타민 B_5 100mg 추가 복용
- **주의 사항:** 일반적으로 부작용이 거의 없으며, 현재까지 알려진 약물 상호작용도 없다.

칼슘과 비타민 D

폐경 후 여성의 골 건강을 위해 칼슘과 비타민 D 섭취가 널리 권장된다. 칼슘은 음식으로 섭취하는 것이 가장 좋으며, 대표적인 고칼슘 식품으로는 시금치, 콜리플라워, 케일, 브로콜리, 요거트, 아몬드, 뼈째 먹는 생선(통조림 정어리 등)이 있다. 그러나 식단만으로 충분한 칼슘을 섭취하기 어려운 경우, 칼슘 영양제가 필요할 수 있다. 비타민 D는 칼슘 흡수를 돕고 질 건조증 개선에 도움이 될 수 있다. 비타민 D의 주요 공급원은 햇빛이지만, 여러 가지 이유로 결핍 상태가 흔하기 때문에 영양제로 보충하면 도움이 될 수 있다.

- **사용 목적:** 골 건강 유지
- **과학적 효능 입증 수준:** 높음
- **권장 복용량:** 총 1,200mg의 칼슘(음식과 영양제 포함), 비타민 D 800~1,000IU
- **주의 사항:** 일반적으로 부작용이 적지만, 칼슘은 아스피린, 레보티록신(갑상선 호르몬제), 일부 항생제의 효과를 감소시킬 수 있으므로 복용 간격을 조절해야 한다.

마그네슘

마그네슘은 신경과 근육 기능을 지원하는 필수 미네랄이며, 수면 조절에도 중요한 역할을 한다. 마그네슘 영양제가 수면에 미치는 효과[25]는 일정하지 않지만, 조사 결과 많은 갱년기 및 폐경 후 여성들의 불면증 완화에 도움이 되었다.

- **사용 목적:** 수면 지원
- **과학적 효능 입증 수준:** 낮음
- **권장 복용량:** 취침 1시간 전 마그네슘 시트르산염을 최대 3g 복용할 수 있고, 마그네슘 크림도 사용할 수 있다.
- **주의 사항:** 일반적으로 부작용이 적지만, 묽은 변이나 설사를 유발할 수 있으며, 아스피린과 레보티록신(갑상선 호르몬제)의 효과를 감소시킬 수 있다.

멜라토닌

멜라토닌은 뇌에서 생성되는 호르몬으로, 수면 주기를 조절하는 역할을 한다. 멜라토닌 영양제는 잠드는 데 도움을 줄 수 있어서 불면증 치료를 위한 대표적인 수면 보조제로 사용된다. 한밤중에 자주 깬다면 서방형* 멜라토닌을 고려해볼 수 있다.

- **사용 목적:** 수면 지원
- **과학적 효능 입증 수준:** 높음
- **권장 복용량:** 취침 전 1~3mg, 최대 2주간 사용할 수 있고, 최대 복용량은 6mg이다.
- **주의 사항:** 단기간 권장 용량 내에서 사용 시 일반적으로 안전하지만, 진정제와 상호작용할 가능성이 있다.

오메가-3

오메가-3 지방산은 항염 작용을 하며, 심장과 뇌 건강을 지원하는 필수 지방산이다. 갱년기와 관련된 야간 발한[26]과 기분 저하[27]를 완화하는 데 효과가 있다는 일부 연구 결과가 있다. 임상 시험 결과에 변동은 있지만, 오메가-3 섭취는 뇌 위축 감소, 기분 개선, 기억력 향상, 치매 위험 감소와 연관성이 있는 것으로 나타났다.

- **사용 목적:** 야간 발한 완화, 인지 기능 지원

● 약물이 서서히 방출되어 혈중 농도를 일정하게 유지시키는 제제

- **과학적 효능 입증 수준:** 야간 발한 완화 효능은 낮고, 기분 및 인지 기능 지원은 중간~높음
- **권장 복용량:** DHA 500~1,000mg+EPA 300~500mg이 함유된 고순도 오메가-3 생선 오일 또는 해조류 오일 섭취
- **주의 사항:** 와파린, 헤파린과 같은 혈액 희석제와 중간 정도의 상호작용 가능성이 있으며, 과다 섭취 시 출혈 및 멍이 생길 위험이 있다.

비타민 E

비타민 E(토코페롤)는 지용성 비타민으로, 항산화 작용을 하면서 면역 체계를 지원하는 역할을 한다. 일부 임상 연구에서는 비타민 E를 4주간 보충했을 때 홍조 발생이 감소하는 것으로 나타났다.[28] 또한 유방암 환자에서 홍조 발생률이 35~40퍼센트 감소한 것으로 보고되었다.[29]

- **사용 목적:** 홍조 완화
- **과학적 효능 입증 수준:** 중간~높음
- **권장 복용량:** 800IU의 혼합 토코페롤 복합체(알파, 베타, 감마, 델타 토코페롤 포함)
- **주의 사항:** 와파린, 헤파린과 같은 혈액 희석제와 중간 정도의 상호작용 가능성이 있다. 심장병이나 당뇨병이 있는 경우 하루에 400IU 이상 복용하지 않도록 권장한다.

16장

스트레스 완화와 건강한 수면 습관

머리를 맑게 하는 방법: 스트레스는 줄이고 숙면하기

현대 사회는 생산성 극대화를 최우선 가치로 삼으며, 수면과 휴식을 뒷전으로 미루는 분위기를 조성한다. 직장 생활을 시작하거나 성공을 향해 나아가는 과정에서 많은 사람은 마치 잠을 자는 것이 성취를 방해하는 요소라고 착각하며, 얼마나 적은 수면으로도 버틸 수 있는지를 증명하려 애쓴다. 이런 환경에서 수많은 사람이 만성적인 스트레스와 수면 부족 상태에 놓이는 것은 어쩌면 당연한지도 모른다.

특히 여성들은 이러한 사회적 압박의 영향을 더욱 크게 받고 있다. 배우자, 어머니로서 좋은 돌봄 제공자가 되어야 함은 물론이고 사회 구성원으로서 능력까지 갖춘 비현실적인 '원더우먼' 역할을 요구받고 있다. 이로 인해 여성들은 남성보다 훨씬 높은 수준의 스트레스를 경험한다고 응답하는데,[1] 이는 대개 45세 무렵 가장 심하다. 이 시기는 많은 여성이 직장에서의 성장을 계속 추구하면서도 가정 내 주요 책임을 동시에 떠안게 되는 시기이기 때문이다. 결국 많은 여성이 '모든 것을 해낼 수 있다'는 이상적으로 포장된 메시지가 현실과는 거리가 멀다는 사실을 깨닫는다. 수많은 역할을 수행하는 과정에서 우리는 종종 제대로 된 인정도, 보상도, 충분한 지원도 받지 못한 채 그 무게를 홀로 감당해야 한다. 그러나 이럴 때일수록 자신을 **더욱** 세심히 돌봐야 한다. 하지만 현실은 수많은 의무와 피로 속에서 스스로를 돌볼 시간조차 허락되지 않는 경우가 많다.

대개 완전히 탈진하거나 건강에 문제가 생기고 나서야 비로소 수면과 내면의 평온이 얼마나 중요한지 다시 돌아본다. 그제야 우리는 수면과 휴식이 선택이 아니라 생존을 위한 필수 요소임을 깨닫고, 이를 마땅히 누려야 할 권리로 바라보게 된다. 많은 여성에게 이 중요한 깨달음은 갱년기를 맞이하는 시점에 비로소 찾아온다.

스트레스와 수면 부족은 갱년기의 적

스트레스는 마치 보이지 않는 암살자처럼 작용하며, 급성 스트레스acute stress와 만성 스트레스chronic stress 두 가지 형태로 나타난다. 급성 스트레스는 즉각적인 위험이나 고도의 긴장 상황에 대한 단기적인 반응이다. 예를 들어 교통사고가 날 뻔한 순간 아드레날린이 급상승하며 브레이크를 세게 밟아 충돌을 피하는 것이 이에 해당한다. 하지만 오늘날 만연한 만성 스트레스는 훨씬 더 교묘한 방식으로 우리를 지치게 만들며 강도가 약할 수는 있어도 끊임없이 지속된다. 출퇴근, 교통 체증, 사무실에 장시간 앉아서 근무하기, 빡빡한 일정, 끊임없는 메시지 알림, 뉴스 속보, 마감 기한에 쫓기는 삶, 끝없는 체크리스트 등 일상의 반복적인 요소들이 만성적인 스트레스의 근원이 된다. 이렇게 매일 반복되는 **만성 스트레스**는 우리 몸의 에너지를 서서히, 하지만 확실하게 고갈시킨다.

더 큰 문제는 이러한 스트레스 소모가 우리가 인식하지 못하는 사이에 문화적 '정상'이 되어버렸다는 것이다. 그러나 끊임없는 스트레스 노출은 우리 몸이 회복할 수 있는 능력을 점점 더 약화시킨다. 이러한 과부하 상태가 수년, 심지어 수십 년간 지속되면, 신체적·정서적·정신적으로 심각한 영향을 초래할 수밖에 없다. 하지만 여기서 반드시 알아야 할 점이 있다. 만성 스트레스는 단순히 정신적인 피로를 유발하는 것이 아니라, 실제로 우리 몸의 **호르몬 시스템**을 붕괴시키고 있다는 사실이다.

붕괴하는 방식은 이렇다. 우리 몸의 대표적인 스트레스 호르몬인 코르티솔은 성호르몬과 밀접하게 연결되어 있다. 그 이유는 우리 몸이 코르티솔과 성호르몬을 생성할 때 동일한 전구체인 **프레그네놀론**Pregnenolone을 사용하기 때문이다. 즉 신체는 필요에 따라 프레그네놀론을 코르티솔 생성에 사용할 것인지, 성호르몬 생성에 사용할 것인지 선택해야 하는 상황에 놓인다. 급성 스트레스가 발생하면, 우리 몸은 일시적으로 성호르몬 생산을 줄이고, 코르티솔을 더 많이 만들어 스트레스 상황에 대처한다. 이는 일시적인 변화일 뿐, 상황이 안정되면 다시 성호르몬 생성이 정상적으로 회복된다. 그러나 여기에는 함정이 있다. **만성** 스트레스에 지속적으로 노출되면, 코르티솔 수치는 장기간 높게 유지된다. 이로 인해 성호르몬 생성이 장기적으로 부담을 받게 되고, 이른바 '프레그네놀론 강탈pregnenolone steal'이 지속된다. 이러한 눈속임 같은 호르몬 불균형은 갱년기 홍조, 불안, 심지어 우울증까지 유발할 수 있다 코르티솔이 끊임없이 분비되고, 성호르몬이 바닥나는 악순환이 계속되면, 갱년기 증상은 걷잡을 수 없이 악화한다. 그때부터 우리는 정말 깊은 수렁에 빠져든다. 사소한 일에도 짜증이 치밀고, 감정이 산만해지며, 이성적인 판단을 하지 못하는 자신을 발견하게 된다. 마음 한구석이 텅 빈 것처럼 공허하고, 몸은 무겁고 나른해지며, 머릿속은 안개가 낀 것처럼 흐려져 도무지 생각이 정리되지 않는다. 어느새 열쇠는 사라지고, 이름이 떠오르지 않으며, 중요한 약속까지 잊어버리는 일이 빈번해진다. 그리고 결정적으로, 가장 필요한 순간에 수면조차 제대로 하지 못한다.

   스트레스가 누적된 상태가 오랫동안 지속되면, 결국 무너지는 순간이 오고야 만다. 점점 더 많은 연구에서 만성 스트레스와 수면 부족이 신체를 심각하게 공격할 수 있다는 사실이 밝혀지고 있다. 이 둘은 단순한 불편함을 넘어, 경미한 건강 문제부터 중대한 질병까지 다양한 질환의 주요 원인으로 작용한다. 면역력이 저하되어 감기나 감염에서 회복하는 능력이 떨어질 뿐만 아니라,[2] 심장병, 암, 심지어 치매 위험까지 증가할 수 있다. 대표적인 사례로 뇌 영상 연구에 따르면, 여성의 경우 지속적인 스트레스 속에서 살아가면 50세에 이르렀을 때 기억력이 감퇴하고,[3] 심지어 뇌가 위축될 가능성이 높아진다고 한다. 또한 충분히 휴식하지 못하면 신체 통증과 염증이 발생하고, 전반적인 삶의 질이 크게 떨어진다. 물론 일상 속에서 스트레스를 경험하는 것은 당연한 일이며, 때때로 불면을 겪을 수도 있다. 하지만 만성적인 스트레스와 수면 부족이 우리의 삶에서 기본적인 패턴이 되어서는 안 된다. 힘든 순간이 닥쳤을 때, 우리에게 필요한 것은 더 열심히 견디는 것이 아니라, **더 현명하게** 대처하는 것이다. 즉 맑은 사고력과 균형 잡힌 감정을 유지하기 위해서는 스트레스를 줄이고 수면을 최우선으로 삼는 것이 필수적이다. 다행히도, 특히 여성들에게 효과적이며 과학적으로 검증된 요법들이 있다. 이 방법들은 스트레스를 조절함과 동시에 회복을 위한 수면을 하도록 돕는다.

갱년기의 몸과 마음 달래기

우리는 손을 씻기 위해 비누를 사용하고, 이를 닦기 위해 치약을 쓰며, 머리를 감기 위해 샴푸를 사용한다. 하지만 정신 건강을 돌보기 위한 도구는 거의 없다. 단언컨대, 우리의 마음은 신체의 그 어떤 부분만큼이나 소중하고, 지극히 내밀한 존재다. 하지만 대부분의 사람들은 자신의 마음을 지키는 법을 배우지 못한 채 살아간다. 우리는 몸을 위해 좋은 음식을 먹고, 운동을 하고, 필요할 때 약을 복용하며 보살핀다. 우리의 마음과 내면의 균형도 그렇게 세심히 돌봐야 할 시간이다.

물론 많은 스트레스 요인을 완전히 제거하는 것은 불가능하다. 그러나 우리는 스트레스를 조절하는 법을 배우고, 조절법을 이용해 신체와 정신에 미치는 해로운 영향을 줄이며, 나아가 스트레스에 반응하는 방식을 바꿀 수도 있다. 이런 대처 기술은 삶의 도전에 맞서고, 잃어버린 자신감을 되찾으며, 내면의 균형과 조화를 이루는 데 꼭 필요하다. 동시에, 일부 심신 훈련과 치료법은 호르몬 균형을 돕고, 갱년기 증상을 완화하는 데도 효과가 있다. 이는 약물 치료를 피하고 싶은 사람들에게 특히 유용한 방법이 될 수 있다. 무엇보다도 기억해야 할 것은, 자기 돌봄은 결코 **이기적인 것이 아니라는 점**이다. **당신** 또한 소중한 존재다. 내가 나를 채워야, 비로소 누군가에게 나눠줄 수 있다.

요가

고대부터 오늘날까지, 요가는 전 세계적으로 다양한 형태로 발전하고 변화해왔다. 대부분의 요가 수련법은 신체 자세나 동작 시퀀스, 의식적인 호흡 조절, 그리고 현재의 순간에 집중하는 마음 챙김 기법을 포함하여, 내면의 안정과 웰빙을 증진하는 데 초점을 맞춘다. 여러 연구와 임상 시험에서, 최소 12주 동안 꾸준히 요가를 수련하면 갱년기와 관련된 심리적 증상, 특히 피로 완화에 긍정적인 영향[4]을 미치는 것으로 나타났다. 또한 여성들은 스트레스[5]와 불면 증상이 감소하는 경향을 보이며, 전반적인 신체 건강이 향상되고,[6] 홍조 발생 빈도 및 요로·질 건강 문제가 줄어드는 것으로 보고되었다.

명상과 마음 챙김에 기반한 스트레스 완화

수천 년 동안 전 세계 여러 문화권에서는 신체적·정신적·영적 웰빙을 위해 명상을 실천해왔다. 현대에 들어서면서, 우리는 명상이 스트레스 과부하로부터 우리를 보호하는 강력한 도구가 될 수 있다[7]는 사실을 점점 더 이해하게 되었다. 이는 뇌에서 걱정, 사고, 감정을 관장하는 영역의 활동을 조절하는 방식으로 작용한다.

갱년기와 관련된 이완 기법 중 가장 활발히 연구된 방법이 '마음 챙김 기반 스트레스 완화법Mindfulness-Based Stress Reduction, MBSR'이다. MBSR은 마음 챙김 명상, 요가, 그리고 '받아들이기'와 같은 다양한 활동을 결합하여, 현재 순간에 대한 인식을 기르는 데 초점을 둔다. 갱년기 혹은 폐경 이후 여성 110명을 대상으로 한 임상 시험에서, MBSR을 실천한 그룹은 삶의 전반적인 질[8]과 수면의 질이 향상되었으며, 스트레스와 불안 수준이 유의미하게 감소하는 결과를 보였다. 더욱 놀라운 점은, 일부 여성들에게는 MBSR과 인지 치료의 조합이 항우울제만큼이나 효과적으로 우울증 재발을 예방하는 데 기여했다는 것이다.[9] 그렇다. 우리 내면에서 스스로 할 수 있는 일이, 때로는 처방약만큼이나 강력한 힘을 가질 수 있다.

또 하나의 강력한 명상법으로 키르탄 크리야Kirtan Kriya를 추천한다. 이 명상법은 쿤달리니 요가 전통에서 유래한 챈팅 명상으로 특정한 소리 '**사아**Saa, **타아**Taa, **나아**Naa, **마아**Maa'를 반복하며, 손동작인 **무드라**mudra를 함께 수행하는 방식이다. 이 명상법은 12분밖에 걸리지 않는다.

키르탄 크리야는 단 8주 만에 염증을 줄이고, 기억력, 수면, 정신적 명확성을 향상하는 것으로 입증되었다.[10] 그렇다면 키르탄 크리야는 어떻게 하는 것일까?

먼저 바닥에 아빠 다리를 하고 앉거나, 의자나 소파에 편안히 앉는다. 목을 곧게 세우고 턱을 살짝 내린다. 부드러운 줄이 정수리를 위에서 당기는 느낌을 떠올린다. 손바닥을 위로 향하게 한 채 무릎 위에 가만히 둔다. 준비가 되면 '사아Saa 타아Taa 나아Naa 마아Maa'라고 읊조리기 시작한다. '사아'라고 말하며 엄지와 검지를 맞대고, '타아'에서는 엄지와 중지를, '나아'에서는 엄지와 약지를, '마아'에서는 엄지와 새끼손가락을 가볍게 맞댄다. 12분 동안 다음과 같은 순서로 진행하면 된다.

① 2분 동안 소리를 내어 읊는다.
② 2분 동안 속삭이듯 부드럽게 읊는다.
③ 4분 동안 조용히 마음속으로만 읊으며 내면에 집중한다.
④ 2분 동안 다시 속삭이듯 부드럽게 읊는다.
⑤ 2분 동안 처음처럼 소리를 내어 읊으며 마무리한다.

명상이 끝나면 깊게 숨을 들이마시며 두 팔을 위로 쭉 뻗는다. 내쉬면서 팔을 내리고 잠시 몸을 편안하게 이완한다. 나마스떼. 음악과 함께 명상을 하고 싶다면, 스포티파이, 유튜브 등 여러 플랫폼에서 관련 플레이리스트를 찾아볼 수 있다. 혼자서 진행할 경우, 인사이트 타이머 Insight Timer와 같은 앱을 활용하면 부드러운 소리 신호를 설정해 챈팅의 전환 시점을 알 수 있다.

요약하자면, 명상과 마음 챙김 훈련은 스트레스, 불안, 우울감을 줄이는 데 도움이 된다. 운동과 마찬가지로, 어떤 방식으로 명상할지는 개인의 선택이다. 다양한 명상법과 기법이 있으며, 헤드스페이스Headspace나 캄Calm 같은 명상 앱도 활용할 수 있으니 자신에게 가장 잘 맞는 방법을 찾아보자. 이를 운동처럼 여기고 새로운 '마음의 근육'을 키운다고 생각하며 꾸준히 실천하고, 그 과정을 기쁘게 받아들이면 된다.

최면

최면은 깊이 이완된 상태에서 집중력을 높이고, 정신적 이미지를 떠올리며 긍정적인 암시를 심어주는 심신 치료법이다. 여기서 '암시'란, 특정한 어려움이나 불편감을 완화하는 데 도움이 되는 긍정적인 메시지를 심어주는 것을 의미한다. 최면 요법은 북미폐경학회를 포함한 여러 전문 기관에서 갱년기 증상 치료법으로 추천하고 있다. 이는 안면 홍조를 완화하는 데 효과적이며, 부작용이 거의 없는 안전한 방법으로 평가된다.[11] 실제로 유방암 생존자를 대상으로 한 무작위 임상 시험에서 단 5회의 최면 치료만으로 안면 홍조의 강도와 빈도가 69퍼센트 감소한 것으로 나타났다.[12] 유방암 병력이 없는 여성들의 경우에도 최면 요법으로 안면 홍조가 50~74퍼센트 감소하는 효과가 나타났다.[13] 이는 매우 인상적인 결과이며, 동시에 수면의 질과 성적 욕구도 개선된 것으로 보고되었다.

그렇다면 최면 치료 전문가는 어떻게 찾을 수 있을까? 거주국의 국가 임상 최면 학회National Society of Clinical Hypnosis를 검색하여 갱년기 증상이나 항암 치료로 인한 인지 저하 및 기타 증상을 완화하는 데 특화된 최면 치료사를 찾아보자. 미국에 거주하는 경우, 미국 임상 최면

학회American Society of Clinical Hypnosis 공식 웹사이트에서 관련 전문가를 찾을 수 있다(https://www.asch.net/aws/ASCH/pt/sp/home_page).

인지 행동 치료

인지 행동 치료Cognitive Behavioral Therapy, CBT는 문제를 효과적으로 관리할 수 있도록 돕는 실용적인 전략과 대처 기술을 익히는 행동 중심의 심리 치료 방법이다. CBT는 교육, 동기 강화 상담, 이완 기법, 호흡 조절paced breathing 등의 기법을 결합하여 진행된다. CBT가 유용한 이유는 이러한 기술을 다양한 문제 해결에 적용할 수 있으며, 전반적인 삶의 질을 향상하는 데 도움이 되기 때문이다. 실제로 북미폐경학회에서는 안면 홍조, 갱년기 우울증 및 기타 증상 치료를 위해 CBT를 권장하고 있다.[14] CBT가 안면 홍조의 빈도를 줄이는 것과 직접적인 연관이 있지는 않지만, 홍조의 강도와 불편감을 완화하는 데 도움이 되는 것으로 나타났다. 거주국의 주요 전문 학회 웹사이트에서 공인된 CBT 치료사 목록을 확인할 수 있다. 미국의 경우에는 미국 인지·행동 심리학 인증위원회American Board of Cognitive and Behavioral Psychology 웹사이트에서 공인된 치료사 정보를 찾을 수 있다(https://services.abct.org). 영국에 거주 중이면 CBT Register UK에서 공인된 치료사를 검색할 수 있다(www.cbtregisteruk.com).

호흡 조절과 이완 훈련

바이오피드백,* 마사지, 그리고 다양한 이완 기법들은 갱년기 증상을 완화하는 데 활용되어왔다. 일부 임상 연구에서는 이러한 기법이 안면 홍조의 빈도를 줄이고, 스트레스와 피로를 완화하는 데 도움이 되는 것으로 나타났다. 다만, 요가, 최면 요법, 인지 행동 치료CBT와 비교하면 연구의 정밀도가 다소 낮은 편이지만, 효과를 확인하는 가장 좋은 방법은 직접 시도해보는 것이다. 특히 호흡 조절 또는 횡격막 호흡은 느리고 고른 호흡을 통해 신체적·감정적 반응을 진정시키는 방법이다. 횡격막은 폐 바로 아래에 위치하면서 폐와 위 사이를 가르는 근육막인데, 이 아래쪽에서 호흡하면 폐활량이 증가하여 더 많은 산소를 공급할 수 있으며, 자연스럽게 몸을 진정시키는 효과를 가져온다. 호흡 조절을 규칙적으로 연습하면 긴장을 풀고 안면 홍조를 완화하는 데도 도움이 될 수 있다. 하루 세 번, 20분씩 실천하면 가장 효과가 좋지만, 시간이 부족하다면 하루 10~15분 정도부터 시작해도 된다. 안면 홍조가 갑자기 나타날 때 곧장 5분 정도 실천하면 증상을 완화하는 데 도움이 될 수 있다.

방법은 매우 간단하다.

① 천천히 배로 숨을 들이마시며 다섯까지 센다.
② 숨을 내쉬면서 다시 다섯까지 센다.

침술

침 치료는 전통 중국 의학Traditional Chinese Medicine, TCM의 핵심 요소

- 신체의 심박수, 근육 긴장, 피부 온도와 같은 생리적 반응을 실시간으로 측정하고 시각적·청각적 피드백을 제공해 스스로 조절할 수 있도록 돕는 기법

중 하나이다. 숙련된 치료사가 부드러운 압력이나 가느다란 침을 사용하여 신체의 특정 경락 혹은 에너지가 흐르는 통로를 자극함으로써 질병과 통증을 완화하는 치료법이다. 현재까지 침 치료가 갱년기 증상을 완화하는 데 효과적이라는 과학적 근거는 제한적이지만, 숙련된 전문가가 시술할 경우, 약물을 사용하지 않는 자연적인 대안 치료법이 될 수 있다.

아로마테라피

아로마테라피(또는 에센셜 오일 요법)는 자연에서 추출한 방향성 식물 성분을 이용하여 신체적·심리적 균형을 조절하는 요법이다. 라벤더, 버베나 같은 일부 향기로운 오일은 불안을 줄이고 이완을 촉진하는 효과가 있다고 알려져 있다. 다만, 아로마테라피가 갱년기 증상을 단독 치료하는 방법으로 충분하다는 과학적 근거는 아직 부족하다. 하지만 스트레스와 불안을 완화하는 보조 요법으로는 도움이 될 수 있다.

스트레스를 줄이는 또 다른 방법

수다 떨기

뇌는 우리 몸의 스트레스 반응에서 중요한 역할을 한다. 이는 코르티솔과 아드레날린 두 가지 호르몬의 분비를 조절함으로써 이루어진다. 스트레스가 닥치면 코르티솔과 아드레날린이 혈압과 심박수를 높여 몸이 반사적으로 주먹을 날리거나 도망칠 태세를 갖추게 한다. 이

것이 바로 널리 알려진 '싸움-도망fight-or-flight' 반응으로, 남녀 모두 위험한 상황이나 일상적인 스트레스 상황에서 겪게 되는 반응이다. 하지만 여성의 뇌는 남성과 조금 다르게 작용한다. 연구에 따르면, 코르티솔과 아드레날린이 혈류를 가득 채울 때, 여성의 뇌에서는 '사랑의 호르몬'인 옥시토신이 분비된다. 이 호르몬은 폭풍 속에서 중심을 잡아주는 역할을 하며, 스트레스 상황에서도 평온함을 유지하도록 돕는다.

과학자들은 옥시토신의 분비가 여성만의 독특한 스트레스 반응, 즉 '보살피고 유대감 형성하기tend-and-befriend' 행동과 관련이 있을 것[15]이라고 추측한다. 이 반응은 수렵·채집 사회에서 여성들이 임신 중이거나, 아이를 돌보거나, 노인을 부양해야 하는 상황에서 생존 전략으로 진화했을 가능성이 크다. 싸우거나 도망치는 것이 어려운 상황에서는, 아이를 더욱 세심하게 돌보고tending, 다른 여성들과 협력하여befriending 공동의 생존 가능성을 높이는 방식으로 대처했던 것이다. 이러한 반응은 스트레스가 닥칠 때 자연스럽게 다른 사람들과 연결되어 서로를 지키려는 본능을 보여준다. 특히 함께 보호해야 할 이들이 있을 때, 다른 보호자들과 유대감을 형성하며 공동의 안전을 확보하려는 경향이 더욱 두드러진다.

이러한 행동이 갱년기와 어떤 관련이 있을까? 안면 홍조 때문에 겹겹이 입은 옷을 벗어 던지거나, 마트에 가서 "내가 여기 왜 왔더라?" 하고 멍해질 때, 똑같이 땀을 흘리거나 깜빡하는 다른 여성들과 묘한 동질감을 느낄지도 모른다. 이미 갱년기를 겪고 지나온 여성들과 이야기하다 보면, 그들이 어떻게 이 시기를 헤쳐나갔는지 들으며 위로를 받을 수도 있다. 자신의 증상에 대해 다른 여성들과 이야기하고, 함께 웃고 떠드는 것만으로도 유대감이 생기고 '나만 이런 게 아니구나' 하는 안도감을 얻을 수 있다. 친구에게든, 엄마에게든, 멘토에게든, 혹은 마트에서 우연히 만난 친절한 아주머니에게든, 당신의 경험을 이야기해보자. 이렇게 나누는 대화 속에서 연대감과 위로를 얻을 수 있을 뿐만 아니라, 현실적인 조언도 들을 수 있다. 예를 들어 "여러 겹 겹쳐 입을 수 있는 옷을 입어야 한다"라든지, "합성 소재 속옷은 **절대** 피해"와 같은, 작지만 실용적인 팁 말이다.

나만을 위한 지원군 만들기

믿고 의지할 수 있는 사람들을 곁에 두는 것만으로도 스트레스를 줄이는 훌륭한 전략이다. 그러므로 지금 이 시기에, 그리고 인생의 다른 모든 단계에서 자신이 최상의 상태를 유지하는 데 어떤 도움이 필요한지 생각해보자. 믿고 이야기할 수 있는 친구나 가족뿐만 아니라, 갱년기와 관련된 모든 세부 사항에 관해 편하게 대화할 수 있는 가정의학과 의사나 산부인과 전문의가 반드시 필요하다. '갱년기 멘토' 역시 중요한 역할을 할 수 있다. 그러니 지금 내게 어떤 도움이 필요한지 스스로에게 물어보자. 믿고 의지할 사람들을 곁에 두고 끝까지 버텨내며 이 과정을 당당히 헤쳐나가자! 이 책 또한 그러한 역할을 하기를 기대한다.

의료계 전문가들의 도움을 받을 수 있는 환경이라면 전문적인 다양한 지원을 활용할 수 있다. 물론 모든 사람에게 전문가의 도움이 필요하지는 않지만, 특정한 문제가 있다면 이러한 자원들을 활용하는 것이 유용할 수 있다.

- **가정의학과 의사 또는 정신 건강 전문가:** 우울감이나 불안을 느낀다면, 주치의 또는 심리학자, 치료사, 정신과 의사와 상담하는 것이 좋다.
- **갱년기 코치나 상담사:** 갱년기 과정에서 겪는 다양한 변화를 이해하고 적응할 수 있도록 돕고, 적절한 의사를 추천하며, 요가 강사, 침 치료사 등의 정보를 제공해줄 수 있다.
- **물리치료사:** 관절 통증 완화부터 골반저 근육 재활까지 다양한 신체적 불편을 개선하는 데 도움을 준다.
- **운동 트레이너:** 안전하고 효과적인 신체 활동을 돕는 전문가로, 복싱 코치는 분노와 좌절을 해소하고, 요가 강사는 심신의 균형을 찾는 데 도움을 줄 수 있다.
- **영양사 또는 식이요법 전문가:** 건강하면서도 맛있는 식단을 계획하는 데 도움을 준다. (14장에서 다루는 우선적으로 섭취해야 할 음식에 대한 정보도 제공한다)

각자의 상황에 따라 활용할 수 있는 자원이 다르겠지만, 과학적으로 입증된 방법을 선택하는 것이 가장 중요하다. 직접 실천하든, 전문가의 도움을 받든 마찬가지다.

갱년기를 극복한다고 주장하는 각종 무작위 도구나 영양제, 젤리 같은 것들에 시간과 돈을 낭비하는 경우가 너무 많다. 물론 모든 사람이 다양한 의사나 전문가를 만날 필요는 없고, 그럴 환경이 아닐 수도 있다. 하지만 누구나 검증된 조언과 전문 지식을 활용할 수 있으며, 그것이 바로 이 책이 제공하는 핵심 내용이다.

내가 원하는 건 오직 숙면!

우리의 건강을 위해 사회는 우리가 깨어 있는 동안 무엇을 먹고, 마시고, 어떻게 활동하는지에 집중하지만, 실제로 '수면의 질'이 우리의 건강을 훨씬 더 좌우할지도 모른다. 몇 시간 자는 것이 가장 이상적인지에 대한 연구 결과는 다소 엇갈리지만, 하루를 위한 '재충전'과 '스트레스 해소'를 위해서는 대략 8시간 정도의 숙면이 필수적이다. 문제는 바쁜 현대인의 삶에서 잠들기 전에 몸과 마음을 가라앉히는 것 자체가 하나의 과제가 되어버렸다는 점이다. 깊이 잠든 상태를 유지하는 것 또한 쉽지 않다. 자신만의 수면 루틴을 만들고 이를 지키는 것은 몸과 마음이 자연스럽게 잠에 빠져들도록 돕는 효과적인 방법이다. 중요한 것은, 각성을 유발하는 활동이 아니라 이완을 돕는 활동을 선택하는 것이다. 규칙적인 루틴을 유지하면 몸과 마음이 자연스럽게 수면 모드로 전환될 수 있다. 아래 방법들을 따라해보면 더 깊고 편안한 숙면을 위한 수면 습관을 형성하고, 잠들기 전 몸과 마음을 부드럽게 이완하는 데 도움이 될 것이다.

어두운 환경 조성하기

멜라토닌은 뇌의 송과선에서 생성되는 자연 호르몬으로, 체내에서 '이제 쉴 시간'임을 알리는 역할을 한다. 하지만 강한 빛에 노출되면 멜라토닌 분비가 줄어들어, 몸이 혼란을 겪을 수 있다. 우리의 몸은 어두운 밤에 잠들고, 태양과 함께 깨어나는 생체 리듬에 맞춰 진화해왔다. 따라서 취침 1시간 전부터 조명을 어둡게 하면, 뇌가 자연스럽게 휴식 상태로 전환되는 데 도움이 된다. 침실을 완전히 어둡게 유지하거나 최소한의 빛만 남기는 것도 숙면을 돕는 효과적인 방법이다. 만약 완전한 어둠이 어렵다면, 안대를 활용하는 것도 좋은 대안이 될 수 있다.

적절한 온도와 편안한 분위기 만들기

잠이 드는 과정에서 체온이 약간 낮아지는 것이 자연스러운 반응이다. 하지만 실내 온도가 너무 높으면 체온을 충분히 낮추지 못해 잠들기 어려울 수 있다. 따라서 침실 온도를 시원하고 쾌적하게 유지하는 것이 중요하다. 이상적인 온도는 섭씨 약 20도(화씨 67도)로, 이 온도는 안면 홍조 완화에도 도움이 될 수 있다. 가벼운 면 소재의 잠옷을 입는 것도 체온을 조절하는 데 효과적이다.

편안한 수면 분위기를 조성하는 것도 중요하다. 침실을 휴식하기 어려운 공간으로 만들지는 말자! 부드러운 조명, 포근한 베개, 따뜻한 이불, 편안한 색감, 정돈된 공간은 침실을 완벽한 수면을 위한 안식처로 바꿔줄 수 있다. 소란스러운 바깥 세상에서 벗어나 온전히 휴식하고 재충전할 수 있는 공간을 만들어보자. 조용한 환경을 유지하는 것도 중요하다. 주변 소음이 신경 쓰인다면 백색소음을 활용하는 것도 한 방법이다. 만약 파트너의 뒤척임이나 코골이 때문에 수면이 방해된다면, 귀마개를 활용해 숙면을 돕는 것도 고려해볼 수 있다.

내일 만나, 휴대폰

스마트폰, 태블릿, 컴퓨터, TV에서 벗어나는 것이 쉽지 않지만, 이들 기기가 내뿜는 블루라이트는 우리의 몸에 '깨어 있어야 한다'는 신호를 보낸다. 이 신호는 단순한 심리적 반응이 아니라 실제로 일어나는 물리적 반응이다. 블루라이트는 몸이 스스로 불러주는 '자장가 호르몬'인 멜라토닌의 분비를 억제하는 반면, 코르티솔과 아드레날린의 분비를 급증시킨다. 이 호르몬들은 마치 '잠들지 마!'라고 외치며 몸을 **깨우고 각성 상태를 유지**하도록 강하게 몰아붙인다. 게다가 이러한 호르몬 급증이 다시 급격히 떨어지는 과정은 몸의 전체적인 균형을 무너뜨린다. 특히 갱년기에는 이런 변화가 몸의 균형을 완전히 깨뜨릴 수 있어, 그야말로 위험한 상황을 자초하는 셈이다. 전자 기기 사용에 일정한 '커트라인'을 두는 것은 뇌에 휴식을 준비하라는 신호를 보내는 효과적인 방법이다. 최소 취침 1시간 전에는 스마트폰, 컴퓨터, TV와 거리를 두고 편안한 수면을 준비하자. 이로써 수면을 다시 건강 관리의 우선순위로 되돌리겠다는 다짐을 하는 것이다. 만약 자꾸 이메일이나 메시지를 확인하고 싶은 생각이 든다면, 비행기 모드나 방해 금지 모드를 설정하고 세상과 잠시 떨어져 지내는 것도 방법이다. 만약 밤마다 스마트폰을 손에서 놓지 못했던 사람이라면, 15장에서 다룬 멜라토닌 영양제나 다른 수면 보조제를 활용해 생체 리듬을 다시 조절하는 것도 고려해볼 수 있다.

더 나은 수면을 위한 루틴 만들기

우리 몸은 일정한 루틴에 따라 수면을 조절하는 것을 좋아한다. 매일 같은 시간에 잠자리에 들고, 같은 시간에 일어남으로써 몸이 원하는 최상의 리듬이 만들어진다. 한밤중에 잠에서 깼다면 부드럽게 다시 휴식 모드로 전환하는 것이 중요하다. 불을 켜지 말고 조명을 최소한으로 유지하고, 수면 명상, 차분한 음악 또는 너무 흥미롭지 않은 오디오북을 활용해 다시 이완할 수 있도록 해보자. 만약 무드등을 사용한다면, 강한 불빛은 피하고 부드러운 주황색 톤의 조명을 선택하는 것이 좋다.

생각 정리하기

머릿속을 비우는 것도 도움이 된다. 잠들기 전에 생각을 글로 적어두면 마음이 한결 편안해진다. 내일 해야 할 일 목록을 적거나, 감사한 일들을 기록해보자. 오늘 하루를 일기로 정리하면, 머릿속을 깨끗이 비우고 편안한 밤을 맞이할 수 있다. 한번은 남편이 기념품으로 '걱정 인형worry dolls'을 선물해준 적이 있다. 이것은 과테말라의 마야 전설에서 유래한 작은 수제 인형들로, 아이들이 잠들기 전에 인형에게 걱정거리를 하나씩 이야기한 뒤, 베개 밑에 넣고 자면 다음 날 아침에는 인형이 지혜로운 해결책을 가져다준다고 한다. 어른들에게는 작은 인형 대신 멋진 노트 한 권이 그 역할을 대신할 수 있다.

명상하며 마음 돌보기

또 다른 방법은 수면 명상을 실천하며 하루 동안 쌓인 스트레스를 해소하는 것이다. 처음에는 잠들기 전 몇 분 정도만 해보고, 점차 시간을 늘려 15~20분 이상으로 연습해 나가면 된다. 가장 좋은 점은 이를 위해 따로 수업을 듣거나 외출할 필요가 없다는 것이다. 조용한 공간에서 편안하게 앉아 몸과 마음을 가라앉히기만 하면 된다. 명상을 처음 시작하는 데 도움이 필요하다면, 헤드스페이스나 캄 같은 앱을 활용해볼 수 있다. 이 앱들은 무료 체험 기간을 제공하므로 부담 없이 시도해볼 수 있다. 스포티파이와 유튜브에서도 다양한 명상 가이드를 찾을 수 있으며, 오디오북을 활용하는 것도 좋은 방법이다. 추천할 만한 책으로는 람데시 카우르Ramdesh Kaur의 『고요를 찾아 가는 여정Journey into Stillness』, 잭 콘필드Jack Kornfield의 『처음 만나는 명상 레슨Meditation for Beginners』, 존 카밧진Jon Kabat-Zinn의 마음 챙김 명상『그곳에 네가 있다 Wherever You Go, There You Are』가 있다.

만약 명상이 잘 맞지 않으면, 음악을 활용하는 방법도 좋다. 자장가처럼 부드러운 음악은 선율과 리듬에 집중하게 만들어 수면을 돕는다. 일부 음악은 심박수를 낮추고 호흡을 안정시키는 효과까지 있다. 특히 분당 60bpm 정도의 느린 곡이 효과적이다. 좋아하는 음악을 미리 플레이리스트로 만들어두거나, 파도 소리나 귀뚜라미 소리 같은 자연의 소리를 들으며 휴식하는 것도 좋다.

가능하면 수면제는 피하기

시중에서 판매하는 수면 보조제, 벤조디아제핀 계열의 약, 많은 여성이 선호하는 디펜히드라민(베나드릴) 같은 항히스타민제는 수면 문제를 해결하는 효과적인 방법이 아니다. 일시적으로 잠들게 할 수는 있지만, 장기적으로는 효과가 지속되지 않을 뿐만 아니라 다른 부작용을 유발할 가능성이 높다. 이러한 약물에 의존하기 전에 우선 체크리스트를 점검해보자. 수면 습관을 개선하고, 스트레스를 줄이며, 운동과 식단 조절을 시도하고, 보충제를 활용하는 것부터 시작하는 것이 좋다. 그래도 문제가 해결되지 않는다면, 갱년기 증상을 완화하는 특정 처방약이 일반적인 수면제보다 더 효과적일 수 있다. 예를 들어, 호르몬 대체 요법HRT이나 저용량 항우울제가 도움이 될 수 있다. 수면 전문의나 수면 상담사를 찾아가 자신에게 가장 적합한 해결책을 상담해보는 것도 고려해볼 만하다.

17장

피해야 할 환경 독소와 에스트로겐 교란 물질

호르몬 교란을 일으키는 화학 물질

환경 독소라고 하면 흔히 핵발전소, 연기를 내뿜는 공장, 산불 같은 극단적인 사례를 떠올리기 쉽다. 하지만 실제로 문제는 훨씬 더 은밀하고 일상적인 곳에서 발생한다. 심각한 대기 오염이 발생하면 즉각적인 조치가 이루어지지만, 일상적으로 지속되는 저농도의 환경 오염은 모니터링되지 않은 채 방치되어 수백만 명의 사람들이 이에 장기적으로 노출되고 있다.

독성 물질은 다양한 경로를 통해 대기 중으로 유입되며, 결국 우리가 들이마시는 공기에 포함된다. 산업 배출물, 자동차 배기가스, 난방

설비, 산업 기계, 발전소, 연소 엔진 등에서 발생하는 유독 가스는 잘 알려진 건강 위험 요인이지만, 사실 가장 큰 문제는 우리가 집 안에서 매일 사용하는 생활용품, 화장품, 심지어 음식을 통해 무의식적으로 흡수하는 독소이다. 독성 물질은 생각보다 훨씬 광범위한 곳에 존재한다. 독성 물질들은 음식과 물을 보관하는 플라스틱뿐만 아니라, 우리가 섭취하거나 피부로 흡수할 수 있는 다양한 제품에도 포함되어 있다. 농작물을 재배할 때 사용하는 제초제, 살충제, 성장 촉진제에도 들어 있으며, 농업과 제조업에 의해 오염된 상수원에서도 검출된다. 그뿐만 아니라 의류, 자동차, 장난감, 가구에는 난연제(불에 잘 안 타는 물질)가 들어 있다.

지난 70년 동안 약 10만 개의 새로운 화학 물질이 우리의 식품과 상수원을 통해 환경으로 방출되었다.[1] 이 중 적어도 85퍼센트는 인체에 미치는 건강 영향 테스트를 한 번도 한 적이 없으며, 안전성조차 확인되지 않았다. 이미 연구된 물질 중에서도 최소 800여 개의 화학 물질이 호르몬을 비롯한 인체 건강에 악영향을 미칠 가능성이 높거나, 이미 유해성이 밝혀진 상태이다.[2]

이러한 물질들은 내분비 교란 물질Endocrine-Disrupting Chemicals, EDCs 또는 호르몬 교란 물질이라고 불린다. 이름에서 알 수 있듯이, 이들은 우리 몸의 호르몬 체계를 심각하게 교란한다. EDCs는 자연적으로 생성되는 호르몬을 흉내 내는 화학적 오염 물질로, 교묘하게 몸에 침투해 세포 간 신호 전달을 엉망으로 만든다. 특히 대부분의 EDCs는 에스트로겐을 모방하는 성질을 가지는데, 이런 물질을 제노에스트로겐

xenoestrogens, 즉 '외인성 에스트로겐'이라고 부른다. 쉽게 말해, 에스트로겐의 사악한 쌍둥이 같은 존재. 제노에스트로겐은 에스트로겐 수용체에 혼란스러운 신호를 보내 생식 시스템 전체에 호르몬 불균형을 유발하는데,³ 이는 성조숙증, 유산, 불임, 자궁내막증, 심지어 일부 암과도 연관이 있다. 더 심각한 문제는 제노에스트로겐이 체내로 쉽게 흡수된다는 점이다. 우리 몸에서 자연적으로 생성되는 에스트로겐보다 훨씬 높은 농도로 축적되어 내분비계의 기능을 손상시킬 뿐만 아니라 신경계에도 악영향을 미친다. 더 안타까운 사실은, 이들 화학 물질 중 수백 가지가 **뇌**에도 독성을 띠고 있다는 점이다.⁴ 최근 몇 년 사이, 대기 오염만으로도 중대한 건강 위험 요소로 인정받았으며,⁵ 뇌졸중과 치매의 새로운 위험 요인으로 밝혀졌다. 이와 비슷한 우려가 많은 다른 화학 독소에서도 제기되고 있다.

이 주제에 대한 철저한 연구가 계속 진행 중이며, 지금까지 밝혀진 사실은 다음과 같다.

- 호르몬 교란 물질은 극소량만으로도 건강에 해를 끼칠 수 있다. 낮은 농도라도 제노에스트로겐에 지속적으로 노출되면 어린이와 여성, 특히 임산부에게 심각한 영향을 미칠 수 있다.⁶ 실제로 많은 아기가 이미 수백 가지 환경 독소를 몸에 지닌 채 태어나고 있다. 미국 소아과학회는 유아와 어린이의 환경 오염 물질, 특히 플라스틱에 대한 노출을 최소화할 것⁷을 권고하고 있다.
- 호르몬 교란 물질은 체지방에 축적된다. 여성은 남성보다 체지방 비율이 더 높으므로 이러한 독소를 더 많이 저장한다.⁸ 특히 유방 조직

에서 가장 높은 농도로 검출되기에, 유방암 발병 위험 증가와도 연관이 있다.
- 이렇게 축적된 독소의 영향은 수년간 지속될 수 있으며, 심한 경우 평생 남아 있을 수도 있다.
- 많은 인공 화학 물질이 한 번 배출되면 수십 년 동안 그대로 잔류한다. 예를 들어 1972년 미국에서 사용이 금지된 살충제 DDT는 여전히 토양에서 검출되고 있으며, 해당 물질 사용이 중단된 이후 태어난 사람들의 혈류에서도 발견된다. 수백 년 동안 분해되지 않는 대표적인 화학 물질에는 모두가 잘 알고 있는 플라스틱이 있다.
- 오염 물질은 체내 축적 과정을 통해 우리 몸 안에서 농도가 점점 높아진다. 이는 우리가 노출될 때마다 몸속에 점점 더 많은 양이 축적된다는 뜻이다. 이는 인간에게만 해당하는 문제가 아니다. 동물들 역시 체내에 독소를 저장하고 있으며, 특히 가축의 경우 이 독소가 우리가 섭취하는 고기나 유제품에까지 이어진다는 점이 더욱 우려된다.

전반적으로 우리는 호르몬 균형을 심각하게 무너뜨릴 수 있는 수천 가지 물질에 끊임없이 노출되고 있다. 그중 주요 물질은 다음과 같다.

- **담배 연기:** 니코틴뿐만 아니라 비소, 1,3-부타디엔, 일산화탄소 등의 유해 물질이 포함되어 있으며, 추가로 니트로사민, 알데히드 등 다양한 화학 물질이 함유되어 있어 각종 암 발병 위험을 증가시킨다.
- **비스페놀 A BPA:** 생수병, 플라스틱 용기, 열 감지 코팅지(영수증 용

지), 캔 내부 코팅, 플라스틱 식기와 컵 등 다양한 플라스틱 제품에서 발견된다.
- **프탈레이트:** 비닐 바닥재, 샤워커튼, 식품 포장재, 어린이 도시락통, 장난감, 치발기 등 부드러운 플라스틱 제품에 사용되며, 향수와 각종 바디케어 제품에 포함되기도 한다.
- **PFOA와 PTFE:** 프라이팬이나 조리 기구의 코팅과 내벽에서 발견되며, 가열 시 방출된다.
- **브롬화 및 유기인계 난연제:** 카펫, 폼 소재 가구, 바닥 광택제, 네일 폴리시, 의류 및 기타 섬유 제품에서 발견된다.
- **살충제 및 농약:** 벌레 퇴치제, 흰개미 방제, 잔디 및 정원 관리 제품, 반려동물의 벼룩 및 진드기 방지제 등에 포함된다.

일상에서 환경 오염 물질을 줄이는 방법

한 사람이 독소에 대한 모든 노출을 통제하거나 완전히 없앨 수 없으며, 환경 관련 보건 정책을 단독으로 바꿀 수도 없다. 하지만 변화는 우리의 삶의 방식을 바꾸고 다음 세대를 어떻게 키우느냐에서 시작된다. 이 책임이 버겁게 느껴질 수도 있지만, 큰 과제를 작은 과제로 나누어 실천하면 더욱 현실적으로 접근할 수 있다. 한 발 물러서서 매일 환경과 건강을 고려한 선택을 조금씩 실천한다면, 충분히 변화를 만들어 낼 수 있다. 일부 대안은 전기차나 태양광 패널처럼 비용이 많이 들 수도 있다. 하지만 그렇지 않은 방법도 얼마든지 있다.

반드시 금연하기

흡연이 암, 폐 질환, 심장병과 관련이 있다는 인식이 높아지고 있음에도 불구하고, 여전히 흡연은 전 세계적인 공중보건 문제로 남아 있다. 미국에서만 매년 흡연으로 인한 사망자가 HIV, 불법 약물 사용, 알코올 중독, 교통사고, 총기 사고로 인한 사망자를 **모두 합친 것**보다 많다.[9] 그럼에도 불구하고 여전히 미국 성인의 약 20퍼센트, 즉 약 6천만 명이 흡연을 하고 있으며, 놀랍게도 어린이들을 포함한 8,800만 명[10]의 비흡연자가 간접 흡연(2차 흡연)과 3차 흡연에 노출되어 있다.

흡연의 부정적인 영향은 끝이 없다. 하지만 많은 사람이 흡연이 잘 알려진 위험성 외에 호르몬에도 심각한 악영향을 미친다는 사실을 깨닫지 못하고 있다. 사실, 생활 습관 요인 중에서도 난소에 가장 큰 손상을 주는 것은 바로 흡연이다. 예를 들어, 젊은 여성의 경우 흡연자는 비흡연자보다 월경통이 심할 확률이 훨씬 높고, 불임 위험도 커진다.[11] 이는 니코틴이 체내에서 테스토스테론을 에스트로겐으로 전환하는 과정을 방해하여 난소가 에스트로겐을 충분히 공급하기 어렵게 만들기 때문이다. 그 결과, 흡연은 호르몬 관련 증상을 **더욱 악화**시키는 원인이 된다. 갱년기에 접어들면, 흡연은 그 누구도 피하고 싶어 하는 증상들을 더욱 증폭시킨다. 안면 홍조, 불안, 기분 변화, 불면증이 비흡연 여성보다 훨씬 더 강하고[12] 빈번하게 나타난다.

게다가 흡연은 에스트로겐 수치를 더 빠르게 떨어뜨려 갱년기를 **앞당기는 역할**을 한다. 연구에 따르면, **살면서** 100개비(약 5갑) 이상 담배를 피운 여성[13]은 비흡연자에 비해 40대에 갱년기를 겪을 위험이 26퍼센트 더 높다. 즉 흡연은 조기 폐경을 유발할 뿐만 아니라 그 증상까지 더욱 악화시키며, 동시에 에스트로겐이 주는 유익한 효과까지 빼앗아 버린다. 이렇게 본다면, 흡연은 그야말로 손해만 남는 최악의 선택이다. 여기에 더해, 호르몬 대체 요법을 받는 여성의 경우, 흡연은 심장병 위험을 더욱 높인다.

더 나쁜 것은, 비흡연자라 하더라도 흡연자의 담배 연기에 자주 노출된다면 위에서 언급한 모든 위험이 그대로 적용된다는 점이다. 그러므로 담배 연기를 피하고, 주변 사람들이 금연하도록 권장하는 것이 모든 사람의 건강을 지키는 데 중요하다. 금연과 간접 흡연 노출 감소는 전반적인 건강을 획기적으로 개선하고, 기분을 안정시키며, 에너지를 높이고, 수면의 질을 향상하는 효과가 있다. 이러한 이점들을 고려하면, 금연은 그 어떤 선택보다도 가치 있는 변화라 할 수 있다.

많은 의료 전문가들은 완전한 금연을 위해 행동 요법과 약물 치료를 병행하는 것이 효과적일 수 있다고 말한다. 니코틴 대체 요법NRT, 앞서 설명한 인지 행동 치료CBT, 항불안 효과가 있는 항우울제, 운동, 침 치료 등이 도움이 될 수 있다. 또한 미국 암학회, 미국 폐협회, 미국 국립암연구소에서는 금연을 돕는 온라인 자료와 상담 지원 서비스를 제공하고 있다. 마지막으로, 항산화제가 풍부한 건강한 식단을 유지하는 것도 중요하다. 필요할 경우 비타민 C와 E 보충제를 추가하는 것이 도움이 될 수 있다. 이는 흡연자뿐만 아니라 금연자, 간접 흡연에 노출된 사람들에게도 필수적인 건강 관리 방법이다.

실내 공기 정화하기

실내 공기 청정기는 특히 집에서 담배 연기에 노출되거나, 교통량이 많은 지역이나 산업 지대에 거주하는 경우 반드시 투자할 가치가 있다. 또한 건축 자재, 가구, 전자제품에서 방출되는 독소와 세제, 살충제, 바디 제품, 화장품 속에 숨어 있는 수백 가지 화학 물질을 고려하면, **실내 공기**가 외부 공기만큼이나 오염될 수 있다.

실내 오염을 줄이는 또 다른 방법은 공기 정화 식물을 들이는 것이다. 몇 가지 식물들은 포름알데하이드, 자일렌, 톨루엔, 벤젠, 클로로포름, 암모니아, 아세톤 등 실내에서 흔히 발견되는 휘발성 유기 화합물(VOCs)을 줄이는 데 도움이 된다. 산세베리아, 스파이더 플랜트, 스파트필름, 스킨답서스 등이 대표적인 공기 정화 식물이다.

친환경 가정용품 사용

우리가 사용하는 가정용 세제는 모든 표면에 잔여물을 남기고, 침구와 패브릭 가구에 스며들며, 우리가 호흡하는 공기에도 영향을 미친다. 결국 우리는 하루 종일 이 화학 물질을 섭취하고, 흡입하며, 피부를 통해 흡수하는 것이다. 친환경 세제는 다소 가격이 높지만, 대형 마트에서도 쉽게 구할 수 있다. 한때 고급 브랜드였던 미세스 마이어스Mrs. Meyer's나 세븐스 제너레이션Seventh Generation 같은 제품들도 이제 코스트코나 타겟 또는 일반 슈퍼마켓에서도 합리적인 가격으로 구매할 수 있다. 시중에서 판매하는 제품을 대신해 집에서 직접 천연 세제를 만들 수도 있다. 식초와 베이킹 소다만으로도 놀라운 청소 효과를 얻을 수 있다!

집 안을 친환경적으로 바꾸기

섬유 보호제와 난연제는 소파, 의자, 카펫 및 기타 생활 가구에 포함된 대표적인 내분비 교란 물질로, 건강에 심각한 영향을 미칠 수 있다. 이러한 물질에 대한 노출을 줄이려면, 목재, 금속, 가공되지 않은 천연 섬유, 친환경 소재 가구와 인테리어를 선택하는 것이 중요하다. 또한 건강을 위해 입는 옷도 신경 써야 한다. 합성 섬유로 만든 많은 의류와 잠옷에는 호르몬 교란을 일으키는 난연제가 포함되어 있다. 가능하면 면과 가공되지 않은 천연 섬유 소재를 선택하는 것이 좋다. 특히 갱년기로 인해 안면 홍조를 겪는 여성들에게는 땀을 더 유발하는 합성섬유보다는 천연 소재를 추천한다.

깨끗한 음식과 물 선택하기

우리는 매일 최소 세 번 이상 음식을 섭취하므로 무엇을 먹을지 신중하게 선택하는 것은 유해 물질을 피하는 데 필수적이다. 현재 식품 공급망에는 14,000가지 이상의 호르몬 교란 화학 물질이 포함되어 있다. 그중에서도 초가공 식품에 가장 많은 화학 물질이 함유되어 있다. 맛, 색상, 질감을 개선하고 유통기한을 늘리기 위해 첨가된 수많은 인공 감미료, 증점제, 유화제, 합성 방부제 등의 화합물들이 그것이다.

또한 일반적으로 사용하는 농약의 약 25퍼센트가 에스트로겐 수치를 교란하는 것으로 알려져 있다. 게다가 아직 연구되지 않은 다른 농약들도 존재한다. 상업적으로 사육된 가축의 유제품과 육류도 화학 물질에 오염될 가능성이 크다. 이는 가축을 빠르게 성장시키기 위해 사료에 다양한 화학 물질을 첨가하기 때문이다.

음식이 안전한지 확신이 서지 않는다면, 다음의 두 가지 기본 원칙을 기억하면 도움이 된다.

영양 성분 확인하기

가장 흔하고 건강에 해로운 식품 첨가물로는 고과당 옥수수 시럽, 트랜스 지방(수소 첨가 및 부분 경화 지방), 글루탐산나트륨MSG, 인공 식용 색소(예: 블루 1, 레드 3, 레드 40, 옐로 5, 옐로 6), 아질산나트륨sodium nitrate, 검류(구아검, 잔탄검), 카라기난carrageenan, 벤조산나트륨sodium benzoate 등이 있다. 이러한 성분은 가능한 한 섭취를 피하는 것이 좋다. 반면, 섭취해도 안전한 보존제로는 아스코르브산(비타민 C), 구연산citric acid, 비타민 E(토코페롤), 인산칼슘calcium phosphate 등이 있다.

최대한 유기농 식품이나 로컬 식품 이용하기

유기농 식품을 선택하면 농약, 제초제, 항생제 및 다양한 화학 물질에 대한 노출을 줄일 수 있을 뿐만 아니라, 수입 농산물이나 육류를 통해 다른 나라에서 사용된 화학 물질에 노출되는 위험도 피할 수 있다.

- Blue 1(브릴리언트 블루 FCF, E133): 청량음료, 사탕, 젤리 등에 사용
  Red 3(에리트로신, E127): 마멀레이드, 캔디, 빵, 케이크 장식에 사용
  Red 40(알루라 레드, E129): 탄산음료, 과자, 사탕, 젤리 등에 흔히 사용
  Yellow 5(타르트라진, E102): 청량음료, 젤리, 시리얼, 아이스크림 등에 사용
  Yellow 6(선셋 옐로우 FCF, E110): 스낵, 가공식품, 음료 등에 사용
  이들 색소는 일부 연구에서 알레르기 반응, ADHD 증상 악화, 내분비 교란 가능성 등의 우려가 제기된 물질이며, 특히 어린이 건강과 관련해 논란이 많아서 유럽 일부 국가에서는 사용이 제한되거나 경고 문구를 의무적으로 표기하도록 규정하고 있다.

일반적으로 유기농 농산물은 합성 농약, 인공 비료, 방사선 조사(세균을 제거하기 위해 사용하는 방사선 처리)를 사용하지 않고 재배된다. 유기농 사료로 키운 가축은 항생제나 합성 성장 호르몬 없이 사육된다.

물론 유기농 식품 구입이 항상 가능한 것은 아니다. 가격이 비싸거나 쉽게 접근할 수 없는 경우도 많다. 건강한 음식이 덜 건강한 선택지보다 더 비싸다는 것이 불공평하다는 점도 부정할 수 없다. 하지만 모든 식품을 유기농으로 구매할 필요는 없다. 어떤 식품을 유기농으로 선택할지 고민된다면, 환경운동단체Environmental Working Group, EWG에서 매년 발표하는 '더티 더즌Dirty Dozen' 목록을 참고할 수 있다. 더티 더즌은 농약에 오염될 가능성이 높은 농산물 목록으로, 현재 사과, 셀러리, 베리류, 복숭아, 시금치, 케일 등이 포함되어 있다. 이러한 식품은 유기농 제품으로 구매하는 것이 좋다. 반면, '클린 피프틴Clean Fifteen' 목록에는 비교적 농약 잔류량이 적은 아보카도, 양배추, 옥수수, 파인애플 등이 포함되는데, 이것들은 굳이 유기농으로 구매하지 않아도 된다. 나머지 농산물은 흐르는 물에 깨끗이 씻거나, 껍질을 벗기면 농약을 어느 정도 제거할 수 있다.

만약 육류나 유제품을 섭취한다면, 이것들 또한 유기농 제품을 선택하는 것이 좋다. 가장 오염도가 높은 식품으로는 소고기, 양고기, 일반 우유가 있으며, 닭고기, 칠면조, 오리는 상대적으로 안전한 편이다. 생선을 섭취할 경우, 수은 함량이 낮은 생선을 선택하는 것이 중요하다. 예를 들어 멸치, 대서양 고등어, 메기, 조개, 게, 가자미, 대구, 숭어, 명태, 연어 등이 비교적 안전한 선택이다. 현재 미국 정부에서 승인한 유기농 수산물 기준은 없지만, 양식한 생선보다는 자연산 생선이 건강에 좋고 안전하다. 신선한 자연산 생선이 비싸다면, 냉동 또는 통조림 형태의 자연산 생선을 선택하는 것도 경제적이면서 영양가를 유지하는 좋은 방법이다.

플라스틱보다는 유리 사용하기

플라스틱을 통해 매일 흡수되는 내분비 교란 물질을 줄이는 것은 호르몬 균형을 유지하는 데 필수적이다. 특히 음식과 직접 접촉하는 플라스틱을 생활에서 줄이는 것은 이제 선택이 아닌 필수이다. 냉장고에 식료품을 보관할 때 플라스틱을 효과적으로 줄이는 간단한 방법은 다음과 같다.

- **유리 및 스테인리스 보관 용기:** 플라스틱 대신 유리병이나 스테인리스 스틸 용기를 사용하면 지속적으로 재사용할 수 있어 경제적이다. 대형마트에서 저렴한 가격으로 구매할 수 있다.
- **물병 교체:** 플라스틱이나 스티로폼 대신 유리 또는 텀블러 물병을 사용하자. 유리 물병을 재사용하는 것만으로도 경제적으로 플라스틱을 줄일 수 있으며, 요즘 많은 카페는 친환경 용기 Bring Your Own Container, BYOC를 가져오면 기꺼이 음료를 제공한다.
- **논스틱(코팅) 조리 기구 교체:** 논스틱(코팅) 냄비와 프라이팬을 버리고 무쇠·스테인리스·강화 유리·법랑 조리 기구를 사용하자.
- **부드러운 플라스틱 포장재 피하기:** 부드러운 플라스틱 랩에 담은 치즈나 가공육 또는 플라스틱 용기에 보관된 음식은 피하는 것이 좋다.
- **전자 레인지 사용 시 플라스틱 사용 금지:** 전자 레인지로 플라스틱 용

기를 가열하면 BPA 및 기타 미세 플라스틱이 음식으로 스며들 수 있다. 전자 레인지용으로 판매되는 플라스틱 용기도 안전하지 않을 수 있으므로 사용을 피하자.

- **뜨거운 배달 음식용 플라스틱 용기 피하기:** 배달 음식이 플라스틱 용기에 담겨오면 즉시 다른 용기로 옮기자. 초밥 등 차가운 음식을 주문하는 것도 하나의 대안이다.
- **식품 구매 천 가방 사용:** 식품을 구매할 경우, 가능하다면 장바구니와 천 가방을 활용하면 플라스틱 포장재 사용을 줄일 수 있다.
- **재사용할 수 있거나 리필 가능한 생활용품 사용:** 세제부터 스킨케어 제품까지, 재활용 용기 또는 유리 용기에 담긴 제품을 선택하면 플라스틱 사용을 줄일 수 있다. 유리 용기에 리필 제품을 채워 사용하면 경제적이다.

개인 위생 용품 신중하게 선택하기

시중에 판매 중인 대부분의 개인 위생용품과 화장품에는 각종 유해 성분이 포함되어 있다. 샴푸, 데오도란트, 자외선 차단제, 보습제 등 몸에 직접 닿는 제품도 마찬가지다. 따라서 제품 라벨을 읽는 법을 익히고, 특히 유해성이 알려진 성분은 피해야 한다. 어떤 성분이 유해한지 확신이 서지 않는다면, EWG Skin Deep(www.ewg.org/skindeep) 또는 Campaign for Safe Cosmetics(www.safecosmetics.org) 같은 사이트에서 안전한 성분을 사용하는 브랜드와 친환경 정책을 추진하는 기업 정보를 확인할 수 있다. 또한 제품의 성분과 안전성을 평가해주는 다양한 앱을 활용하면 세부 성분을 일일이 확인하는 번거로움을 줄일 수 있다.

개인 위생용품을 모두 교체하는 것이 부담스럽다면, 가장 넓은 피부 표면에 닿는 제품부터 바꿔나가는 것이 좋다. 예를 들어, 바디워시나 보습제처럼 몸 전체에 사용하는 제품이 우선순위가 될 수 있다. 피부는 바르는 성분의 최대 60퍼센트를 흡수하여 혈류로 전달하기 때문에, 사용하는 제품을 신중하게 선택하는 것이 중요하다. 다행히 '클린 뷰티' 트렌드는 점점 대중화되고 있으며, 선택지도 점점 늘어나고 있다. DIY 천연 제품을 활용하는 방법도 있다. 예를 들어, 코코넛 오일을 메이크업 리무버로 활용해볼 수 있다. 저녁 세안 시 눈가, 얼굴, 입술에 소량을 마사지하듯 문지른 후, 부드러운 천으로 닦아내면 된다. 이 간단한 방법만으로도 효과적인 클렌징이 가능하다.

이렇듯 생활 속 유해 물질을 줄이는 일은 생각보다 어렵지 않다. 매일의 선택에 조금 더 신경 쓰는 것만으로도 자신과 가족의 환경에서 유해 물질을 현저히 줄일 수 있을 뿐만 아니라, 아름다운 지구에서 탄소 발자국을 줄이는 데도 기여할 수 있다. 이 여정은 단기적인 변화가 아니라, 장기적으로 지속해야 할 과정이라는 점을 기억하자.

18장

긍정의 마법, 삶을 바꾸는 힘

새롭게 바라보는 갱년기

남편이 마흔이 되었을 때, 페이스북은 남편에게 반짝이는 새 차를 사라는 광고를 띄워주었다. 같은 나이가 된 나에게는? 보톡스 광고가 메시지 창에 떠 있었다. 사회는 남성이 나이를 먹으면 좋은 와인처럼 숙성된다고 말한다. 세월이 흐를수록 더욱 깊이 있고 가치 있는 존재가 된다고 인식하는 것이다. 이렇게 나이 드는 과정을 받아들일 수 있다면, 꽤 멋진 일이 아닐까? 하지만 여기에는 커다란 간극이 존재한다. 여성이 나이를 먹으면 분위기가 완전히 달라진다. 숙성된 와인이 아니라, 변질된 식초처럼 취급받는다. 과거와 현재의 사회적 관습을 살펴보면, 나이 드는 과정에서 남성과 여성이 받아들이는 시선이 얼마나 이중적이고 불공평한지 그대로 드러난다. 여성에게는 마치 사회적 '유통기한'이 있는 것처럼 여겨진다. 중년에 접어들면 사회는 마치 정해진 각본처럼 여성의 가치를 낮추고, 더 이상 전성기가 아니라는 메시지를 던진다. 객관적으로 바라보면 이러한 규범은 그 자체로 납득하기 어려운 이야기이다. 특히 같은 시기에 남성들이 전폭적인 지지를 받으며 새로운 기회를 맞이하는 것과 비교하면 더욱 그렇다. 하지만 이 메시지는 여전히 존재하며, 마케팅 속에 스며들고, 우리 사회의 언어와 인식을 조용히 혹은 대놓고 조종하고 있다.

이 이중잣대는 갱년기를 둘러싼 잘못된 인식 속에서 그 어느 때보다도 뚜렷하게 드러난다. 역사적으로 갱년기는 마치 '죽음을 앞둔 상태'처럼 취급되었다. 여성들이 이 지점에 도달하면, 이제는 '노파crone'의 단계로 접어드는 것이라는 식의 서사가 만들어졌다. 우리의 가치와 여성성은 오랫동안 출산 능력에 따라 선택적으로 정의되어왔으며, 그 기준은 늘 편협하고 때로는 여성 혐오적인 시선 속에서 형성되었다. 그리 오래되지 않은 과거만 해도, 남성 중심 사회에서 갱년기는 단순히 '오버 앤 아웃'*이라는 짧은 메시지로 정리될 뿐이었다. 이 과정에서 우리의 이야기는 아무도 듣고 싶어 하지 않는 것처럼 느끼도록 했고, 심지어 갱년기에 대해 이야기하는 것 자체가 부끄러운 일이라고 여기도록 길들여졌다. 동시에 갱년기는 결핍, 증후군, 치료해야 할 문

● over and out, 무전 용어에서 유래한 표현으로, 대화가 완전히 끝났으며 더 이상 할 말이 없다는 의미이다.

제, 그리고 전반적인 건강 이상으로만 설명되어왔다. 의학계에서 사용하는 용어조차 갱년기를 바라보는 편견을 그대로 반영하고 있다. 여성 건강을 위해 목소리를 내고 있는 젠 군터 박사Dr. Jen Gunter는 『갱년기 선언문 The Menopause Manifesto』에서 이렇게 말했다. "난소의 난자가 모두 소진되었다는 표현은 흔히 쓰이지만, 남성의 성기에 대해서는 '기능이 소진됐다'거나 '고장났다'고 말하는 경우는 없다."

갱년기를 바라보는 이 오래된 편견을 이제는 끝내야 할 때다. 여성은 종종 통제할 수도, 통제해야 할 이유도 없는 기준으로 평가받는다. 나이로든, 몸매의 실루엣으로든, 혹은 월경 주기와 같은 것으로든 말이다. 하지만 그런 기준들은 결코 우리가 누구인지, 어떤 본질을 지닌 사람인지를 보여줄 수 없다. 당신의 경험, 생각, 행동, 그리고 성취만이 당신의 마음과 정신을 진정으로 보여주는 지표이다. 중년에 대해 기억할 가치가 있는 유일한 기준은 그 단어가 의미하는 그대로 '중간'이라는 사실이다. 만약 이 시기를 당신의 뇌와 몸이 해낼 수 있고 이미 해낸 것들을 깊이 존중하며 시작한다면, 앞으로 더욱 풍요롭고 만족스러운 새로운 계절을 맞이할 준비가 된 것이다.

앞 장들을 통해 중년과 갱년기에 접어들며 몸과 뇌가 어떻게 변화하는지를 이해하고, 그 과정에서 우리 몸이 얼마나 지능적으로 적응하는지를 존중하는 마음을 갖게 되었기를 바란다. 갱년기가 어떤 과정인지 정확히 이해하고, 불필요한 오해에서 벗어나는 것, 그리고 이 시기를 더 편안하게 보낼 수 있는 다양한 방법이 있다는 사실을 깨닫는 것만으로도 불안감이 줄어들 수 있다. 더 나아가, 갱년기는 단순한 변화가 아니라 새로운 인생의 장을 여는 기회가 될 수 있다. 이 시기를 통해 더욱 건강하고 의미 있는, 생기 넘치는 '업그레이드 된 나'를 만들어 갈 수 있는 것이다. 결국, 그 모든 가능성을 현실로 만드는 열쇠는 바로 당신의 마음가짐이다.

갱년기

서구 사회에서 여성들이 갱년기를 접하는 순간, 사방에서 쏟아지는 거센 비난을 마주한다. 마치 합창이라도 하듯이 '볼품없다, 불행하다, 쓸모없다' 같은 단어들이 거침없이 따라붙는다. 이 메시지는 너무도 뚜렷하고 시끄럽다. TV와 광고, 직장, 심지어 같은 변화를 겪고 있는 친구들조차도 이런 시선을 내비친다. **"갱년기를 맞이한 여성들이여, 이제 당신의 역할은 끝났다. 박수 칠 때 떠나라."**

이 문제를 신속하게 처리하려는 태도는 우리가 사용하는 언어에서도 그대로 드러난다. 영어에서 'menopause'는 문자 그대로 '월경의 정지'를 의미하는데, 이는 폐경이라는 인생의 중요한 시기를 단순히 '월경이 멈추는 현상' 정도로만 축소한다. 그 이상의 의미는 부여하지 않는다. 그 순간부터 우리는 완전히 혼자 남겨진다.

하지만 동서양의 많은 사회에서는 갱년기를 여성의 삶의 새로운 시작점으로 바라본다. 심지어 이 변화를 통해 여성이 더욱 존경받는 위치로 올라설 수도 있다. 흥미롭게도 나이를 존중하는 문화에서는[1] 나이 든 여성을 더 현명하고 영향력 있는 존재로 여기며, 그런 환경에서는 갱년기 증상도 훨씬 덜 불편하게 나타난다고 한다.* 전 세계적으로 보면 사회적 지위가 높을수록 갱년기를 겪는 과정도 훨씬 수월해지는 경향이 있다.

폐경을 뜻하는 단어는 한자어로 갱년기更年期이다. 이를 문자 그대로 해석하면, 갱更은 '재생'과 '갱신'을 의미하고, 년年은 '해' 또는 '세월', 기期는 '계절' 혹은 '에너지'를 뜻한다. 일본에서는 폐경을 단순한 끝이 아니라, 훨씬 길고 깊이 있는 영적인 전환기로 바라본다. 월경의 종료는 그 과정의 일부일 뿐이다. 이러한 시각이 반영된 듯, 일본 여성 중 약 25퍼센트만이 안면 홍조를 경험한다고 보고되었는데,[2] 이는 미국 여성들의 발생률에 비해 상당히 낮은 수치이다. 흥미롭게도 일본 여성들은 갱년기에 오히려 추위를 타는 증상이 더 흔하다. 하지만 그들 사이에서 가장 불편한 증상으로 꼽히는 것은 어깨 결림과 오십견이다.[3]

이와 비슷하게, 인도의 일부 지역에서는 폐경을 해방과 자유의 시기로 받아들인다. 이들 사이에서 가장 흔한 불편함은 안면 홍조가 아니라 시력 저하[4]이다. 일부 이슬람, 아프리카, 그리고 원주민 사회에서도 폐경을 환영할 만한 변화로 여긴다. 폐경 후 여성들은 더 이상 엄격한 성별 역할에 얽매이지 않고, 오히려 사회적으로 더 큰 자유를 누릴 수 있기 때문이다. 실제로 폐경 이후 여성들의 지위가 상승하여 지역 사회의 지도자로 활동하는 경우도 많다. 또 다른 예로, 농촌 지역의 마야족 여성들은 폐경 이후 사회적 지위가 상승하는데, 흥미로운 점은 그들이 갱년기 증상을 **거의** 경험하지 않는다는 것이다. 평균 44세라는 비교적 이른 나이에 폐경을 맞이하며, 다른 여성들과 마찬가지로 에스트로겐 수치가 급격히 감소함에도 불구하고 말이다. 마지막으로, 북미

---

* 면책 조항, 물론 각 사회 내에서도 상당한 다양성이 존재하기에 이러한 연구 결과가 언급된 문화권의 모든 여성에게 일반화될 수 있는 것은 아니다.

원주민 여성 사회에서는 폐경을 가리키는 단어 자체가 없으며, 이 변화를 중립적이거나 긍정적인 과정으로 받아들인다. 이들이 폐경을 설명하는 방식은 내가 접한 표현 중 가장 인상적이다. 그들은 폐경을 단순히 "나무에 한 겹씩 더해지는 나이테와 같은 자연스러운 노화 과정"이라고 여긴다.

어쩌면 다른 문화권에서는 서구 사회처럼 폐경의 불편함을 자유롭게 표현하는 분위기가 형성되지 않았을 수도 있다. 또는 생활 방식, 식단, 기후가 갱년기 증상을 완화하는 역할을 했을지도 모른다. 하지만 우리가 생각하는 것보다 우리의 마음이 몸에 미치는 영향이 훨씬 더 클지도 모른다. 아마도 이 모든 요인이 복합적으로 작용하고 있을 테고, 그 외에도 우리가 아직 알지 못하는 것들이 있을 것이다. 갱년기 증상의 생물학적 원인은 분명히 존재하지만, 갱년기가 단순히 호르몬 변화만으로 설명될 수 없는 더 깊은 의미를 지닌 과정이라는 사실도 중요하다. 안면 홍조나 기타 증상들이 반드시 경험해야 하는 필수적인 과정이 아니라는 사실을 알게 되면, 우리는 갱년기라는 시기를 어떻게 받아들이느냐에 따라 스스로의 경험을 훨씬 더 **주체적으로 조절할 수 있다는 점**을 깨닫게 된다. 어쩌면 가장 기쁜 소식은, 우리가 원한다면 현대 의학의 도움을 받을 수도 있지만 동시에 다른 문화의 시각을 빌려 폐경을 더 깊이 있고 의미 있는, 영적인 전환기로 받아들일 수도 있다는 점이다.

갱년기를 이겨내는 마음가짐

수많은 연구에서 노화를 받아들이는 긍정적인 삶의 태도[5]가 신체 건강과 정신적 안녕을 강력하게 예측하는 요인이라는 것이 밝혀졌다. 이는 타고난 유전자나 생물학적 조건을 떠나, 우리의 기대와 믿음이 실제 결과에 얼마나 큰 영향을 미치는지를 보여준다. 폐경을 둘러싼 부정적인 고정관념에 맞서는 것은 단순한 반항이 아니다. 사회적 규범에 도전하고 이 시기의 변화를 주체적으로 받아들이는 과정 자체가 의미 있는 일일 수 있다. 폐경이란 단순히 몸 안에서 일어나는 생리적 변화에 그치지 않는다. 이를 우리가 어떻게 받아들이느냐에 따라 그리고 가족이나 친구, 사회 전체가 어떤 시각을 갖고 있는지에 따라 이 시기의 경험은 크게 달라질 수 있다. 심지어 우리가 자신에게 말하는 언어조차 영향을 미친다. 많은 여성이 본능적으로 폐경 자체를 두려워하는 것이 아니라, 폐경이 의미하는 것을 두려워한다. 폐경에 대한 부정적인 인식은 우리가 만들어낸 것이 아니다. 하지만 사회는 우리가 그것을 당연하게 받아들이길 기대한다. 그리고 결국, 우리는 그 틀 안에서 살아가고 있다.

연구에 따르면 갱년기 증상과 이에 대한 여성의 인식, 그리고 실제 경험 간에는 분명한 상호작용이 존재한다.[6] 예를 들어, 잦고 심한 안면홍조 같은 증상을 겪는 여성들은 폐경을 부정적으로 바라보는 경향이 있는데, 이는 어찌 보면 당연한 반응이다. 그러나 반대의 경우도 성립한다. 폐경에 대한 두려움이 큰 여성일수록[7] 실제로 더 심한 증상을 경험하는 경향이 있다. 만약 우리가 폐경을 질병으로 바라본다면, 이 시기는 마치 '병'을 앓고 있으며 회복을 기다리는 환자의 상태처럼 느껴질 수밖에 없다.

반면, 폐경을 긍정적으로 받아들이는 여성들은 증상이 더 경미하고, 전환 과정도 훨씬 부드럽게 지나간다. 같은 횟수의 안면 홍조를 경험한 두 여성이라도, 그 증상에 대해 느끼는 불편함의 정도는 크게 다를 수 있다는 연구 결과도 주목할 만하다. 같은 횟수의 안면 홍조를 겪더라도, 어떤 여성은 이를 극도로 스트레스받는 요소로 여기지만, 다른 여성은 별것 아닌 듯 가볍게 넘긴다. 이 차이는 단순한 개인차가 아니라 심리적·감정적 상태의 차이에서 비롯될 가능성이 크다.[8] 예를 들어 전반적인 건강 상태가 좋은 여성, 스트레스에 효과적으로 대처하는 법을 아는 여성 주변의 도움을 받는 여성들은 갱년기 증상을 더 수월하게 이겨내는 경향이 있다. 이는 곧 마음가짐과 지지 시스템이 갱년기를 겪는 방식에 큰 영향을 미친다는 사실을 보여준다. 실제로 폐경을 거부하기보다는 자연스럽게 받아들이고, 더 넓게는 나이가 들어가는 과정 자체를 자연스럽게 인정하는 여성들은 그 어느 때보다도 자신을 편안하게 받아들이고, 더욱 당당하고 안정적인 모습을 보이는 경우가 많다.

생각이 곧 현실이 된다

우리는 모두 각자만의 렌즈를 통해 세상을 바라본다. 이 렌즈는 자신과 삶, 그리고 주변 상황에 대한 믿음과 기대로 만들어진다. 이러한 관점은 우리가 현실을 어떻게 인식하는지에 영향을 미쳐, 우리의 생각과 감정뿐만 아니라 신체적인 반응에도 영향을 준다. 이를 보여주는 흥미로운 예가 바로 **플라시보 효과**Placebo Effect이다. 잘 알려진 이 현상은, 어떤 사람이 특정 약을 먹으면 자신의 상태가 좋아질 거라고 확신하면 비록 그 약에 아무런 활성 성분이 없더라도 실제로 증상이 호전되는 경우가 많은 것을 말한다. 실제로 연구에 따르면, 임상 시험에서 참가자의 30~40퍼센트가 특정 약이 효과가 있을 것이라고 확신하면, 활성 성분이 전혀 없는 플라시보(설탕 알약)만으로도 증상이 상당히 호전되는 경험을 한다.

여기까지는 긍정적인 이야기다. 하지만 이제 **노세보 효과**Nocebo Effect를 살펴보자. 이는 플라시보 효과의 반대 개념으로, 약의 부작용이나 해로운 영향을 걱정하는 것만으로도 실제로 몸이 반응하는 현상을 말한다. 예를 들어, 임상 시험에서 참가자들이 자신이 플라시보를 복용하고 있다는 사실을 모른 채, 약이 부작용을 일으킬 수도 있다고 믿으면, 실제로 아무런 약효 성분도 없는 설탕 알약을 먹고도 두통이나 메스꺼움 같은 부작용을 경험할 가능성이 커진다. 이 모든 사실이 보여주는 것은 우리의 마음이 지닌 강력한 힘이다. 우리가 기대하는 바를 결국 우리는 실제로 경험하는 것이다.

이런 사고방식을 갱년기에 적용하면 어떨까? 만약 갱년기가 고통스럽고, 삶의 한 부분을 빼앗아가는 과정이라고 두려워한다면, 자연스럽게 증상에 더 민감해지고 그 강도가 더 크게 느껴질 수 있다. 심지어 치료법이 있어도 그 효과를 덜 경험할 수도 있다. 반대로, 갱년기가 그저 하나의 과정일 뿐이고, 변화가 있겠지만 결국 괜찮아질 것이라고 믿는다면 예상보다 훨씬 더 부드럽게 이 시기를 지나갈 가능성이 크다. 우리가 가진 믿음에 주의를 기울이는 것은 결코 헛된 일이 아니다. 그러니 현미경으로 들여다보듯 조금 더 깊이 들여다보자. 오랫동안 당연하게 여겨온 생각들이 어디에서 비롯되었는지 고민해보고, 그 메시지가 정말 나에게 맞는지 확인해보자. 그리고 그 생각들이 내 삶에 어떤 영향을 미치는지 찬찬히 살펴보자. 내가 믿어온 것들이 나를 지지하고 힘이 되어주는지, 아니면 나를 주저앉히고 힘들게 하는지를 분별하는 것은 아주 중요한 과정이다. 무엇보다도, 우리가 폐경에 대해 당연하다고 여겼던 많은 믿음이 사실은 절대적인 진리가 아닐 수도 있다는 사실을 깨닫는 것만으로도 큰 변화가 시작될 수 있다.[9] 혹시라도 부정적인 생각에 빠져들 것 같다면, 한 걸음 물러서서 잠시 멈춰 보자. 폐경을 내 몸의 기능이 멈추는 시기로 볼 수도 있고, 새로운 가능성이 열리는 시기로 볼 수도 있다. 어떤 시각을 선택하든, 그 경험을 만들어가는 것은 온전히 당신의 몫이다.

긍정적인 마음가짐을 기르는 실천 가이드

인지 치료의 기본 원리는 우리의 생각이 감정을 좌우한다는 것, 연습하고 꾸준히 노력하면 부정적인 생각과 믿음을 변화시킬 수 있다는 개념에 기반하고 있다. 우리가 하는 모든 생각은 우리의 감정과 현실 인식에 영향을 미치며, 결국 어떤 생각을 할지 결정하는 최종 권한은 우리에게 있다. 사회가 주입하는 이미지, 가족이 부여한 역할 혹은 과거의 경험이 어떻든 스스로 선택하는 생각이 결국 우리의 현실을 만들어간다.

우리 모두는 매일 크고 작은 도전에 직면하며, 그중에는 우리가 바꿀 수 없는 것들도 많다. 그러나 주어진 상황을 어떻게 바라보고 받아들이느냐에 따라 결과는 완전히 달라질 수 있다. 물론 이런 태도를 갖는 것이 결코 쉽지는 않다. 하지만 마음을 열고, 의식적으로 생각의 방향을 조절해야 한다. 우리의 생각을 이해하고, 상황을 유연하게 받아들이며, 긍정적인 방향으로 바꿔나갈 수 있다면, 건강이 좋아지고 스트레스가 완화되며, 인생이 던지는 다양한 도전에 더 단단하게 맞설 수 있다. 갱년기도 마찬가지다.

자신에게 건네는 말이 중요하다

하루 종일, 우리의 마음속에서는 끊임없이 내면의 대화가 이어진다. 잠시 멈춰서 그 대화를 가만히 들어본다면, 그 어조와 내용이 예상보다 훨씬 날카롭고 부정적일 수도 있다. 어떤 상황에서 최악의 결과를 미리 떠올리며 걱정해본 적이 있는가? "나는 할 수 없어" 혹은 "이건 하면 안 돼"라고 스스로를 제약한 적이 있거나, 이미 지나간 일에 대해 끝없이 후회하고 불안해한 적이 있는가? 이런 생각들이 반복되는 와중에 안면 홍조가 올라오거나 잠을 설쳐 피곤한 상태라면, 그 머릿속 작은 목소리는 **훨씬 더** 날카롭고 매섭게 들린다. 그 목소리는 당신에게 뭐라고 말하는가? 당신을 응원하고 있는가, 아니면 끊임없이 깎아내리고 있는가? 혹은 지금의 어려움을 이겨낼 수 있도록 스스로를 다독이고 있는가. 아니면 "더 강해야 해, 더 잘해야 해, 이 정도는 아무렇지도 않아야 해"라며 몰아세우고 있는가?

혼잣말을 다스리는 것은 아마 우리가 시도하는 일 중 가장 어려운 일인지도 모른다. 하지만 가장 중요한 일 중 하나이기도 하다. 긍정적인 자기 대화가 주의력과 감정 조절에 미치는 치료 효과는 이미 확고하게 입증되었으며, 단순한 심리 훈련을 넘어 스포츠 분야의 퍼포먼스 향상 프로그램에서도 핵심 요소로 자리 잡고 있다.[10] 그뿐만 아니라 대부분의 심리 치료 및 마음 챙김 기반 치료법에서도 핵심이 되는 부분이다.[11] 인지 행동 치료, 내러티브 심리학,˙ 신경과학 모두 자기 대화를 개선하기 위해서는 우리 안에 자리 잡은 스스로를 깎아내리는 신념과 태도를 먼저 인식하는 것이 중요하다는 데 동의한다. 이러한 부정적인 생각들을 알아차린 후, 좀 더 긍정적이면서도 사실에 가까운 다른 해석을 찾아내는 과정을 통해, 우리는 자기 대화를 더욱 생산적인 방향으로 다시 써나갈 수 있다. 다음은 긍정적인 자기 대화를 발전시키는 데 도움이 되는 핵심 단계들이다.

- **자신만의 만트라 mantra 혹은 긍정 확언 선택하기:** 스포츠에서 긍정적인 자기 대화를 만드는 방법 중 하나는 스스로를 다독일 수 있는 만트라(짧은 격려 문구)를 정하는 것이다. 예를 들어 "나는 할 수 있어." 같은 간단한 긍정 확언을 반복할 수도 있고, "숨을 들이쉬고, 내쉬자." 같은 가이드 문구를 사용할 수도 있다. 기억하기 쉽고, 힘든 순간에 스스로를 다잡을 수 있는 간단하고 긍정적인 문장이면 된다.
- **여러 상황 연습하기:** 앞서 선택한 만트라를 반복하는 것이 습관이 되어 자동적으로 떠오르게 되었다면, 이제 상황별로 다양한 대화를 연습해보자. 예를 들어, 안면 홍조가 올 때는 "익숙한 일이야. 괜찮아." 또는 "조금만 지나면 괜찮아질 거야"라고 말하며 스스로를 진정시킬

- narrative psychology, 인간이 자신의 삶을 이야기(narrative)로 구성하고 이해하는 방식을 연구하는 심리학 분야

수 있다. 16장에서 다룬 호흡 조절법을 연습하며 마음을 가라앉히는 것도 좋은 방법이다.

- **자신에게 3인칭으로 말해보기:** 가끔은 우리 모두에게 응원이 필요하다. 그런데 가장 좋은 격려는 결국 나 자신에게서 나온다. 예를 들어 테니스 단식 경기에서 선수들이 스스로를 다독이며 경기를 풀어나가는 모습을 떠올려볼 수 있는데, 갱년기 역시 때때로 혼자서 헤쳐 나가야 하는 고독한 과정처럼 느껴질 수 있다. 이럴 때 한 걸음 물러서서, 마치 자신이 스스로의 코치가 된 것처럼 말해보자. "자, 넌 할 수 있어. 난 네 편이야." 또는 "깊이 숨 쉬어. 내가 여기서 지켜보고 있어." 같은 말이 힘이 될 수 있다.
- **자신을 따뜻하게 보살피는 연습하기:** 우리는 종종 몸이 원하는 대로 따라주지 않는다고 조바심을 내거나 불만스러워한다. 아플 때, 컨디션이 좋지 않을 때, 혹은 원하는 만큼 변화가 빠르게 찾아오지 않을 때 몸을 탓하고 원망한다. 좌절감이 들거나 불안할 때, 내 몸을 작은 아이나 소중한 친구처럼 여겨보자. '도움이 필요한 어떤 사람'이라고 생각하는 것이다. 스스로에게 사랑과 위로를 건네고 싶은 마음을 그대로 표현해보자. 기억하자. **우리의 몸은 우리를 위해 애쓰고 있다.** 내 몸을 이루는 수많은 세포들이 매 순간 쉬지 않고 나를 지켜주고, 나를 살아가게 한다. 그러니 지금까지 내 몸이 나를 위해 해온 모든 것에 감사하는 마음을 가져보자. 그리고 내 몸이 나를 가장 필요하다고 하는 순간, 그 보살핌을 돌려줄 수 있도록 스스로를 따뜻하게 감싸주자.

스스로를 고쳐야 한다는 생각은 내려놓기

세상이 뭐라고 하든 당신은 결코 망가진 존재가 아니다. 갱년기는 여성의 삶에서 피할 수 없는 자연스러운 과정이다. 물론 증상 자체는 유쾌하지 않지만 이제는 다양한 치료법과 생활 방식의 변화로 이 과정을 훨씬 더 부드럽게 지나갈 수 있다. 약물 치료나 인지 행동 치료를 고려하고 있다면, 자신에게 가장 적합한 방법을 찾기 위해 전문가와 상담해보자. 하지만 동시에, 우리 몸이 스스로 균형을 찾아가는 과정을 신뢰할 수도 있다.

웃으면 복이 와요

옛말에 웃음은 최고의 명약이라고 했다. 단순하게 들릴 수도 있지만, 실제로 재밌는 일 없이 웃는 행위 자체만으로도 몸에서는 복잡한 생리적 반응이 일어나 스트레스를 줄이고 통증을 견디는 힘을 키워준다.[12] 웃음은 강력한 엔도르핀 촉진제로 작용하며, 우리 몸의 천연 항우울제 역할을 하는 세로토닌 신경 전달 물질을 활성화한다. 또한 항염 작용을 하여 심장을 보호하는 효과도 있다.

자신만의 기록 남기기

나만의 사용 설명서를 써보자. 나를 가장 잘 아는 사람은 바로 **나 자신**이다. 만약 특정 증상이 계속 신경 쓰인다면, 기록을 통해 패턴을 찾아보는 것도 하나의 방법이다. 예를 들어, 커피를 마신 날에는 수면의 질이 떨어진다거나, 뉴스를 볼 때마다 안면 홍조가 심해진다는 사실을 발견할 수도 있다. 내 몸이 보내는 신호를 비판 없이 관찰하고 기록하면서 자연스러운 리듬과 반응을 이해하는 과정을 가져보자. 작은 단서들을 추적하다 보면 내 몸에 맞는 해결책도 자연스럽게 보일 것이다.

감정을 이해하고 삶에 적용하기

사춘기처럼 갱년기 또한 강렬한 호르몬 변화와 그에 따른 감정적·신체적 변화가 밀려오는 시기이다. 하지만 10대 시절과는 다르게 지금의 우리는 성인이며, 감정이 우리를 집어삼키는 대신 스스로 소화하고 다룰 수 있는 능력이 있다. 우울한 감정이 올라올 때 그 감정을 통해 무언가를 인정하고 내려놓을 기회를 발견할 수도 있다. 분노가 치밀어 오른다면 내가 무엇을 지켜야 하는지, 어디에 경계를 세워야 하는지, 혹은 어떤 부분에서 스스로를 대변해야 하는지를 알아차리는 기회일 수 있다. 만약 두려움이 생긴다면 내가 어떤 부분에서 위로나 지지가 필요한지 살펴보자. 감정을 밀어내지 말고, 그 감정을 통해 나 자신을 더 깊이 이해하고, 더 나은 선택을 할 수 있도록 안내하는 도구로 활용해 보자.

감사는 진심일 때 힘을 발휘한다

우리는 물컵이 반쯤 비어 있다고 생각하지 말고 반쯤 차 있다고 생각하라고 훈련하지만, 한 가지 더 기억해야 할 것이 있다. 그 컵은 언제든 **다시 채울 수 있다는 사실**이다. 꺾이지 않는 마음가짐을 기르는 가장 좋은 방법 중 하나는 주변에서 좋은 것들을 찾아 기록하는 것, 즉 감사 일기를 쓰는 것이다. 나는 가족과 함께 감사 일기를 쓰기 시작했는데, 매일 저녁 식사 시간마다 각자 하루 동안 감사했던 일 1~3가지를 공유하는 습관을 들였다. 이 과정의 핵심은 삶에서 기분 좋았던 순간, 소중한 경험, 또는 감사한 사람을 떠올리고, 그로 인해 느껴지는 긍정적인 감정을 충분히 음미하는 것이다. 이 작은 실천이 결국 우리 마음의 물잔을 다시 채우는 힘이 되어준다. 감사 일기를 시작하는 데 도움이 되는 몇 가지 방법을 소개한다.

- **구체적으로 표현하기:** "어제 몸이 안 좋을 때 남편이 직접 끓인 수프를 가져다주어서 고마웠다" 같은 구체적인 감사 표현이 "수프를 만들어주어 고마웠다"처럼 단순한 표현보다 훨씬 더 깊이 와닿는다.
- **양보다 깊이 추구하기:** 한 번에 많은 것을 나열하기보다는, 특정한 사람이나 경험을 자세히 떠올리며 감사하는 것이 더욱 의미 있는 기록이 된다.
- **사람에게 집중하기:** 단순히 소유한 것들을 나열하는 것보다, 고마운 사람들에 대해 생각하는 것이 더욱 마음을 울린다.

페레니얼 세대

'중년'이라는 말은 이제 더 이상 시대에 맞지 않는다. 이유는 충분하다. 전통적으로 중년 또는 더 나아가 갱년기 여성은 삶의 끝자락에 다다르고 그 뒤에는 급격한 인생의 내리막길만 있을 것이라고 여겨졌다. 서구 사회에서는 아무도 당신을 지켜보지 않기 때문에 걱정할 필요 없다고 안심시킨다. 그러나 사실 그 말은 당신은 앞으로 완벽한 투명인간 취급을 받게 될 것임을 의미한다. 젊음을 숭배하고 지혜나 경험을 중시하지 않는 사회에서, 폐경을 맞이한 여성은 무의미한 존재로 여겨진다. 그 결과, 당신은 자연스럽게 노을 속으로 사라져야 한다는 취급을 받는다. 실제로 많은 문화권에서 갱년기 여성은 뒷방으로 밀려나거나 조용히 퇴장당하곤 했다.

이 한심하고 형식적인 표현들을 없애버리는 것은 우리의 몫이다. 언제 인생이 끝나야 하고, 우리가 어떤 가치를 지니는지를 정해놓은 고리타분한 사회 규범에 휘둘릴 필요는 없다. 나이를 먹어간다는 것은 더 이상 예전처럼 한정된 의미가 아니다. 이는 불가피한 사실이지만, 우리가 나이 먹는 방식은 빠르게 변하고 있으며, 이제는 우리의 정체성과 행동을 규정짓는 요소가 아니다. 나이 든다고 해서 더 이상 늙었다고 느끼지 않으며, 약해졌거나 연약하다고 여기지도 않는다. 대부분의 여성들이 40대나 50대 또는 다른 어떤 나이대에 있다고 해서 자기 자신을 포기하거나 흐트러지는 것과는 아무런 관계가 없다는 것을 잘 알고 있다. 우리 모두가 위기에 처한 것이 아니며, 조용히 뒤에서 숨어 뜨개질을 하거나 파이를 구우며 살아가는 것을 원하지도 않는다. 우리는 우리의 열정을 따르고, 새로운 도전을 두려움 없이 받아들일 용기와 자신감을 가지고 있다. 나이에 관계없이 우리가 무엇을 할지는 전적으로 우리의 선택이고 우리의 몫이다.

'중년'이나 '나이 든' 대신에 '페레니얼perennial'이라는 표현을 들었을 때, 나는 곧장 마음이 끌렸다. 그 단어에는 문자 그대로 '무기한' 또는 '영원한'이라는 뜻이 있으며, 연령에 구애받지 않고 독립적으로 살아가는, 끊임없이 꽃피우며 여전히 중요한 존재인 새로운 세대를 묘사하는 데 완벽하게 어울린다. 매년 꽃을 틔우는 다년생 식물과 같은 페레니얼 세대는 현재를 살아가며, 세상에서 일어나고 있는 일을 인지하고, 다양한 사람들과, 또래든 아니든 소통하며 지낸다. 다년생 식물처럼 삶을 산다는 것은 호기심이 끊임없이 넘치고, 창의적이며, 위험을 감수할 열정을 가지는 것이다. 심지어 세상이 그와 반대라고 말할지라도 말이다.

페레니얼 세대는 결코 소외되지 않는다.

나는 '한 철만 피고 지는 꽃annual'이라는 오래된 개념보다, '오래도록 피어나는 꽃perennial'으로 살아가는 것이 훨씬 더 매력적이라고 생각한다. 우리가 페레니얼로 살아가며 이루는 성취는 중년 이전에 이루었던 성취와 견주어도 가치가 결코 뒤떨어지지 않는다. 우리가 지금까지 경험한 성장과 변화, 그리고 직면한 도전들을 어떻게 극복했는지 고려하면, 이 말은 상당한 의미를 내포한다. 이미 이룬 성과는 단지 자기 자신을 발전시키고, 중요한 도전들을 극복한 것에 그치지 않는다. 이제 우리의 사고방식을 업그레이드하여 어떤 시점에 있든 최선을 다해 살기로 결심함으로써 우리 자신의 행복과 성취에 영향을 미치고, 우리 딸들과 그들을 둘러싼 세상에 중요한 롤모델이 될 것이다.

이를 위해서는 성별과 나이에 따른 차별을 극복함으로써, 갱년기를 이미 정해진 한계와 체념의 상태에서 벗어나게 해야 한다. 이제 우리는 그런 차별과 편견을 거부하고, 더 이상 불편하게 노년기로 들어설 필요가 없다. 이제는 인류의 절반을 억압하려 했던 이러한 삶의 단계에 대한 편견과 부정적 인식에서 벗어나야 할 때이다.

갱년기를 맞이한 여성이 단순히 존재를 인정받는 것이 아니라, 존중받고 가치 있게 여겨지며 당당히 자리하는 사회를 상상해보자. 여성들이 삶의 여러 변화를 평온하고 존엄하게 받아들일 수 있는 문화를 떠올려보자. 과거의 고정관념과는 달리 우리는 강한 연대의 힘을 가진 공동체다. 이 장을 마무리하며, 우리는 모든 연령대의 여성을 위한 신뢰할 만한 정보와 맞춤형 의료 서비스가 점점 확대되는 더 나은 내일을 기대한다. 나는 갱년기에 대한 논의가 학문적 영역에서뿐만 아니라, 여성들이 커피 한잔하며 나누는 일상 속 대화에서도 계속 이어지기를 바란다. 그리고 전 세계 여성들이 이 변화를 자연스럽게 받아들이며 그 안에서 의미와 목적을 찾고 각자 삶의 나무에 또 하나의 중요한 고리를 더해가며 살아가기를 바란다.

마지막으로, 이 책의 서두를 장식했던 그 질문으로 다시 돌아가보자. 갱년기 동안 내 정신이 무너지고 있는 걸까? 아니다. 오히려 완전히 새로운 정신을 얻고 있는 중이다.

감사의 글

이 책이 세상에 나올 수 있도록 마음 다해 도움을 주신 모든 분과 단체에 깊이 감사의 마음을 전한다.

에이버리/펭귄랜덤하우스의 편집자 캐럴라인 서튼, 그리고 그녀와 함께 애써주신 비서, 교정자, 디자이너, 홍보 담당자들께도 감사의 마음을 전한다. 특히 앤 코스모스키, 파린 슐루셀 두 분의 따뜻한 조언과 깊이 있는 전문성은 그 어떤 말로도 다 표현할 수 없을 만큼 큰 힘이 되었다.

내 비전을 믿고 끝까지 응원해주며 결실을 맺도록 이끌어준 에이전트 카틴카 매트슨에게도 다시 한번 고마움을 전한다.

웨일 코넬 메디슨/뉴욕-프레스비테리언의 여성 뇌 건강 연구팀과 알츠하이머병 예방 프로그램을 함께하고 있는 우리 팀원들에게도 진심으로 감사의 뜻을 전한다. 여러분이 없었다면, 이 책의 기반이 되는 연구는 불가능했을 것이다. 이 프로그램을 시작할 수 있도록 기회를 준 매튜 E. 핑크 박사께 특별한 감사를 전하며, 조직 안팎에서 귀한 협력을 보내준 많은 분들께도 감사드린다. 또한 샌텔 윌리엄스, 수잔 뢰브-자이틀린 박사, 옐레나 하브률릭 박사, 웨일 코넬의 산부인과팀, 생의학 영상 센터, 생물통계학과, 그리고 이탈리아 피렌체 대학교 핵의학과의 알베르토 푸피 박사와 발렌티나 베르티에게도 이 자리를 빌려 특별히 감사의 마음을 전하고 싶다.

이 연구가 가능했던 것은 미국 국립보건원 산하 노화연구소, 마리아 슈라이버의 여성 알츠하이머병 운동, 큐어 알츠하이머 펀드, 이 프로그램을 위해 아낌없는 기부로 함께해준 많은 후원자들 덕분이다. 진심으로 감사드린다.

갱년기 연구 분야의 진정한 선구자인 나의 친구이자 멘토인 로버타 디아즈 브린튼 박사에게 깊은 감사를 전한다. 그녀의 지혜와 통찰, 그리고 아낌없는 응원은 늘 든든한 힘이 되어주었다.

변함없는 통찰력과 열정으로 우리의 연구를 지지하고 더 나은 방향으로 이끌어준 마리아 슈라이버에게도 깊이 감사한다. 그녀가 나의 두 번째 책에도 서문을 써준 것은 그야말로 두 배의 축복이라고 말할 수 있다. 언제나 따뜻하게 응원해주는 마리아의 팀원 샌디 글레이스틴에게도 깊은 감사의 마음을 전한다. 그녀의 열정과 놀라운 실행력은 그녀의 남다른 사람됨을 고스란히 보여준다.

전 세계 곳곳에서 여성 건강을 위해 애쓰며 지식과 경험, 열정으로 늘 영감을 주는 친구들과 동료들에게도 깊이 감사한다. 여러분의 다양한 생각과 경험은 이 책의 내용과 방향을 다듬는 데 큰 밑거름이 되었다. 동료들을 위해 목소리를 내고, 사회의 고정관념에 맞서며, 갱년기와 여성의 뇌 건강을 둘러싼 금기를 허물기 위해 힘쓰고 있는 모든 여성과 개인들에게 깊은 경의를 표한다. 여러분의 용기와 노력이 여성의 삶의 모든 단계가 존중받고 이해받는 세상으로 만들어가고 있다.

베로니카 와슨, 제시 햄펠, 에반 햄펠, 카일에게도 깊이 감사한다. 여러분의 피드백과 통찰력, 세심한 배려와 섬세한 접근 방식 덕에, 이 책은 공동체 안에 담긴 다채로운 이야기들과 관점들을 더욱 충실히 담아낼 수 있었다. 내 개인 비서 메건 하우슨은 집필 과정의 흐름과 운영을 정돈하며, 모든 것이 매끄럽게 이어질 수 있도록 중심을 잡아주었다. 미국에서 인연을 맺은 친언니 같은 수전 베릴리 뒤틸은 내 원고가 따뜻함, 세련미, 일관성을 갖출 수 있도록 전문적인 도움을 주었다.

무엇보다도 변함없는 사랑과 지지로 언제나 내 곁을 지켜준 가족에게 깊은 감사를 전한다. 성실함과 헌신의 가치를 삶으로 일깨워주신 부모님(앤절라와 브루노), 가장 든든한 응원군이자 늘 귀 기울여주는 조언자이자 끝없는 동기를 부여해주는 남편 케빈, 그리고 언젠가 모든 여성이 존중받고 지지받으며 당당히 사랑받는 세상에서 살아가길 바라는 우리 딸 릴리까지…….

그 무엇으로도 다 표현할 수 없는 마음을 담아 진심으로 감사를 전한다.

옮기고 나서

다시 피어나는 페레니얼들을 위하여

이 책을 처음 펼쳤을 때, 마치 오랜 시간 동안 누구에게도 말하지 못했던 이야기를 들려주는 친구를 만난 듯한 기분이 들었다. 그 친구는 의사였고, 과학자였으며, 동시에 누군가의 딸이자 엄마이자 여성이었다. 그 친구는 이렇게 말했다.

"당신이 겪고 있는 변화는 진짜입니다."

갱년기라는 단어는 너무 오래 침묵 속에 갇혀 있었다. 흔히들 그 시기를 '여성 호르몬이 줄어드는 시기', '한창 시기를 지나버린 나이' 정도로 치부하지만, 막상 그 증상을 겪고 있는 사람들은 그렇게 단순히 말할 수 없다. 이유 없이 가슴이 두근거리고, 자다가 소스라치게 깨고, 불안과 분노가 번갈아가며 마음을 뒤흔드는 그 복잡하고 고요한 폭풍을 어떻게 말로 다 설명할 수 있을까.

이 책은 바로 그 말을 대신해준다. 무엇보다 반가웠던 건, 갱년기에 대해 단순히 '참아라'라고 하지 않는다는 점이었다. 과학적 근거를 바탕으로 뇌와 호르몬, 식습관과 수면, 운동과 마음의 연결성을 풀어내며, 우리가 왜 그런 증상을 겪는지, 그리고 무엇을 할 수 있는지를 지식과 연민을 함께 품은 언어로 이야기한다.

번역을 하면서 나는 여러 번 멈춰야 했다. 단어 하나, 문장 하나에 오래 머물며 '어떻게 하면 이 문제를 함께 겪고 있는 사람들에게 따뜻하게 전할 수 있을까' 고민했다. 이 책을 읽는 독자들은 단지 정보를 얻기 위해 이 책을 집어든 게 아닐 것이다. 아마도 자신의 몸에서 일어나는 일들에 답을 찾고 싶어서, 혹은 아직 말로 꺼내기 어려운 마음의 혼란을 다독여줄 무언가를 기대하며 이 책을 펼쳤을 것이다.

그 마음을 알기에 나는 단지 내용을 옮기는 데 그치지 않고 친구와 함께 앉아 조용히 이야기 나누는 듯한 번역을 하고 싶었다. 우리는 병명이 붙지 않으면 존재하지 않는 것처럼 취급하는 세상에서 살고 있다. 하지만 이 책은 '증명되지 않았을 뿐, 존재하지 않는 것은 아니다'라는 태도로, 나와 많은 여성의 삶을 구체적인 존재로 다시 인정해주었다. 그 어떤 이론보다, 이 믿음이야말로 진짜 회복의 시작이라고 믿는다.

이 책에서 다루는 삶의 세 전환점, 즉 사춘기Puberty, 임신Pregnancy, 그리고 갱년기Perimenopause는 단지 생물학적 변화가 아니라 '존재의 층이 깊어지는' 시간이다. 다행히 나는 첫 생리의 기억이 따뜻하다. 생리를 처음 시작했을 때, 아버지가 나에게 "새로운 인생이 시작된 것을 축하한다"며 케이크를 선물해주셨다. 그 순간 나는 여성으로서의 여정이 두려움이 아닌 축하받을 일이 될 수 있다는 것을 처음 배웠다. 그리고 임신 소식을 전했을 때도 어머니는 온갖 반찬을 만드는 수고를 마다하지 않으셨고, 사람들은 이 세상에 나올 아이의 삶과, 아이를 기르며 새로운 삶을 맞이할 우리 부부도 함께 축복해주었다.

그렇다면 왜 갱년기는 조용히 지나가야 하는 시기로 여겨질까? 삶의 또 다른 전환점이자, 새로운 시작일 수 있는 이 시기에도 우리는 서로를 축하할 수 있어야 하지 않을까. 앞으로는 한 여성이 갱년기에 접어들었을 때도 "축하해, 새로운 계절이 시작됐구나"라는 말로 맞이할 수 있는 사회가 되기를 나는 진심으로 바란다.

나는 이 책을 통해 한 가지 확신을 얻었다. 갱년기는 끝이 아니라 전환점이다. 무너지는 것이 아니라 다르게 설 준비를 하는 시간이며, 더 이상 '사라지는 여성성'이 아니라 다른 방식으로 다시 피어나는 페레니얼(다년생 꽃)처럼 자기다움을 찾아가는 과정이다.

혹시 지금 이 글을 읽는 당신이 이유 없이 우울하거나 예전 같지 않은 자신을 낯설게 느끼고 있다면, 그것은 결코 당신의 탓이 아니다. 당신의 뇌가, 몸이, 삶이 지금 변화의 언덕을 넘고 있는 중이다. 그 길이 혼자라고 느껴질지 몰라도 당신과 같은 길을 걷는 이들이 분명히 있고, 이 책도 그 곁을 함께 걸어줄 것이다. 아직 그 길에 닿지 않은 후배로서, 먼저 그 시간을 묵묵히 걸어온 모든 이의 삶 앞에 마음 깊이 고개를 숙인다.

말로 다 설명할 수 없었던 외로움, 아무렇지 않은 척 견디며 지나온 밤과 매일을 견디면서도 설명할 수 없는 변화가 있었을 것이다. 그 모든 날을 지나 지금 이 순간을 살아내고 있는 당신에게 사랑과 존경 그리고 진심 어린 축하를 보낸다.

이제는 조금씩 세상과 가족이 아닌 당신 자신에게 집중할 수 있는 시기가 오고 있다는 것, 그 사실만으로도 얼마나 경이롭고 소중한지 잊지 않았으면 한다. 이 책이 당신의 갱년기에 작고 조용하지만 따스한 빛 하나가 되어 함께 머물 수 있기를 바라 마지 않는다.

김예성, 웰케어 컨설팅 운영본부장

주

1장 당신은 미치지 않았다

1. U.S. Census Bureau, "QuickFacts: United States," https://www.census.gov/quickfacts/fact/table/US/LFE046219.
2. Mindy S. Christianson, Jennifer A. Ducie, Kristiina Altman, et al., "Menopause Education: Needs Assessment of American Obstetrics and Gynecology Residents," *Menopause* 20, no. 11 (2013): 1120–25.
3. Lisa Mosconi, Valentina Berti, Crystal Quinn, et al., "Sex Differences in Alzheimer Risk: Brain Imaging of Endocrine vs Chronologic Aging," *Neurology* 89, no. 13(2017): 1382–90.
4. Lisa Mosconi, Valentina Berti, Jonathan Dyke, et al., "Menopause Impacts Human Brain Structure, Connectivity, Energy Metabolism, and Amyloid-Beta Deposition," *Scientific Reports* 11(2021), article 10867.

2장 여성과 갱년기를 둘러싼 고정관념 허물기

1. Charles Darwin, *The Descent of Man, and Selection in Relation to Sex*(London: John Murray, 1871).
2. George J. Romanes, "Mental Differences of Men and Women," *Popular Science Monthly* 31 (1887).
3. Larry Cahill, "Why Sex Matters for Neuroscience," *Nature Reviews Neuroscience* 7(2006): 477–84.
4. Grace E. Kohn, Katherine M. Rodriguez, and Alexander W. Pastuszak, "The History of Estrogen Therapy," *Sexual Medicine Reviews* 7, no. 3(2019): 416–21.
5. Susan Mattern, *The Slow Moon Climbs: The Science, History, and Meaning of Menopause* (Princeton, NJ: Princeton University Press, 2019).

6. Rodney J. Baber and J. Wright, "A Brief History of the International Menopause Society," *Climacteric* 20, no. 2 (2017): 85–90.
7. Kohn, Rodriguez, and Pastuszak, "The History of Estrogen Therapy."
8. Robert A. Wilson, *Feminine Forever*(New York: M. Evans, 1966).
9. Bruce S. McEwen, Stephen E. Alves, Karen Bulloch, and Nancy Weiland, "Ovarian Steroids and the Brain: Implications for Cognition and Aging," *Neurology* 48, suppl. 7(1997): 8S–15S.
10. E. L. Kinney, J. Trautmann, J. A. Gold, et al., "Underrepresentation of Women in New Drug Trials," *Annals of Internal Medicine* 95, no. 4(1981): 495– 99.
11. Ellen Pinnow, Pellavi Sharma, Ameeta Parekh, et al., "Increasing Participation of Women in Early Phase Clinical Trials Approved by the FDA," *Women's Health Issues* 19, no. 2(2009): 89–93.
12. Tracey J. Shors, "A Trip Down Memory Lane About Sex Differences in the Brain," *Philosophical Transactions of the Royal Society B: Biological Sciences* 371, no. 1688(2016): 20150124.
13. Aneela Rahman, Hande Jackson, Hollie Hristov, et al., "Sex and Gender Driven Modifiers of Alzheimer's: The Role for Estrogenic Control Across Age, Race, Medical, and Lifestyle Risks," *Frontiers in Aging Neuroscience* 11(2019): 315.
14. Lisa Mosconi, *The XX Brain*(New York: Avery, 2020).
15. J. Hector Pope, Tom P. Aufderheide, Robin Ruthazer, et al., "Missed Diagnoses of Acute Cardiac Ischemia in the Emergency Department," *New England Journal of Medicine* 342, no. 16(2000): 1163–70.
16. Lanlan Zhang, Elizabeth A. Reynolds Losin, Yoni K. Ashar, et al., "Gender Biases in Estimation of Others' Pain," *Journal of Pain* 22, no. 9(2021): 1048–59.

3장 아무도 알려주지 않는 갱년기

1. Soibán D. Harlow, Margery Gass, Janet E. Hall, et al., "Executive Summary of the Stages of Reproductive Aging Workshop + 10: Addressing the Unfinished Agenda of Staging Reproductive Aging," *Journal of Clinical Endocrinology and Metabolism* 97, no. 4(2012): 1159– 68.
2. Patrizia Monteleone, Giulia Mascagni, Andrea Giannini, Andrea Genazzani, et al., "Symptoms of Menopause—Global Prevalence, Physiology and Implications," *Nature Reviews Endocrinology* 14, no. 4(2018): 199–215.

3. Monteleone, Mascagni, Giannini, Genazzani, et al., "Symptoms of Menopause—Global Prevalence, Physiology and Implications."
4. Monteleone, Mascagni, Giannini, Genazzani, et al., "Symptoms of Menopause—Global Prevalence, Physiology and Implications."
5. Margaret Lock, "Menopause in Cultural Context," *Experimental Gerontology* 29(1994): 307–317.
6. Elizabeth Casiano Evans, Kristen A. Matteson, Francisco J. Orejuela, et al., "Salpingo-Oophorectomy at the Time of Benign Hysterectomy: A Systematic Review," *Obstetrics and Gynecology* 128, no. 3(2016): 476–85.
7. Evans, Matteson, Orejuela, et al., "Salpingo-Oophorectomy at the Time of Benign Hysterectomy: A Systematic Review."
8. ACOG Committee Opinion no. 701, "Choosing the Route of Hysterectomy for Benign Disease," *Obstetrics and Gynecology* 129, no. 6(2017): e155–e159.
9. ACOG Committee Opinion no. 701, "Choosing the Route of Hysterectomy for Benign Disease."
10. William H. Parker, Michael S. Broder, Eunice Chang, et al., "Ovarian Conservation at the Time of Hysterectomy and Long-Term Health Outcomes in the Nurses' Health Study," *Obstetrics & Gynecology* 113, no. 5(2009): 1027–37.
11. ACOG Committee Opinion no. 701, "Choosing the Route of Hysterectomy for Benign Disease."
12. Parker, Broder, Chang, et al., "Ovarian Conservation at the Time of Hysterectomy and Long-Term Health Outcomes in the Nurses' Health Study."
13. Stephanie S. Faubion, Julia A. Files, and Walter A. Rocca, "Elective Oophorectomy: Primum Non Nocere," *Journal of Women's Health*(Larchmont) 25, no. 2(2016): 200–202.

4장 갱년기 뇌, 기분 탓이 아니다

1. Patrizia Monteleone, Giulia Mascagni, Andrea Giannini, et al., "Symptoms of Menopause—Global Prevalence, Physiology and Implications," *Nature Reviews Endocrinology* 14, no. 4(2018): 199–215.
2. Monteleone, Mascagni, Giannini, Genazzani, et al., "Symptoms of Menopause—Global Prevalence, Physiology and Implications."

3. Monteleone, Mascagni, Giannini, Genazzani, et al., "Symptoms of Menopause—Global Prevalence, Physiology and Implications."
4. Ping G. Tepper, Maria M. Brooks, John F. Randolph Jr., et al., "Characterizing the Trajectories of Vasomotor Symptoms Across the Menopausal Transition," *Menopause* 23, no. 10 (2016): 1067–74.
5. Monteleone, Mascagni, Giannini, Genazzani, et al., "Symptoms of Menopause—Global Prevalence, Physiology and Implications."
6. Rebecca C. Thurston, Yuefang Chang, Emma Barinas-Mitchell, et al., "Physiologically Assessed Hot Flashes and Endothelial Function Among Midlife Women," *Menopause* 25, no. 11(2018): 1354–61.
7. Rebecca C. Thurston, Howard J. Aizenstein, Carol A. Derby, et al., "Menopausal Hot Flashes and White Matter Hyperintensities," *Menopause* 23, no. 1(2016): 27–32.
8. Katherine M. Reding, Peter J. Schmidt, and David R. Rubinow, "Perimenopausal Depression and Early Menopause: Cause or Consequence?" *Menopause* 24, no. 12(2017): 1333–35.
9. Adam J. Krause, Eti Ben Simon, Bryce A. Mander, et al., "The Sleep-Deprived Human Brain," *Nature Reviews Neuroscience* 18, no. 7(2017): 404–18.
10. NIH State-of-the-science Panel, "National Institutes of Health States-of-the-science Conference Statement: Management of Menopause-Related Symptoms," *Annals of Internal Medicine* 142(2005): 1003–13.
11. Eric Suni and Nilong Vyas, "How Is Sleep Different for Men and Women?" National Sleep Foundation, updated March 7, 2023, https://www.sleepfoundation.org/how-sleep-works/how-is-sleep-different-for-men-and-women.
12. Anjel Vahratian, "Sleep Duration and Quality Among Women Aged 40–59, by Menopausal Status," National Center for Health Statistics Data Brief No. 286, September 2017, https://www.cdc.gov/nchs/products/databriefs/db286.htm.
13. Martin R. Cowie, "Sleep Apnea: State of the Art," *Trends in Cardiovascular Medicine* 27, no. 4(2017): 280–89.
14. Cowie, "Sleep Apnea: State of the Art."
15. Gail A. Greendale, Arun S. Karlamangla, and Pauline M. Maki, "The Menopause Transition and Cognition," *JAMA* 323, no. 15(2020): 1495–96.
16. Ellen B. Gold, Barbara Sternfeld, Jennifer L. Kelsey, et al., "Relation of Demographic and Lifestyle Factors to Symptoms in a Multi-Racial/Ethnic Population of Women 40–55 Years of Age," *American Journal of Epidemiology* 152, no. 5(2000): 463–73.

17. Pauline M. Maki and Victor W. Henderson, "Cognition and the Menopause Transition," *Menopause* 23, no. 7(2016): 803– 805.
18. Gail A. Greendale, M-H. Huang, R. G. Wight, et al., "Effects of the Menopause Transition and Hormone Use on Cognitive Performance in Midlife Women," *Neurology* 72, no. 21(2009): 1850–57.
19. Dorene M. Rentz, Blair K. Weiss, Emily G. Jacobs, et al., "Sex Differences in Episodic Memory in Early Midlife: Impact of Reproductive Aging," *Menopause* 24, no. 4(2017): 400–408.
20. Jan L. Shifren, Brigitta U. Monz, Patricia A. Russo, et al., "Sexual Problems and Distress in United States Women: Prevalence and Correlates," *Obstetrics & Gynecology* 112, no. 5(2008): 970–78.
21. Shifren, Monz, Russo, et al., "Sexual Problems and Distress in United States Women: Prevalence and Correlates."
22. Shifren, Monz, Russo, et al., "Sexual Problems and Distress in United States Women: Prevalence and Correlates."
23. Nancy E. Avis, Sarah Brockwell, John F. Randolph, et al., "Longitudinal Changes in Sexual Functioning as Women Transition Through Menopause: Results from the Study of Women's Health Across the Nation," *Menopause* 16, no. 3(2009): 442–52.

5장 뇌와 난소, 운명의 파트너

1. Lisa Yang, Alexander N. Comninos, and Waljit S. Dhillo, "Intrinsic Links Among Sex, Emotion, and Reproduction," *Cellular and Molecular Life Sciences* 75, no. 12(2018): 2197–210.
2. Eugenia Morselli, Roberta de Souza Santos, Alfredo Criollo, et al., "The Effects of Oestrogens and Their Receptors on Cardiometabolic Health," *Nature Reviews Endocrinology* 13, no. 6(2017): 352–64.
3. Stavros C. Manolagas, Charles A. O'Brien, and Maria Almeida, "The Role of Estrogen and Androgen Receptors in Bone Health and Disease," *Nature Reviews Endocrinology* 9, no. 12(2013): 699–712.
4. Morselli, Santos, Criollo, et al., "The Effects of Oestrogens and Their Receptors on Cardiometabolic Health."
5. Jamaica A. Rettberg, Jia Yao, and Roberta Diaz Brinton, "Estrogen: A Master Regulator of

Bioenergetic Systems in the Brain and Body," Frontiers in Neuroendocrinology 35, no. 1 (2014): 8–30.
6. Deena Khan and S. Ansar Ahmed, "The Immune System Is a Natural Target for Estrogen Action: Opposing Effects of Estrogen in Two Prototypical Autoimmune Diseases," Frontiers in Immunology 6(2015): 635.
7. Claudia Barth, Arno Villringer, and Julia Sacher, "Sex Hormones Affect Neurotransmitters and Shape the Adult Female Brain During Hormonal Transition Periods," Frontiers in Neuroscience 9(2015): 37.
8. Sandra Zárate, Tinna Stevnsner, and Ricardo Gredilla, "Role of Estrogen and Other Sex Hormones in Brain Aging. Neuroprotection and DNA Repair," *Frontiers in Aging Neuroscience* 9(2017): 430.
9. Lisa Mosconi, Valentina Berti, Jonathan Dyke, et al., "Menopause Impacts Human Brain Structure, Connectivity, Energy Metabolism, and Amyloid-Beta Deposition," *Scientific Reports* 11(2021): article 10867.
10. Mosconi, Berti, Dyke, et al., "Menopause Impacts Human Brain Structure, Connectivity, Energy Metabolism, and Amyloid-Beta Deposition."

6장 갱년기 제대로 이해하기: 3P의 법칙

1. T. Beking, R. H. Geuze, M. van Faassen, et al., "Prenatal and Pubertal Testosterone Affect Brain Lateralization," *Psychoneuroendocrinology* 88(2018): 78–91.
2. Larry Cahill, "Why Sex Matters for Neuroscience," *Nature Reviews Neuroscience* 7, no. 6(2006): 477–84.
3. Robin Gibb and Bryan Kolb, eds., *The Neurobiology of Brain and Behavioral Development*, 1st ed.(Boston: Elsevier, 2017).
4. Sarah-Jayne Blakemore, "The Social Brain in Adolescence," *Nature Reviews Neuroscience* 9, no. 4(2008): 267–77.
5. Jay N. Giedd, Jonathan Blumenthal, Neal O. Jeffries, et al., "Brain Development During Childhood and Adolescence: A Longitudinal MRI Study," *Nature Neuroscience* 2, no. 10(1999): 861–63.
6. Sarah-Jayne Blakemore and Trevor W. Robbins, "Decision-Making in the Adolescent Brain," *Nature Neuroscience* 15(2012): 1184–91.
7. Blakemore, "The Social Brain in Adolescence."

8. Giedd, Blumenthal, Jeffries, et al., "Brain Development During Childhood and Adolescence: A Longitudinal MRI Study."
9. Nitin Gogtay, Jay N. Giedd, Leslie Lusk, et al., "Dynamic Mapping of Human Cortical Development During Childhood Through Early Adulthood," *PNAS* 101, no. 21(2004): 8174–79.
10. Cecilia I. Calero, Alejo Salles, Mariano Semelman, and Mariano Sigman, "Age and Gender Dependent Development of Theory of Mind in 6-to 8-Years Old Children," *Frontiers in Human Neuroscience* 7(2013): 281.
11. Simon Baron-Cohen, Rebecca C. Knickmeyer, and Matthew K. Belmonte, "Sex Differences in the Brain: Implications for Explaining Autism," *Science* 310, no. 5749(2005): 819–23.
12. Sandra Bosacki, Flavia Pissoto Moreira, Valentina Sitnik, et al., "Theory of Mind, Self-Knowledge, and Perceptions of Loneliness in Emerging Adolescents," *Journal of Genetic Psychology* 181, no. 1(2020): 14–31.
13. Baron-Cohen, Knickmeyer, and Belmonte, "Sex Differences in the Brain: Implications for Explaining Autism."
14. C. S. Woolley and B. S. McEwen, "Estradiol Mediates Fluctuation in Hippocampal Synapse Density During the Estrous Cycle in the Adult Rat," *Journal of Neuroscience* 12, no. 7(1992): 2549–54.
15. Claudia Barth, Christopher J. Steele, Karsten Mueller, et al., "In-Vivo Dynamics of the Human Hippocampus Across the Menstrual Cycle," *Scientific Reports* 6, no. 1(2016): 32833.
16. Manon Dubol, C. Neill Epperson, Julia Sacher, et al., "Neuroimaging the Menstrual Cycle: A Multimodal Systematic Review," *Frontiers in Neuroendocrinology* 60(2021): 100878.
17. Pauline M. Maki, Jill B. Rich, and R. Shayna Rosenbaum, "Implicit Memory Varies Across the Menstrual Cycle: Estrogen Effects in Young Women," *Neuropsychologia* 40, no. 5 (2002): 518–29.
18. Kimberly Ann Yonkers, P. M. Shaughn O'Brien, and Elias Eriksson, "Premenstrual Syndrome," *Lancet* 371, no. 9619(2008): 1200–10.
19. Tomáš Paus, Matcheri Keshavan, and Jay N. Giedd, "Why Do Many Psychiatric Disorders Emerge During Adolescence?" *Nature Reviews Neuroscience* 9(2008): 947–57.
20. L. J. Baker and P. M. S. O'Brien, "Premenstrual Syndrome(PMS): A Peri-Menopausal Perspective," *Maturitas* 72, no. 2(2012): 121–25.
21. Yonkers, O'Brien, and Eriksson, "Premenstrual Syndrome."
22. David I. Miller and Diane F. Halpern, "The New Science of Cognitive Sex Differences,"

Trends in Cognitive Science 18, no. 1(2014): 37–45.
23. Martin Asperholm, Sanket Nagar, Serhiy Dekhtyar, and Agneta Herlitz, "The Magnitude of Sex Differences in Verbal Episodic Memory Increases with Social Progress: Data from 54 Countries Across 40 Years," *PLoS One* 14, no. 4(2019): e0214945.
24. Sara N. Burke and Carol A. Barnes, "Neural Plasticity in the Ageing Brain," *Nature Reviews Neuroscience* 7(2006): 30–40.
25. Elseline Hoekzema, Erika Barba-Müller, Cristina Pozzobon, et al., "Pregnancy Leads to Long-Lasting Changes in Human Brain Structure," *Nature Neuroscience* 20, no. 2(2017): 287–96.
26. Hoekzema, Barba-Müller, Pozzobon, et al., "Pregnancy Leads to Long-Lasting Changes in Human Brain Structure."
27. Hoekzema, Barba-Müller, Pozzobon, et al., "Pregnancy Leads to Long-Lasting Changes in Human Brain Structure."
28. Eileen Luders, Florian Kurth, Malin Gingnell, et al., "From Baby Brain to Mommy Brain: Widespread Gray Matter Gain After Giving Birth," *Cortex* 126(2020): 334–42.
29. M. Kaitz, A. Good, A. M. Rokem, and A. I. Eidelman, "Mothers' Recognition of Their Newborns by Olfactory Cues," *Developmental Psychobiology* 20, no. 6(1987): 587–91.
30. Megan Galbally, Andrew James Lewis, Marinus van Ijzendoorn, and Michael Permezel, "The Role of Oxytocin in Mother-Infant Relations: A Systematic Review of Human Studies," *Harvard Review of Psychiatry* 19, no. 1(2011): 1–14.
31. Oliver J. Bosch, Simone L. Meddle, Daniela I. Beiderbeck, et al., "Brain Oxytocin Correlates with Maternal Aggression: Link to Anxiety," *Journal of Neuroscience* 25, no. 29(2005): 6807–15.
32. Peter M. Brindle, Malcolm W. Brown, John Brown, et al., "Objective and Subjective Memory Impairment in Pregnancy," *Psychological Medicine* 21, no. 3(1991): 647–53.
33. Ashleigh J. Filtness, Janelle MacKenzie, and Kerry Armstrong, "Longitudinal Change in Sleep and Daytime Sleepiness in Postpartum Women," *PLoS One* 9, no. 7(2014): e103513.
34. Sasha J. Davies, Jarrad AG Lum, Helen Skouteris, et al., "Cognitive Impairment During Pregnancy: A Meta-Analysis," *Medical Journal of Australia* 208, no. 1(2018): 35–40.
35. Hoekzema, Barba-Müller, Pozzobon, et al., "Pregnancy Leads to Long-Lasting Changes in Human Brain Structure."
36. Helen Christensen, Liana S. Leach, and Andrew Mackinnon, "Cognition in Pregnancy and Motherhood: Prospective Cohort Study," *British Journal of Psychiatry* 196, no. 2(2010):

126–32.
37. Ellen W. Freeman, "Treatment of Depression Associated with the Menstrual Cycle: Premenstrual Dysphoria, Postpartum Depression, and the Perimenopause," *Dialogues in Clinical Neuroscience* 4, no. 2(2002): 177–91.
38. Katherine L. Wisner, Barbara L. Parry, and Catherine M. Piontek, "Clinical Practice. Postpartum Depression," *New England Journal of Medicine* 347, no. 3(2002): 194–99.
39. Ian Brockington, "A Historical Perspective on the Psychiatry of Motherhood," in A. Riecher-Rössler and M. Steiner, eds., *Perinatal Stress, Mood and Anxiety Disorders: From Bench to Bedside*, Bibliotheca Psychiatrica No. 173(Basel, Switzerland: Karger Publishers, 2005), 1–6.

7장 우리가 몰랐던 갱년기의 반전

1. Rebecca C. Thurston, James F. Luther, Stephen R. Wisniewski, et al., "Prospective Evaluation of Nighttime Hot Flashes During Pregnancy and Postpartum," *Fertility and Sterility* 100, no. 6(2013): 1667–72.
2. Katherine E. Campbell, Lorraine Dennerstein, Mark Tacey, and Cassandra E. Szoeke, "The Trajectory of Negative Mood and Depressive Symptoms over Two Decades," *Maturitas* 95(2017): 36–41.
3. Lotte Hvas, "Positive Aspects of Menopause: A Qualitative Study," *Maturitas* 39, no. 1 (2001): 11–17.
4. Social Issues Research Centre, "Jubilee Women. Liftysomething Women—Lifestyle and Attitudes Now and Fifty Years Ago," http://www.sirc.org/publik/jubilee_women.pdf.
5. Arthur A. Stone, Joseph E. Schwartz, Joan E. Broderick, and Angus Deaton, "A Snapshot of the Age Distribution of Psychological Well-Being in the United States," *PNAS* 107, no. 22(2010): 9985–90.
6. Campbell, Dennerstein, Tacey, and Szoeke, "The Trajectory of Negative Mood and Depressive Symptoms over Two Decades."
7. Nancy E. Avis, Alicia Colvin, Arun S. Karlamangla, et al., "Change in Sexual Functioning over the Menopausal Transition: Results from the Study of Women's Health Across the Nation(SWAN)," *Menopause* 24, no. 4(2017): 379–90.
8. Campbell, Dennerstein, Tacey, and Szoeke, "The Trajectory of Negative Mood and Depressive Symptoms over Two Decades."
9. Lotte Hvas, "Menopausal Women's Positive Experience of Growing Older," *Maturitas* 54,

no. 3(2006): 245–51.

10. Mara Mather, Turhan Canli, Tammy English, et al., "Amygdala Responses to Emotionally Valenced Stimuli in Older and Younger Adults," *Psychological Science* 15, no. 4(2004): 259–63.

11. Alison Berent-Spillson, Courtney Marsh, Carol Persad, et al., "Metabolic and Hormone Influences on Emotion Processing During Menopause," *Psychoneuroendocrinology* 76(2017): 218–25.

12. Ed O'Brien, Sara H. Konrath, Daniel Grühn, and Anna Linda Hagen, "Empathic Concern and Perspective Taking: Linear and Quadratic Effects of Age Across the Adult Life Span," *Journals of Gerontology, Series B, Psychological Sciences and Social Sciences* 68, no. 2(2013): 168–75.

13. Cornelia Wieck and Ute Kunzmann, "Age Differences in Empathy: Multidirectional and Context-Dependent," *Psychology and Aging* 30, no. 2(2015): 407–19.

14. James K. Rilling, Amber Gonzalez, and Minwoo Lee, "The Neural Correlates of Grandmaternal Caregiving," *Proceedings of the Royal Society B: Biological Sciences* 288, no. 1963(2021): 20211997.

8장 갱년기는 왜 존재하는가

1. Alan A. Cohen, "Female Post-Reproductive Lifespan: A General Mammalian Trait," *Biological Reviews of the Cambridge Philosophical Society* 79, no. 4(2004): 733–50.

2. Hillard Kaplan, Michael Gurven, Jeffrey Winking, et al., "Learning, Menopause, and the Human Adaptive Complex," *Annals of the New York Academy of Sciences* 1204(2010): 30–42.

3. Kristen Hawkes, "Human Longevity: The Grandmother Effect," *Nature* 428, no. 6979(2004): 128–29.

4. Mike Takahashi, Rama S. Singh, and John Stone, "A Theory for the Origin of Human Menopause," *Frontiers in Genetics* 7(2016): 222.

5. Kristen Hawkes, James F. O'Connell, Nicholas Blurton-Jones, et al., "Grandmothering, Menopause, and the Evolution of Human Life Histories," *PNAS* 95, no. 3(1998): 1336–39.

6. Michael A. Cant and Rufus A. Johnstone, "Reproductive Conflict and the Separation of Reproductive Generations in Humans," *PNAS* 105, no. 14(2008): 5332–36.

7. Sarah Blaffer Hrdy and Judith M. Burkart, "The Emergence of Emotionally Modern Humans: Implications for Language and Learning," *Philosophical Transactions of the Royal Soci-

ety B: Biological Sciences 375(2020): 20190499.

9장 에스트로겐 치료, 부작용은 없을까?

1. F. Grodstein, J. E. Manson, G. A. Colditz, et al., "A Prospective, Observational Study of Postmenopausal Hormone Therapy and Primary Prevention of Cardiovascular Disease," *Annals of Internal Medicine* 133, no. 12(2000): 933–41.
2. Jacques E. Rossouw, Garnet L. Anderson, Ross L. Prentice, et al., "Risks and Benefits of Estrogen Plus Progestin in Healthy Postmenopausal Women: Principal Results from the Women's Health Initiative Randomized Controlled Trial," *JAMA* 288, no. 3(2002): 321–33.
3. Garnet L. Anderson, Howard L. Judd, Andrew M. Kaunitz, et al., "Effects of Estrogen Plus Progestin on Gynecologic Cancers and Associated Diagnostic Procedures: The Women's Health Initiative Randomized Trial," *JAMA* 290, no. 13(2003): 1739–48.
4. Sally A. Shumaker, Claudine Legault, Stephen R. Rapp, et al., "Estrogen Plus Progestin and the Incidence of Dementia and Mild Cognitive Impairment in Postmenopausal Women: The Women's Health Initiative Memory Study: A Randomized Controlled Trial," *JAMA* 289, no. 20(2003): 2651–62.
5. Garnet L. Anderson, Marian Limacher, Annlouise R. Assaf, et al., "Effects of Conjugated Equine Estrogen in Postmenopausal Women with Hysterectomy: The Women's Health Initiative Randomized Controlled Trial," *JAMA* 291, no. 14(2004): 1701–12.
6. Andrea Z. LaCroix, Rowan T. Chlebowski, JoAnn E. Manson, et al., "Health Outcomes After Stopping Conjugated Equine Estrogens Among Postmenopausal Women with Prior Hysterectomy: A Randomized Controlled Trial," *JAMA* 305(2011): 1305–14.
7. Chrisandra L. Shufelt and JoAnn E. Manson, "Menopausal Hormone Therapy and Cardiovascular Disease: The Role of Formulation, Dose, and Route of Delivery," *Journal of Clinical Endocrinology and Metabolism* 106, no. 5(2021): 1245–1254.
8. Shufelt and Manson, "Menopausal Hormone Therapy and Cardiovascular Disease: The Role of Formulation, Dose, and Route of Delivery."
9. Rossouw, Anderson, Prentice, et al., "Risks and Benefits of Estrogen Plus Progestin in Healthy Postmenopausal Women: Principal Results from the Women's Health Initiative Randomized Controlled Trial."
10. Shufelt and Manson, "Menopausal Hormone Therapy and Cardiovascular Disease: The Role of Formulation, Dose, and Route of Delivery."

11. Roberta Diaz Brinton, "The Healthy Cell Bias of Estrogen Action: Mitochondrial Bioenergetics and Neurological Implications," *Trends in Neurosciences* 31, no. 10(2008): 529–37.
12. John H. Morrison, Roberta D. Brinton, Peter J. Schmidt, and Andrea C. Gore, "Estrogen, Menopause, and the Aging Brain: How Basic Neuroscience Can Inform Hormone Therapy in Women," *Journal of Neuroscience* 26, no. 41(2006): 10332–48.
13. Shelley R. Salpeter, Ji Cheng, Lehana Thabane, et al., "Bayesian Meta-Analysis of Hormone Therapy and Mortality in Younger Postmenopausal Women," *American Journal of Medicine* 122, no. 11(2009): 1016–1022.e1011.
14. JoAnn E. Manson, Aaron K. Aragaki, Jacques E. Rossouw, et al., "Menopausal Hormone Therapy and Long-Term All-Cause and Cause-Specific Mortality: The Women's Health Initiative Randomized Trials," *JAMA* 318(2017): 927–38.
15. NAMS 2022 Hormone Therapy Position Statement Advisory Panel, "The 2022 Hormone Therapy Position Statement of the North American Menopause Society," *Menopause* 29, no. 7(2022): 767–94.
16. Anderson, Limacher, Assaf, et al., "Effects of Conjugated Equine Estrogen in Postmenopausal Women with Hysterectomy: The Women's Health Initiative Randomized Controlled Trial."
17. LaCroix, Chlebowski, Manson, et al., "Health Outcomes After Stopping Conjugated Equine Estrogens Among Postmenopausal Women with Prior Hysterectomy: A Randomized Controlled Trial."
18. NAMS 2022 Hormone Therapy Position Statement Advisory Panel, "The 2022 Hormone Therapy Position Statement of the North American Menopause Society."
19. Collaborative Group on Hormonal Factors in Breast Cancer, "Type and Timing of Menopausal Hormone Therapy and Breast Cancer Risk: Individual Participant Meta-Analysis of the Worldwide Epidemiological Evidence," Lancet 394, no. 10204(2019): 1159–68.
20. Roger A. Lobo, "Hormone-Replacement Therapy: Current Thinking," *Nature Reviews Endocrinology* 13, no. 4(2017): 220–31.
21. Lobo, "Hormone-Replacement Therapy: Current Thinking."
22. NAMS 2022 Hormone Therapy Position Statement Advisory Panel, "The 2022 Hormone Therapy Position Statement of the North American Menopause Society."
23. "Joint Position Statement by the British Menopause Society, Royal College of Obstetricians and Gynaecologists and Society for Endocrinology on Best Practice Recommendations for the Care of Women Experiencing the Menopause," https://www.endocrinology.org/media/d3pbn14o/joint-position-statement-on-best-practice-recommen-

dations-for-the-care-of-women-experiencing-the-menopause.pdf.
24. NAMS 2022 Hormone Therapy Position Statement Advisory Panel, "The 2022 Hormone Therapy Position Statement of the North American Menopause Society."
25. NAMS 2022 Hormone Therapy Position Statement Advisory Panel, "The 2022 Hormone Therapy Position Statement of the North American Menopause Society."
26. NAMS 2022 Hormone Therapy Position Statement Advisory Panel, "The 2022 Hormone Therapy Position Statement of the North American Menopause Society."
27. NAMS 2022 Hormone Therapy Position Statement Advisory Panel, "The 2022 Hormone Therapy Position Statement of the North American Menopause Society."
28. NAMS 2022 Hormone Therapy Position Statement Advisory Panel, "The 2022 Hormone Therapy Position Statement of the North American Menopause Society."
29. NAMS 2022 Hormone Therapy Position Statement Advisory Panel, "The 2022 Hormone Therapy Position Statement of the North American Menopause Society."
30. David R. Rubinow, Sarah Lanier Johnson, Peter J. Schmidt, et al., "Efficacy of Estradiol in Perimenopausal Depression: So Much Promise and So Few Answers," *Depression & Anxiety Journal* 32, no. 8(2015): 539–49.
31. Pauline M. Maki and Erin Sundermann, "Hormone Therapy and Cognitive Function," *Human Reproduction Update* 15, no. 6(2009): 667–81.
32. Steven Jett, Eva Schelbaum, Grace Jang, et al., "Ovarian Steroid Hormones: A Long Overlooked but Critical Contributor to Brain Aging and Alzheimer's Disease," *Frontiers in Aging Neuroscience* 14(2022): 948219.
33. Jett, Schelbaum, Jang, et al., "Ovarian Steroid Hormones: A Long Overlooked but Critical Contributor to Brain Aging and Alzheimer's Disease."
34. Erin S. LeBlanc, Jeri Janowsky, Benjamin K. S. Chan, and Heidi D. Nelson, "Hormone Replacement Therapy and Cognition: Systematic Review and Meta-Analysis," *JAMA* 285(2001): 1489–99.
35. Brinton, "The Healthy Cell Bias of Estrogen Action: Mitochondrial Bioenergetics and Neurological Implications."
36. Lon S. Schneider, Gerson Hernandez, Ligin Zhao, et al., "Safety and Feasibility of Estrogen Receptor-Beta Targeted PhytoSERM Formulation for Menopausal Symptoms: Phase 1b/ 2a Randomized Clinical Trial," Menopause 26(2019): 874–84.

10장 갱년기를 관리하는 호르몬·비호르몬 요법

1. Rebecca Glaser and Constantine Dimitrakakis, "Testosterone Therapy in Women: Myths and Misconceptions," *Maturitas* 74, no. 3(2013): 230–34.
2. Glaser and Dimitrakakis, "Testosterone Therapy in Women: Myths and Misconceptions."
3. Rakibul M. Islam, Robin J. Bell, Sally Green, et al., "Safety and Efficacy of "Safety and Efficacy of Testosterone for Women: A Systematic Review and Meta-Analysis of Randomised Controlled Trial Data," *Lancet Diabetes & Endocrinology* 7, no. 10(2019): 754–66.
4. NAMS 2022 Hormone Therapy Position Statement Advisory Panel, "The 2022 Hormone Therapy Position Statement of the North American Menopause Society," *Menopause* 29, no. 7(2022): 767–94.
5. NAMS 2022 Hormone Therapy Position Statement Advisory Panel, "The 2022 Hormone Therapy Position Statement of the North American Menopause Society."
6. Susan R. Davis, Sonia L. Davison, Maria Gavrilescu, et al., "Effects of Testosterone on Visuospatial Function and Verbal Fluency in Postmenopausal Women: Results from a Functional Magnetic Resonance Imaging Pilot Study," *Menopause* 21(2014): 410–14.
7. Susan R. Davis and Sarah Wahlin-Jacobsen, "Testosterone in Women—The Clinical Significance," *Lancet Diabetes & Endocrinology* 3, no. 12(2015): 980–92.
8. Davis and Wahlin-Jacobsen, "Testosterone in Women—The Clinical Significance."
9. Davis and Wahlin-Jacobsen, "Testosterone in Women—The Clinical Significance."
10. A. M. Kaunitz, "Oral Contraceptive Use in Perimenopause," *American Journal of Obstetrics & Gynecology* 185, suppl. 2(2001): S32–37.
11. July Guerin, Alexandra Engelmann, Meena Mattamana, and Laura M. Borgelt, "Use of Hormonal Contraceptives in Perimenopause: A Systematic Review," *Pharmacotherapy* 42(2022): 154–64.
12. Kaunitz, "Oral Contraceptive Use in Perimenopause."
13. Charlotte Wessel Skovlund, Lina Steinrud Mørch, Lars Vedel Kessing, and Øjvind Lidegaard, "Association of Hormonal Contraception with Depression," *JAMA Psychiatry* 73, no. 11(2016): 1154–62.
14. Jett, Malviya, Schelbaum, et al., "Endogenous and Exogenous Estrogen Exposures: How Women's Reproductive Health Can Drive Brain Aging and Inform Alzheimer's Prevention."
15. "Nonhormonal Management of Menopause-Associated Vasomotor Symptoms: 2015 Position Statement of the North American Menopause Society," *Menopause* 22, no. 11(2015):

1155–72; quiz 1173–74.

16. David R. Rubinow, Sarah Lanier Johnson, Peter J. Schmidt, et al., "Efficacy of Estradiol in Perimenopausal Depression: So Much Promise and So Few Answers," *Depression & Anxiety Journal* 32, no. 8(2015): 539–49.

17. James A. Simon, David J. Portman, Andrew M. Kaunitz, et al., "Low-Dose Paroxetine 7.5 mg for Menopausal Vasomotor Symptoms: Two Randomized Controlled Trials," *Menopause* 20, no. 10(2013): 1027–35.

18. "Nonhormonal Management of Menopause-Associated Vasomotor Symptoms: 2015 Position Statement of the North American Menopause Society."

19. JoAnn V. Pinkerton, Ginger Constantine, Eunhee Hwang, and Ru-Fong J. Cheng; Study 3353 Investigators, "Desvenlafaxine Compared with Placebo for Treatment of Menopausal Vasomotor Symptoms: A 12-Week, Multicenter, Parallel-Group, Randomized, Double-Blind, Placebo-Controlled Efficacy Trial," *Menopause* 20, no. 1(2013): 28–37.

20. Ellen W. Freeman, Katherine A. Guthrie, Bette Caan, et al., "Efficacy of Escitalopram for Hot Flashes in Healthy Menopausal Women: A Randomized Controlled Trial," *JAMA* 305, no. 3(2011): 267–74.

21. Samuel Lederman, Faith D. Ottery, Antonio Cano, et al., "Fezolinetant for Treatment of Moderate to Severe Vasomotor Symptoms Associated with Menopause(SKYLIGHT 1): A Phase 3 Randomized Controlled Study," *Lancet* 401(2023): 1091–1102.

22. "Nonhormonal Management of Menopause-Associated Vasomotor Symptoms: 2015 Position Statement of the North American Menopause Society."

23. "Nonhormonal Management of Menopause-Associated Vasomotor Symptoms: 2015 Position Statement of the North American Menopause Society."

24. "Nonhormonal Management of Menopause-Associated Vasomotor Symptoms: 2015 Position Statement of the North American Menopause Society."

11장 암 치료와 '케모 브레인'

1. Farin Kamangar, Graça M. Dores, and William F. Anderson, "Patterns of Cancer Incidence, Mortality, and Prevalence Across Five Continents: Defining Priorities to Reduce Cancer Disparities in Different Geographic Regions of the World," *Journal of Clinical Oncology* 24, no. 14(2006): 2137–50.

2. Monica Arnedos, Cecile Vicier, Sherene Loi, et al., "Precision Medicine for Metastatic Breast

Cancer—Limitations and Solutions," *Nature Reviews Clinical Oncology* 12, no. 12(2015): 693–704.

3. Arnedos, Vicier, Loi, et al., "Precision Medicine for Metastatic Breast Cancer—Limitations and Solutions."

4. Ursula A. Matulonis, Anil K. Sood, Lesley Fallowfield, et al., "Ovarian Cancer," *Nature Reviews Disease Primers* 2(2016): 16061.

5. Elizabeth Casiano Evans, Kristen A. Matteson, Francisco J. Orejuela, et al., "Salpingo-Oophorectomy at the Time of Benign Hysterectomy: A Systematic Review," *Obstetrics and Gynecology* 128, no. 3(2016): 476–85.

6. Evans, Matteson, Orejuela, et al., "Salpingo-Oophorectomy at the Time of Benign Hysterectomy: A Systematic Review."

7. Steven Jett, Niharika Malviya, Eva Schelbaum, et al., "Endogenous and Exogenous Estrogen Exposures: How Women's Reproductive Health Can Drive Brain Aging and Inform Alzheimer's Prevention," *Frontiers in Aging Neuroscience* 14(2022): 831807.

8. Michiel de Ruiter, Liesbeth Reneman, Willem Boogerd, et al., "Late Effects of High-Dose Adjuvant Chemotherapy on White and Gray Matter in Breast Cancer Survivors: Converging Results from Multimodal Magnetic Resonance Imaging," *Human Brain Mapping* 33, no. 12(2012): 2971–83.

9. Jeffrey S. Wefel, Shelli R. Kesler, Kyle R. Noll, and Sanne B. Schagen, "Clinical Characteristics, Pathophysiology, and Management of Noncentral Nervous System Cancer-Related Cognitive Impairment in Adults," *CA: A Cancer Journal for Clinicians* 65, no. 2(2015): 123–38.

10. Wefel, Kesler, Noll, and Schagen, "Clinical Characteristics, Pathophysiology, and Management of Noncentral Nervous System Cancer-Related Cognitive Impairment in Adults."

11. Wilbert Zwart, Huub Terra, Sabine C. Linn, and Sanne B. Schagen, "Cognitive Effects of Endocrine Therapy for Breast Cancer: Keep Calm and Carry On?," *Nature Reviews Clinical Oncology* 12, no. 10(2015): 597–606.

12. Zwart, Terra, Linn, and Schagen, "Cognitive Effects of Endocrine Therapy for Breast Cancer: Keep Calm and Carry On?"

13. Gregory L. Branigan, Maira Soto, Leigh Neumayer, et al., "Association Between Hormone-modulating Breast Cancer Therapies and Incidence of Neurodegenerative Outcomes for Women with Breast Cancer," *JAMA Network Open* 3(2020): e201541–e201541.

14. Branigan, Soto, Neumayer, et al., "Association Between Hormone-Modulating Breast Cancer Therapies and Incidence of Neurodegenerative Outcomes for Women with Breast Can-

cer."

15. lack of safety data supporting the use of systemic: NAMS 2022 Hormone Therapy Position Statement Advisory Panel, "The 2022 Hormone Therapy Position Statement of the North American Menopause Society," *Menopause* 29, no. 7(2022): 767–94.
16. "Joint Position Statement by the British Menopause Society, Royal College of Obstetricians and Gynaecologists and Society for Endocrinology on Best Practice Recommendations for the Care of Women Experiencing the Menopause," https://www.endocrinology.org/media/d3pbn14o/joint-position-statement-on-best-practice-recommendations-for-the-care-of-women-experiencing-the-menopause.pdf.
17. NAMS 2022 Hormone Therapy Position Statement Advisory Panel, "The 2022 Hormone Therapy Position Statement of the North American Menopause Society."
18. "Joint Position Statement by the British Menopause Society, Royal College of Obstetricians and Gynaecologists, and Society for Endocrinology on Best Practice Recommendations for the Care of Women Experiencing the Menopause."
19. NAMS 2022 Hormone Therapy Position Statement Advisory Panel, "The 2022 Hormone Therapy Position Statement of the North American Menopause Society."
20. NAMS 2022 Hormone Therapy Position Statement Advisory Panel, "The 2022 Hormone Therapy Position Statement of the North American Menopause Society."
21. Lon S. Schneider, Gerson Hernandez, Liqin Zhao, et al., "Safety and Feasibility of Estrogen Receptor-Beta Targeted PhytoSERM Formulation for Menopausal Symptoms: Phase 1b/ 2a Randomized Clinical Trial," *Menopause* 26(2019): 874–84.
22. NAMS 2022 Hormone Therapy Position Statement Advisory Panel, "The 2022 Hormone Therapy Position Statement of the North American Menopause Society."
23. Joanne Kotsopoulos, Jacek Gronwald, Beth Y. Karlan, et al., "Hormone Replacement Therapy After Oophorectomy and Breast Cancer Risk Among *BRCA1* Mutation Carriers," *JAMA Oncology* 4, no. 8(2018): 1059–66.

12장 젠더 정체성 지지 요법과 크로스섹스 치료

1. Jaime M. Grant, Lisa A. Mottet, Justin Tanis, et al., *Injustice at Every Turn: A Report of the National Transgender Discrimination Survey*(Washington: National Center for Transgender Equality and National Gay and Lesbian Task Force, 2011).

2. Grant, Mottet, Tanis, et al., *Injustice at Every Turn: A Report of the National Transgender Discrimination Survey*.
3. Sam Winter, Milton Diamond, Jamison Green, et al., "Transgender People: Health at the Margins of Society," Lancet 388, no. 10042(2016): 390–400.
4. Karen I. Fredriksen-Goldsen, Loree Cook-Daniels, Hyun-Jun Kim, et al., "Physical and Mental Health of Transgender Older Adults: An At-Risk and Underserved Population," *Gerontologist* 54, no. 3(2014): 488–500.
5. Winter, Diamond, Green, et al., "Transgender People: Health at the Margins of Society."
6. Michael S. Irwig, "Testosterone Therapy for Transgender Men," *Lancet Diabetes & Endocrinology* 5, no. 4(2017): 301–11.
7. Hilleke E. Hulshoff Pol, Peggy T. Cohen-Kettenis, Neeltje E. M. Van Haren, et al., "Changing Your Sex Changes Your Brain: Influences of Testosterone and Estrogen on Adult Human Brain Structure," *European Journal of Endocrinology* 155, no. 1(2006): S107–S114.
8. Leire Zubiaurre-Elorza, Carme Junque, Esther Gómez-Gil, and Antonio Guillamon, "Effects of Cross-Sex Hormone Treatment on Cortical Thickness in Transsexual Individuals," *Journal of Sexual Medicine* 11, no. 5(2014): 1248–61.
9. Giancarlo Spizzirri, Fábio Luis Souza Duran, Tiffany Moukel Chaim-Avancini, et al., "Grey and White Matter Volumes Either in Treatment-Naïve or Hormone-Treated Transgender Women: A Voxel-Based Morphometry Study," Scientific Reports 8, no. 1(2018): 736.
10. Maiko Schneider, Poli M. Spritzer, Luciano Minuzzi, et al., "Effects of Estradiol Therapy on Resting-State Functional Connectivity of Transgender Women After Gender-Affirming Related Gonadectomy," *Frontiers in Neuroscience* 13(2019): 817.
11. Pol, Cohen-Kettenis, Van Haren, et al., "Changing Your Sex Changes Your Brain: Influences of Testosterone and Estrogen on Adult Human Brain Structure"; Zubiaurre-Elorza, Junque, Gómez-Gil, and Guillamon, "Effects of Cross-Sex Hormone Treatment on Cortical Thickness in Transsexual Individuals."
12. Antonio Guillamon, Carme Junque, and Esther Gómez-Gil, "A Review of the Status of Brain Structure Research in Transsexualism," *Archives of Sexual Behavior* 45(2016): 1615–48.
13. Ai-Min Bao and Dick F. Swaab, "Sexual Differentiation of the Human Brain: Relation to Gender Identity, Sexual Orientation and Neuropsychiatric Disorders," *Frontiers in Neuroendocrinology* 32, no. 2(2011): 214–26.
14. Rebecca Seguin, David M. Buchner, Jingmin Liu, et al., "Sedentary Behavior and Mortality in Older Women: The Women's Health Initiative," *American Journal of Preventive Medicine*

46, no. 2(2014): 122–35.
15. Bao and Swaab, "Sexual Differentiation of the Human Brain: Relation to Gender Identity, Sexual Orientation and Neuropsychiatric Disorders."
16. Maria A. Karalexi, Marios K. Georgakis, Nikolaos G. Dimitriou, et al., "Gender-Affirming Hormone Treatment and Cognitive Function in Transgender Young Adults: A Systematic Review and Meta-Analysis," *Psychoneuroendocrinology* 119(2020): 104721.
17. Karalexi, Georgakis, Dimitriou, et al., "Gender-Affirming Hormone Treatment and Cognitive Function in Transgender Young Adults: A Systematic Review and Meta-Analysis."

13장 좋은 컨디션을 유지하는 운동 습관

1. Natalia Grindler and Nanette F. Santoro, "Menopause and Exercise," *Menopause* 22, no. 12(2015): 1351–58.
2. Grindler and Santoro, "Menopause and Exercise."
3. Barbara Sternfeld, Hua Wang, Charles P. Quesenberry Jr., et al., "Physical Activity and Changes in Weight and Waist Circumference in Midlife Women: Findings from the Study of Women's Health Across the Nation," *American Journal of Epidemiology* 160, no. 9(2004): 912–22.
4. Barbara Sternfeld, Aradhana K. Bhat, Hua Wang, et al., "Menopause, Physical Activity, and Body Composition/ Fat Distribution in Midlife Women," *Medicine & Science in Sports & Exercise* 37, no. 7(2005): 1195–1202.
5. Sternfeld, Bhat, Wang, et al., "Menopause, Physical Activity, and Body Composition/Fat Distribution in Midlife Women."
6. JiWon Choi, Yolanda Guiterrez, Catherine Gilliss, and Kathryn A. Lee, "Physical Activity, Weight, and Waist Circumference in Midlife Women," *Health Care for Women International* 33, no. 2(2012): 1086–95.
7. Jing Zhang, Guiping Chen, Weiwei Lu, et al., "Effects of Physical Exercise on Health-Related Quality of Life and Blood Lipids in Perimenopausal Women: A Randomized Placebo-Controlled Trial," *Menopause* 21, no. 12(2014): 1269–76.
8. Andrés F. Loaiza-Betancur, Iván Chulvi-Medrano, Víctor A. Díaz-López, and Cinta Gómez-Tómas, "The Effect of Exercise Training on Blood Pressure in Menopause and Postmenopausal Women: A Systematic Review of Randomized Controlled Trials," *Maturitas* 149 (2021): 40–55.

9. JoAnn E. Manson, Philip Greenland, Andrea Z. LaCroix, et al., "Walking Compared with Vigorous Exercise for the Prevention of Cardiovascular Events in Women," *New England Journal of Medicine* 347, no. 10(2002): 716–25.
10. Candyce H. Kroenke, Bette J. Caan, Marcia L. Stefanick, et al., "Effects of a Dietary Intervention and Weight Change on Vasomotor Symptoms in the Women's Health Initiative," *Menopause* 19, no. 9(2011): 980–88.
11. Juan E. Blümel, Juan Fica, Peter Chedraui, et al., "Sedentary Lifestyle in Middle-Aged Women Is Associated with Severe Menopausal Symptoms and Obesity," *Menopause* 23, no. 5(2016): 488–93.
12. Janet R. Guthrie, Anthony M. A. Smith, Lorraine Dennerstein, and Carol Morse, "Physical Activity and the Menopause Experience: A Cross-Sectional Study," *Maturitas* 20, no. 2–3 (1994): 71–80.
13. Tom G. Bailey, N. Timothy Cable, Nabil Aziz, et al., "Exercise Training Reduces the Frequency of Menopausal Hot Flushes by Improving Thermoregulatory Control," *Menopause* 23, no. 7(2016): 708–18.
14. Maya J. Lambiase and Rebecca C. Thurston, "Physical Activity and Sleep Among Midlife Women with Vasomotor Symptoms," *Menopause* 20, no. 9(2013): 946–52.
15. Kirsi Mansikkamäki, Jani Raitanen, Clas-Håkan Nygard, et al., "Sleep Quality and Aerobic Training Among Menopausal Women—A Randomized Controlled Trial," *Maturitas* 72, no. 4(2012): 339–45.
16. Jacobo Á Rubio-Arias, Elena Marín-Cascales, Domingo J. Ramos-Campo, et al., "Effect of Exercise on Sleep Quality and Insomnia in Middle-Aged Women: A Systematic Review and Meta-Analysis of Randomized Controlled Trials," *Maturitas* 100(2017): 49–56.
17. Lily Stojanovska, Vasso Apostolopoulos, Remco Polman, and Erika Borkoles, "To Exercise, or, Not to Exercise, During Menopause and Beyond," *Maturitas* 77, no. 4(2014): 318–23.
18. Faustino R. Pérez- ópez, Samuel J. Martínez-Domínguez, Héctor Lajusticia, Peter Chedraui, and the Health Outcomes Systematic Analyses Project, "Effects of Programmed Exercise on Depressive Symptoms in Midlife and Older Women: A Meta-Analysis of Randomized Controlled Trials," *Maturitas* 106(2017): 38–47.
19. Nikolaos Scarmeas, Jose A. Luchsinger, Nicole Schupf, et al., "Physical Activity, Diet, and Risk of Alzheimer Disease," *JAMA* 302, no. 6(2009): 627–37.
20. Helena Hörder, Lena Johansson, XinXin Guo, et al., "Midlife Cardiovascular Fitness and Dementia: A 44-Year Longitudinal Population Study in Women," *Neurology* 90, no. 15(2018): e1298–e1305.

21. Miia Kivipelto, Francesca Mangialasche, and Tiia Ngandu, "Lifestyle Interventions to Prevent Cognitive Impairment, Dementia and Alzheimer Disease," *Nature Reviews Neurology* 14, no. 11(2018): 653–66.
22. Mahdieh Shojaa, Simon Von Stengel, Daniel Schoene, et al., "Effect of Exercise Training on Bone Mineral Density in Post-Menopausal Women: A Systematic Review and Meta-Analysis of Intervention Studies," *Frontiers in Physiology* 11(2020): 652.
23. Rebecca Seguin, David M. Buchner, Jingmin Liu, et al., "Sedentary Behavior and Mortality in Older Women: The Women's Health Initiative," *American Journal of Preventive Medicine* 46(2014): 122–35.
24. Seguin, Buchner, Liu, et al., "Sedentary Behavior and Mortality in Older Women: The Women's Health Initiative."
25. B. Rockhill, W. C. Willett, J. E. Manson, et al., "Physical Activity and Mortality: A Prospective Study Among Women," *American Journal of Public Health* 91, no. 4(2001): 578–83.
26. Rockhill, Willett, Manson, et al., "Physical Activity and Mortality: A Prospective Study Among Women."
27. Janet W. Rich-Edwards, Donna Spiegelman, Miriam Garland, et al., "Physical Activity, Body Mass Index, and Ovulatory Disorder Infertility," *Epidemiology* 13, no. 2(2002): 184–90.
28. Hmwe Kyu, Victoria F. Bachman, Lily T. Alexander, et al., "Physical Activity and Risk of Breast Cancer, Colon Cancer, Diabetes, Ischemic Heart Disease, and Ischemic Stroke Events: Systematic Review and Dose-Response Meta-Analysis for the Global Burden of Disease Study 2013," *BMJ* 354(2016): i3857.
29. Seth A. Creasy, Tracy E. Crane, David O. Garcia, et al., "Higher Amounts of Sedentary Time Are Associated with Short Sleep Duration and Poor Sleep Quality in Postmenopausal Women," *Sleep* 42, no. 7(2019): zsz093.
30. Jennifer L. Copeland, Leslie A. Consitt, and Mark S. Tremblay, "Hormonal Responses to Endurance and Resistance Exercise in Females Aged 19–69 Years," *Journals of Gerontology Series A: Biological Sciences and Medical Sciences* 57, no. 4(2002): B158–165.
31. Bailey, Cable, Aziz, et al., "Exercise Training Reduces the Frequency of Menopausal Hot Flushes by Improving Thermoregulatory Control."
32. Zhang, Chen, Lu, et al., "Effects of Physical Exercise on Health-Related Quality of Life and Blood Lipids in Perimenopausal Women: A Randomized Placebo-Controlled Trial."
33. Zhang, Chen, Lu, et al., "Effects of Physical Exercise on Health-Related Quality of Life and Blood Lipids in Perimenopausal Women: A Randomized Placebo-Controlled Trial."
34. Kirk I. Erickson, Michelle W. Voss, Ruchika Shaurya Prakash, et al., "Exercise Training In-

creases Size of Hippocampus and Improves Memory," *PNAS* 108, no. 7(2011): 3017–22.

35. Verônica Colpani, Karen Oppermann, and Poli Mara Spritzer, "Association Between Habitual Physical Activity and Lower Cardiovascular Risk in Premenopausal, Perimenopausal, and Postmenopausal Women: A Population-Based Study," *Menopause* 20, no. 5(2013): 525–31.
36. Jennifer S. Rabin, Hannah Klein, Dylan R. Kirn, et al., "Associations of Physical Activity and Beta-Amyloid with Longitudinal Cognition and Neurodegeneration in Clinically Normal Older Adults," *JAMA Neurology* 76(2019): 1203–10.
37. Stojanovska, Apostolopoulos, Polman, and Borkoles, "To Exercise, or, Not to Exercise, During Menopause and Beyond."
38. Justin C. Strickland and Mark A. Smith, "The Anxiolytic Effects of Resistance Exercise," *Frontiers in Psychology* 5(2014): 753.
39. Claudia Gil Araujo, Christina Grüne de Souza e Silva, Jari Antero Laukkanen, et al., "Successful 10-Second One-Legged Stance Performance Predicts Survival in Middle-Aged and Older Individuals," *British Journal of Sports Medicine* 56, no. 17(2022).
40. Gil Araujo, Grüne de Souza e Silva, Laukkanen, et al., "Successful 10-Second One-Legged Stance Performance Predicts Survival in Middle-Aged and Older Individuals."

14장 갱년기 뇌에 좋은 식단과 영양

1. Lisa Mosconi, *Brain Food*(New York: Avery, 2018).
2. Elizabeth Gould, "How Widespread Is Adult Neurogenesis in Mammals?" *Nature Reviews Neuroscience* 8, no. 6(2007): 481–88.
3. Cinta Valls-Pedret, Aleix Sala-Vila, Mercè Serra-Mir, et al., "Mediterranean Diet and Age-Related Cognitive Decline: A Randomized Clinical Trial," *JAMA Internal Medicine* 175, no. 7(2015): 1094–103.
4. Ramon Estruch, Miguel Angel Martínez-González, Dolores Corella, et al., "Effects of a Mediterranean-Style Diet on Cardiovascular Risk Factors: A Randomized Trial," *Annals of Internal Medicine* 145, no. 1(2006): 1–11.
5. Rui Huo, Tingting Du, Y. Xu, et al., "Effects of Mediterranean-Style Diet on Glycemic Control, Weight Loss and Cardiovascular Risk Factors Among Type 2 Diabetes Individuals: A Meta-Analysis," *European Journal of Clinical Nutrition* 69, no. 11(2014): 1200–8.
6. Kyungwon Oh, Frank B. Hu, JoAnn E. Manson, et al., "Dietary Fat Intake and Risk of Coronary Heart Disease in Women: 20 Years of Follow-up of the Nurses' Health Study,"

American Journal of Epidemiology 161, no. 7(2005): 672–79.
7. Weiyao Yin, Marie Löf, Ruoqing Chen, et al., "Mediterranean Diet and Depression: A Population-Based Cohort Study," *International Journal of Behavioral Nutrition and Physical Activity* 18, no. 1(2021): 153.
8. Estefanía Toledo, Jordi Salas-Salvadó, Carolina Donat-Vargas, et al., "Mediterranean Diet and Invasive Breast Cancer Risk Among Women at High Cardiovascular Risk in the PREDIMED Trial: A Randomized Clinical Trial," *JAMA Internal Medicine* 175(2015): 1752–60.
9. Gerrie-Cor M. Herber-Gast and Gita D. Mishra, "Fruit, Mediterranean-Style, and High-Fat and-Sugar Diets Are Associated with the Risk of Night Sweats and Hot Flushes in Midlife: Results from a Prospective Cohort Study," *American Journal of Clinical Nutrition* 97, no. 5(2013): 1092–99.
10. Yashvee Dunneram, Darren Charles Greenwood, Victoria J. Burley, and Janet E. Cade, "Dietary Intake and Age at Natural Menopause: Results from the UK Women's Cohort Study," *Journal of Epidemiology and Community Health* 72, no. 8(2018): 733–40.
11. Gal Tsaban, Anat Yaskolka Meir, Ehud Rinott, et al., "The Effect of Green Mediterranean Diet on Cardiometabolic Risk; A Randomised Controlled Trial," *Heart*(2020), doi: 10.1136/heartjnl-2020-317802.
12. Alon Kaplan, Hila Zelicha, Anat Yaskolka Meir, et al., "The Effect of a High-Polyphenol Mediterranean Diet(Green-MED) Combined with Physical Activity on Age-Related Brain Atrophy: The Dietary Intervention Randomized Controlled Trial Polyphenols Unprocessed Study(DIRECT PLUS)," *American Journal of Clinical Nutrition* 115, no. 5(2022): 1270–81.
13. B. R. Goldin, M. N. Woods, D. L. Spiegelman, et al., "The Effect of Dietary Fat and Fiber on Serum Estrogen Concentrations in Premenopausal Women Under Controlled Dietary Conditions," *Cancer* 74, no. 3 suppl.(1994): 1125–31.
14. Ellen B. Gold, Shirley W. Flatt, John P. Pierce, et al., "Dietary Factors and Vasomotor Symptoms in Breast Cancer Survivors: The WHEL Study," *Menopause* 13, no. 3(2006): 423–33.
15. Russell Knight, Christopher G. Davis, William Hahn, et al., "Livestock, Dairy, and Poultry Outlook: January 2021," http://www.ers.usda.gov/publications/pub-details/?pubid=100262.
16. Zachary J. Ward, Sara N. Bleich, Angie L. Cradock, et al., "Projected U.S. State-Level Prevalence of Adult Obesity and Severe Obesity," *New England Journal of Medicine* 381(2019): 2440–50.
17. Miriam Adoyo Muga, Patrick Opiyo Owili, Chien-Yeh Hsu, et al., "Dietary Patterns, Gender, and Weight Status Among Middle-Aged and Older Adults in Taiwan: A Cross-Sectional Study," *BMC Geriatrics* 17(2017): 268.

18. Candyce H. Kroenke, Bette J. Caan, Marcia L. Stefanick, et al., "Effects of a Dietary Intervention and Weight Change on Vasomotor Symptoms in the Women's Health Initiative," *Menopause* 19, no. 9(2012): 980–88.
19. Zahra Aslani, Maryam Abshirini, Motahar Heidari-Beni, et al., "Dietary Inflammatory Index and Dietary Energy Density Are Associated with Menopausal Symptoms in Postmenopausal Women: A Cross-Sectional Study," *Menopause* 27, no. 5(2020): 568–78.
20. Sarah J. O. Nomura, Yi-Ting Hwang, Scarlett Lin Gomez, et al., "Dietary Intake of Soy and Cruciferous Vegetables and Treatment-Related Symptoms in Chinese-American and Non-Hispanic White Breast Cancer Survivors," *Breast Cancer Research and Treatment* 168, no. 2(2018): 467–79.
21. Herber-Gast and Mishra, "Fruit, Mediterranean-Style, and High-Fat and-sugar Diets Are Associated with the Risk of Night Sweats and Hot Flushes in Midlife: Results from a Prospective Cohort Study."
22. Elizabeth E. Devore, Jae Hee Kang, Monique M. B. Breteler, and Francine Grodstein, "Dietary Intakes of Berries and Flavonoids in Relation to Cognitive Decline," *Annals of Neurology* 72, no. 1(2012): 135–43.
23. Simin Liu, Walter C. Willett, Meir J. Stampfer, et al., "A Prospective Study of Dietary Glycemic Load, Carbohydrate Intake, and Risk of Coronary Heart Disease in US Women," *American Journal of Clinical Nutrition* 71, no. 6(2000): 1455–61.
24. Matthias B. Schulze, Simin Liu, Eric B. Rimm, et al., "Glycemic Index, Glycemic Load, and Dietary Fiber Intake and Incidence of Type 2 Diabetes in Younger and Middle-Aged Women," *American Journal of Clinical Nutrition* 80, no. 2(2004): 348–56.
25. James E. Gangwisch, Lauren Hale, Lorena Garcia, et al., "High Glycemic Index Diet as a Risk Factor for Depression: Analyses from the Women's Health Initiative," *American Journal of Clinical Nutrition* 102, no. 2(2015): 454–63.
26. Martha Clare Morris, Christy C. Tangney, Yamin Wang, et al., "MIND Diet Associated with Reduced Incidence of Alzheimer's Disease," *Alzheimer's & Dementia* 11, no. 9(2015): 1007–14.
27. James E. Gangwisch, Lauren Hale, Marie-Pierre St-Onge, et al., "High Glycemic Index and Glycemic Load Diets as Risk Factors for Insomnia: Analyses from the Women's Health Initiative," *American Journal of Clinical Nutrition* 111(2020): 429–39.
28. Song He, Hao Li, Zehui Yu, et al., "The Gut Microbiome and Sex Hormone-Related Diseases," *Frontiers in Microbiology* 12(2021): 711137.
29. James M. Baker, Layla Al-Nakkash, and Melissa M. Herbst-Kralovetz, "Estrogen-Gut Mi-

crobiome Axis: Physiological and Clinical Implications," *Maturitas* 103(2017): 45–53.
30. Marcus J. Claesson, Ian B. Jeffery, Susana Conde, et al., "Gut Microbiota Composition Correlates with Diet and Health in the Elderly," *Nature 488*, no. 7410(2012): 178–84.
31. Claesson, Jeffery, Conde, et al., "Gut Microbiota Composition Correlates with Diet and Health in the Elderly."
32. Emily R. Leeming, Abigail J. Johnson, Tim D. Spector, Caroline I. Le Roy, "Effect of Diet on the Gut Microbiota: Rethinking Intervention Duration," *Nutrients* 11, no. 12(2019): 2682.
33. A. A. Franke, L. J. Custer, W. Wang, and C. Y. Shi, "HPLC Analysis of Isoflavonoids and Other Phenolic Agents from Foods and from Human Fluids," *Proceedings of the Society for Experimental Biology and Medicine* 217, no. 3(1998): 263–73.
34. Valentina Echeverria, Florencia Echeverria, George E. Barreto, et al., "Estrogenic Plants: to Prevent Neurodegeneration and Memory Loss and Other Symptoms in Women After Menopause," *Frontiers in Pharmacology* 12(2021): 644103.
35. Echeverria, Echeverria, Barreto, et al., "Estrogenic Plants: to Prevent Neurodegeneration and Memory Loss and Other Symptoms in Women After Menopause."
36. M-N. Chen, C-C. Lin, and C-F. Liu, "Efficacy of Phytoestrogens for Menopausal Symptoms: A Meta-Analysis and Systematic Review," *Climacteric* 18, no. 2(2015): 260–69.
37. Patrizia Monteleone, Giulia Mascagni, Andrea Giannini, et al., "Symptoms of Menopause—Global Prevalence, Physiology and Implications," *Nature Reviews Endocrinology* 14, no. 4(2018): 199–215.
38. Cheryl L. Rock, Colleen Doyle, Wendy Demark-Wahnefried, et al., "Nutrition and Physical Activity Guidelines for Cancer Survivors," *CA: A Cancer Journal for Clinicians* 62, no. 4(2012): 243–74.
39. Sarah J. Nechuta, Bette J. Caan, Wendy Y. Chen, et al., "Soy Food Intake After Diagnosis of Breast Cancer and Survival: An In-Depth Analysis of Combined Evidence from Cohort Studies of US and Chinese Women," *American Journal of Clinical Nutrition* 96, no. 1(2012): 123–32.
40. USDA, "Adoption of Genetically Engineered Crops in the U.S.," https://www.er-susda.gov/data-products/adoption-of-genetically-engineered-crops-in-the-us/recent-trends-in-ge-adoption.aspx.
41. Oscar H. Franco, Rajiv Chowdhury, Jenna Troup, et al., "Use of Plant-Based Therapies and Menopausal Symptoms: A Systematic Review and Meta-Analysis," *JAMA* 315, no. 23 (2016): 2554–63.

42. Neal D. Barnard, Hana Kahleova, Danielle N. Holtz, et al., "The Women's Study for the Alleviation of Vasomotor Symptoms(WAVS): A Randomized, Controlled Trial of a Plant-Based Diet and Whole Soybeans for Postmenopausal Women," *Menopause* 28, no. 10(2021): 1150–56.
43. Oh, Hu, Manson, et al., "Dietary Fat Intake and Risk of Coronary Heart Disease in Women: 20 Years of Follow-up of the Nurses' Health Study."
44. Martha Clare Morris and Christine C. Tangney, "Dietary Fat Composition and Dementia Risk," *Neurobiology of Aging* 35, suppl. 2(2014): S59–S64.
45. Grace E. Giles, Caroline R. Mahoney, and Robin B. Kanarek, "Omega-3 Fatty Acids Influence Mood in Healthy and Depressed Individuals," *Nutrition Reviews* 71(2013): 727–41.
46. Marlene P. Freeman, Joseph R. Hibbeln, Michael Silver, et al., "Omega-3 Fatty Acids for Major Depressive Disorder Associated with the Menopausal Transition: A Preliminary Open Trial," *Menopause* 18, no. 3(2011): 279–84.
47. F. B. Hu, M. J. Stampfer, J. E. Manson, et al., "Frequent Nut Consumption and Risk of Coronary Heart Disease in Women: Prospective Cohort Study," *BMJ* 317, no. 7169(1998): 1341–45.
48. Kay-Tee Khaw, Stephen J. Sharp, Leila Finikarides, et al., "Randomised Trial of Coconut Oil, Olive Oil or Butter on Blood Lipids and Other Cardiovascular Risk Factors in Healthy Men and Women," *BMJ Open* 8, no. 3(2018): e020167.
49. Maryam S. Farvid, Eunyoung Cho, Wendy Y. Chen, et al., "Dietary Protein Sources in Early Adulthood and Breast Cancer Incidence: Prospective Cohort Study," *BMJ* 348(2014): g3437.
50. Megan S. Rice, A. Heather Eliassen, Susan E. Hankinson, et al., "Breast Cancer Research in the Nurses' Health Studies: Exposures Across the Life Course," *American Journal of Public Health* 106(2016): 1592–98.
51. National Heart, Lung, and Blood Institute, "Blood Cholesterol: Causes and Risk Factors," https://www.nhlbi.nih.gov/health/blood-cholesterol/causes.
52. Thibault Fiolet, Bernard Srour, Laury Sellem, et al., "Consumption of Ultra-Processed Foods and Cancer Risk: Results from NutriNet-Santé Prospective Cohort," *BMJ* 360(2018): k322.
53. Renata Micha, Jose L. Peñalvo, Frederick Cudhea, et al., "Association Between Dietary Factors and Mortality from Heart Disease, Stroke, and Type 2 Diabetes in the United States," *JAMA* 317, no. 9(2017): 912–24.
54. World Health Organization, IARC Working Group on the Evaluation of Carcinogenic

Risks to Humans, Red Meat and Processed Meat, https://monographs.iarc.who.int/wp-content/uploads/2018/06/mono114.pdf.

55. Shaun K. Riebl and Brenda M. Davy, "The Hydration Equation: Update on Water Balance and Cognitive Performance," *ACSM's Health & Fitness Journal* 17, no. 6(2013): 21–28.
56. Elizabeth E. Hatch, Lauren A. Wise, Ellen M. Mikkelsen, et al., "Caffeinated Beverage and Soda Consumption and Time to Pregnancy," *Epidemiology* 23, no. 3(2012): 393–401.
57. Chanthawat Patikorn, Kiera Roubal, Sajeesh K. Veettil, et al., "Intermittent Fasting and Obesity-Related Health Outcomes: An Umbrella Review of Meta-Analyses of Randomized Clinical Trials," *JAMA Network Open* 4, no. 12(2021): e2139558.
58. Rafael de Cabo and Mark P. Mattson, "Effects of Intermittent Fasting on Health, Aging, and Disease," *New England Journal of Medicine* 381(2019): 2541–51.

15장 호르몬 요법을 대체하는 영양제와 천연 생약 성분

1. Paul Posadzki, Myeong Soo Lee, T. W. Moon, et al., "Prevalence of Complementary and Alternative Medicine(CAM) Use by Menopausal Women: A Systematic Review of Surveys," *Maturitas* 75, no. 1(2013): 34–43.
2. P. A. Komesaroff, C. V. Black, V. Cable, and K. Sudhir, "Effects of Wild Yam Extract on Menopausal Symptoms, Lipids and Sex Hormones in Healthy Menopausal Women," *Climacteric* 4, no. 2(2001): 144–50.
3. Oscar H. Franco, Rajiv Chowdhury, Jenna Troup, et al., "Use of Plant-Based Therapies and Menopausal Symptoms: A Systematic Review and Meta-Analysis," *JAMA* 315, no. 23(2016): 2554–63.
4. Francesca Borrelli and Edzard Ernst, "Alternative and Complementary Therapies for the Menopause," *Maturitas* 66, no. 4(2010): 333–43.
5. Wolfgang Wuttke, Hubertus Jarry, Jutta Haunschild, et al., "The Non-Estrogenic Alternative for the Treatment of Climacteric Complaints: Black Cohosh(Cimicifuga or Actaea racemosa)," *Journal of Steroid Biochemistry and Molecular Biology* 139(2014): 302–10.
6. Franco, Chowdhury, Troup, et al., "Use of Plant-Based Therapies and Menopausal Symptoms: A Systematic Review and Meta-Analysis."
7. Franco, Chowdhury, Troup, et al., "Use of Plant-Based Therapies and Menopausal Symptoms: A Systematic Review and Meta-Analysis."
8. R. Chenoy, S. Hussain, Y. Tayob, et al., "Effect of Oral Gamolenic Acid from EveningPrimrose Oil on Menopausal Flushing," *BMJ* 308, no. 6927(1994): 501–503.
9. Sandhya Pruthi, Dietlind L. Wahner-Roedler, Carolyn J. Torkelson, et al., "Vitamin E and Evening Primrose Oil for Management of Cyclical Mastalgia: A Randomized Pilot Study,"

Alternative Medicine Review 15, no. 1(2010): 59–67.

10. Myung-Sunny Kim, Hyun-Ja Lim, Hye Jeong Yang, et al., "Ginseng for Managing Menopause Symptoms: A Systematic Review of Randomized Clinical Trials," *Journal of Ginseng Research* 37, no. 1(2013): 30–36.

11. Franco, Chowdhury, Troup, et al., "Use of Plant-Based Therapies and Menopausal Symptoms: A Systematic Review and Meta-Analysis."

12. Franco, Chowdhury, Troup, et al., "Use of Plant-Based Therapies and Menopausal Symptoms: A Systematic Review and Meta-Analysis."

13. Franco, Chowdhury, Troup, et al., "Use of Plant-Based Therapies and Menopausal Symptoms: A Systematic Review and Meta-Analysis."

14. Alessandra Crisafulli, Herbert Marini, Alessandra Bitto, et al., "Effects of Genistein on Hot Flushes in Early Postmenopausal Women: A Randomized, Double-Blind EPT-and Placebo-Controlled Study," *Menopause* 11, no. 4(2004): 400–404.

15. De-Fu Ma, Lin-Qiang Qin, Pei-Yu Wang, and Ryohei Katoh, "Soy Isoflavone Intake Increases Bone Mineral Density in the Spine of Menopausal Women: Meta-Analysis of Randomized Controlled Trials," *Clinical Nutrition* 27, no. 1(2008): 57–64.

16. Kenneth D. R. Setchell, Nadine M. Brown, Linda Zimmer-Nechemias, et al., "Evidence for Lack of Absorption of Soy Isoflavone Glycosides in Humans, Supporting the Crucial Role of Intestinal Metabolism for Bioavailability," *American Journal of Clinical Nutrition* 76, no. 2(2002): 447–53.

17. Marcus Lipovac, Peter Chedraui, Christine Gruenhut, et al., "The Effect of Red Clover Isoflavone Supplementation over Vasomotor and Menopausal Symptoms in Postmenopausal Women," *Gynecological Endocrinology* 28, no. 3(2012): 203–207.

18. An Pan, Danxia Yu, Wendy Demark-Wahnefried, et al., "Meta-Analysis of the Effects of Flaxseed Interventions on Blood Lipids," *American Journal of Clinical Nutrition* 90, no. 2(2009): 288–97.

19. V. Darbinyan, A. Kteyan, A. Panossian, et al., "Rhodiola Rosea in Stress Induced Fatigue—A Double Blind Cross-over Study of a Standardized Extract SHR-5 with a Repeated Low-Dose Regimen on the Mental Performance of Healthy Physicians During Night Duty," *Phytomedicine* 7, no. 5(2000): 365–71.

20. Klaus Linde, Michael Berner, Matthias Egger, and Cynthia Mulrow, "St John's Wort for Depression: Meta-Analysis of Randomised Controlled Trials," *British Journal of Psychiatry* 186(2005): 99–107.

21. Franco, Chowdhury, Troup, et al., "Use of Plant-Based Therapies and Menopausal Symptoms: A Systematic Review and Meta-Analysis."

22. Wenyi Zhu, Yijie Du, Hong Meng, et al., "A Review of Traditional Pharmacological Uses, Phytochemistry, and Pharmacological Activities of *Tribulus terrestris*," *Chemistry Central*

Journal J 11, no. 1(2017): 60.

23. C. Stevinson and E. Ernst, "Valerian for Insomnia: A Systematic Review of Randomized Clinical Trials," *Sleep Medicine* 1, no. 2(2000): 91–99.
24. Nahid Yazdanpanah, M. Carola Zillikens, Fernando Rivadeneira, et al., "Effect of Dietary B Vitamins on BMD and Risk of Fracture in Elderly Men and Women: The Rotterdam Study," *Bone* 41, no. 6(2007): 987–94.
25. Jasmine Mah and Tyler Pitre, "Oral Magnesium Supplementation for Insomnia in Older Adults: A Systematic Review & Meta-Analysis," *BMC Complementary Medicine and Therapies* 21, no. 1(2021): 125.
26. Mina Mohammady, Leila Janani, Shayesteh Jahanfar, and Mahsa Sadat Mousavi, "Effect of Omega-3 Supplements on Vasomotor Symptoms in Menopausal Women: A Systematic Review and Meta-Analysis," *European Journal of Obstetrics & Gynecology and Reproductive Biology* 228(2018): 295–302.
27. Yuhua Liao, Bo Xie, Huimin Zhang, et al., "Efficacy of Omega-3 PUFAs in Depression: A Meta-Analysis," *Translational Psychiatry* 9, no. 1(2019): 190.
28. Alisa Johnson, Lynae Roberts, and Gary Elkins, "Complementary and Alternative Medicine for Menopause," *Journal of Evidence-Based Integrative Medicine* 24(2019): 2515690X19829380.
29. D. L. Barton, C. L. Loprinzi, S. K. Quella, et al., "Prospective Evaluation of Vitamin E for Hot Flashes in Breast Cancer Survivors," *Journal of Clinical Oncology* 16, no. 2(1998): 495–500.

16장 스트레스 완화와 건강한 수면 습관

1. American Psychological Association, "Stress in America Findings," November 9, 2010, https://www.apa.org/news/press/releases/stress/2010/national-report.pdf.
2. E. Ron de Kloet, Marian Joëls, and Florian Holsboer, "Stress and the Brain: From Adaptation to Disease," *Nature Reviews Neuroscience* 6, no. 6(2005): 463–75.
3. Justin B. Echouffo-Tcheugui, Sarah C. Conner, Jayandra J. Himali, et al., "Circulating Cortisol and Cognitive and Structural Brain Measures: The Framingham Heart Study," *Neurology* 91, no. 21(2018): e1961–e1970.
4. Holger Cramer, Romy Lauche, Jost Langhorst, and Gustav Dobos, "Effectiveness of Yoga for Menopausal Symptoms: A Systematic Review and Meta-Analysis of Randomized Con-

trolled Trials," *Evidence-Based Complementary and Alternative Medicine* 2012(2012): 863905.

5. Katherine M. Newton, Susan D. Reed, Katherine A. Guthrie, et al., "Efficacy of Yoga for Vasomotor Symptoms: A Randomized Controlled Trial," *Menopause* 21, no. 4(2014): 339–46.

6. Thi Mai Nguyen, Thi Thanh Toan Do, Tho Nhi Tran, and Jin Hee Kim, "Exercise and Quality of Life in Women with Menopausal Symptoms: A Systematic Review and Meta-Analysis of Randomized Controlled Trials," *International Journal of Environmental Research and Public Health* 17, no. 19(2020): 7049.

7. Madhav Goyal, Sonal Singh, Erica M. S. Sibinga, et al., "Meditation Programs for Psychological Stress and Well-Being: A Systematic Review and Meta- nalysis," *JAMA Internal Medicine* 174, no. 3(2014): 357–68.

8. James Francis Carmody, Sybil Crawford, Elena Salmoirago-Blotcher, et al., "Mindfulness Training for Coping with Hot Flashes: Results of a Randomized Trial," *Menopause* 18, no. 6(2011): 611–20.

9. Zindel V. Segal, Peter Bieling, Trevor Young, et al., "Antidepressant Monotherapy vs Sequential Pharmacotherapy and Mindfulness-Based Cognitive Therapy, or Placebo, for Relapse Prophylaxis in Recurrent Depression," *Archives of General Psychiatry* 67, no. 12(2010): 1256–64.

10. Dharma Singh Khalsa, "Stress, Meditation, and Alzheimer's Disease Prevention: Where the Evidence Stands," *Journal of Alzheimer's Disease* 48(2015): 1–12.

11. "Nonhormonal Management of Menopause-Associated Vasomotor Symptoms: 2015 Position Statement of the North American Menopause Society," *Menopause* 22, no. 11(2015): 1155–72; quiz 1173–74.

12. Alisa Johnson, Lynae Roberts, and Gary Elkins, "Complementary and Alternative Medicine for Menopause," *Journal of Evidence-Based Integrative Medicine* 24(2019): 2515690X19829380.

13. Gary R. Elkins, William I. Fisher, Aimee K. Johnson, et al., "Clinical Hypnosis in the Treatment of Postmenopausal Hot Flashes: A Randomized Controlled Trial," *Menopause* 20, no. 3(2013): 291–98.

14. "Nonhormonal Management of Menopause-Associated Vasomotor Symptoms: 2015 Position Statement of the North American Menopause Society."

15. S. E. Taylor, L. C. Klein, B. P. Lewis, et al., "Biobehavioral Responses to Stress in Females: Tend-and-Befriend, Not Fight-or-Flight," *Psychological Review* 107, no. 3(2000): 411–29.

17장 피해야 할 환경 독소와 에스트로겐 교란 물질

1. World Health Organization, *State of the Science of Endocrine Disrupting Chemicals 2012*, June 6, 2012, https://www.who.int/publications/i/item/ 9789241505031.
2. World Health Organization, *State of the Science of Endocrine Disrupting Chemicals 2012*.
3. World Health Organization, *State of the Science of Endocrine Disrupting Chemicals 2012*.
4. P. Grandjean and P. J. Landrigan, "Developmental Neurotoxicity of Industrial Chemicals," *Lancet* 368, no. 9553(2006): P2167–P2178.
5. Gill Livingston, Jonathan Huntley, Andrew Sommerlad, et al., "Dementia Prevention, Intervention, and Care: 2020 Report of the Lancet Commission," *Lancet* 396, no. 10248(2020): 413–46.
6. Evanthia Diamanti-Kandarakis, Jean-Pierre Bourguignon, Linda C. Giudice, et al., "Endocrine-Disrupting Chemicals: An Endocrine Society Scientific Statement," *Endocrine Reviews* 30, no. 4(2009): 293–42.
7. American Academy of Pediatrics Policy Statement, "Food Additives and Child Health," *Pediatrics* 142, no. 2(2018): e20181408.
8. Ioannis Manisalidis, Elisavet Stavropoulou, Agathangelos Stavropoulos, and Eugenia Bezirtzoglou, "Environmental and Health Impacts of Air Pollution: A Review," *Frontiers in Public Health* 8(2020): 14.
9. Manisalidis, Stavropoulou, Stavropoulos, and Bezirtzoglou, "Environmental and Health Impacts of Air Pollution: A Review."
10. "Vital Signs: Disparities in Nonsmokers' Exposure to Secondhand Smoke—United States, 1999–2012," *Morbidity and Mortality Weekly Report* 64(2015): 103–108. See also https://www.cdc.gov/tobacco/data_statistics/fact_sheets/adult_data/cig_smoking/index.htm.
11. A. Hyland, K. Piazza, K. M. Hovey, et al., "Associations Between Lifetime Tobacco Exposure with Infertility and Age at Natural Menopause: The Women's Health Initiative Observational Study," *Tobacco Control* 25, no. 6(2016): 706–14.
12. Ellen B. Gold, Alicia Colvin, Nancy Avis, et al., "Longitudinal Analysis of the Association Between Vasomotor Symptoms and Race/Ethnicity Across the Menopausal Transition: Study of Women's Health Across the Nation," *American Journal of Public Health* 96, no. 7(2006): 1226–35.
13. Hyland, Piazza, Hovey, et al., "Associations Between Lifetime Tobacco Exposure with Infertility and Age at Natural Menopause: The Women's Health Initiative Observational Study."

18장 긍정의 마법, 삶을 바꾸는 힘

1. Mary Jane Minkin, "Menopause: Hormones, Lifestyle, and Optimizing Aging," *Obstetrics and Gynecology Clinics of North America* 46, no. 3(2019): 501–14.
2. J. A. Winterich and D. Umberson, "How Women Experience Menopause: The Importance of Social Context," *Journal of Women and Aging* 11, no. 4(1999): 57–73.
3. Winterich and Umberson, "How Women Experience Menopause: The Importance of Social Context."
4. Melissa K. Melby, Debra Anderson, Lynette Leidy Sievert, and Carla Makhlouf Obermeye, "Methods Used in Cross-Cultural Comparisons of Vasomotor Symptoms and Their Determinants," *Maturitas* 70, no. 2(2011): 110–19.
5. Susanne Wurm, Manfred Diehl, Anna E. Kornadt, et al., "How Do Views on Aging Affect Health Outcomes in Adulthood and Late Life? Explanations for an Established Connection," *Developmental Review* 46(2017): 27–43.
6. Beverley Ayers, Mark Forshaw, and Myra S. Hunter, "The Impact of Attitudes Towards the Menopause on Women's Symptom Experience: A Systematic Review," *Maturitas* 65, no. 1(2010): 28–36.
7. Ayers, Forshaw, and Hunter, "The Impact of Attitudes Towards the Menopause on Women's Symptom Experience: A Systematic Review."
8. Amanda A. Deeks, "Psychological Aspects of Menopause Management," *Best Practice & Research Clinical Endocrinology & Metabolism* 17, no. 1(2003): 17–31.
9. David S. Yeager, Paul Hanselman, Gregory M. Walton, et al., "A National Experiment Reveals Where a Growth Mindset Improves Achievement," *Nature* 573, no. 7774(2019): 364–69.
10. Antonis Hatzigeorgiadis, Nikos Zourbanos, Evangelos Galanis, and Yiannis Theodorakis, "Self-Talk and Sports Performance: A Meta-Analysis," *Perspectives on Psychological Science* 6, no. 4(2011): 348–56.
11. Farid Chakhssi, Jannis T. Kraiss, Marion Sommers-Spijkerman, and Ernst Bohlmeijer, "The Effect of Positive Psychology Interventions on Well-Being and Distress in Clinical Samples with Psychiatric or Somatic Disorders: A Systematic Review and Meta-Analysis," *BMC Psychiatry* 18, no. 1(2018): 211.
12. Dexter Louie, Karolina Brook, and Elizabeth Frates, "The Laughter Prescription: A Tool for Lifestyle Medicine," *American Journal of Lifestyle Medicine* 10, no. 4(2016): 262–67.

브레인 리스타트

초판 1쇄 인쇄 2025년 8월 13일
초판 1쇄 발행 2025년 8월 20일

지은이 리사 모스코니
옮긴이 김경철 · 김예성

펴낸이 오세인 | **펴낸곳** 세종서적(주)

국장 주지현
편집 최정미 김미진 | **표지디자인** 이윤임 | **본문디자인** 김진희
마케팅 조소영 | **경영지원** 홍성우

출판등록 1992년 3월 4일 제4-172호
주소 서울시 광진구 천호대로132길 15, 세종 SMS 빌딩 3층
전화 (02)775-7012 | **마케팅** (02)775-7011 | **팩스** (02)319-9014
홈페이지 www.sejongbooks.co.kr | **네이버 포스트** post.naver.com/sejongbooks
페이스북 www.facebook.com/sejongbooks | **원고 모집** sejong.edit@gmail.com

ISBN 978-89-8407-878-9 03400

· 잘못 만들어진 책은 구입하신 곳에서 바꾸어 드립니다.
· 값은 뒤표지에 있습니다.